최신판 | STRUCTURAL MECHANICS

건축구조역학

심종석

STRUCTURAL
MECHANICS

예문사

역학이란 지구상에 존재하는 중력을 비롯한 모든 힘에 의한 물체의 운동에 관한 법칙을 연구하는 학문으로, 물리학을 바탕으로 힘의 작용원리와 활용방법을 다루는 공학의 기초학문이다.

그중 구조역학은 건축물 등 구조물에 작용하는 힘의 기본원리와 전달체계에 대한 학습을 통하여 건축물의 구조적인 안전에 대한 이해와 함께 구조설계를 수행할 수 있는 능력을 갖추기 위한 건축 분야의 매우 중요한 학문이다. 그러나 건축을 공부하는 많은 학생들은 구조역학을 수리적인 능력이 뛰어나야만 잘할 수 있는 복잡하고 어려운 과목으로 받아들이고 있다. 저자는 대학에서 오랫동안 강의를 진행해 오면서 이러한 점을 잘 알기에 어떻게 하면 보다 학생들을 이해시키고 체계적으로 학습시킬 수 있을지를 늘 고민해 왔으며, 본서의 출간이 저자의 오랜 고민을 해결하는 열쇠가 되리라 믿는다.

본서의 특징은 다음과 같다.

용어 및 핵심 개념은 서술 형식을 배제하고 간결하게 도표화하여 정리하였으며, 문제 풀이과정은 그림을 중심으로 부재의 거동과 응력 해석을 연계하여 함께 이해하며 학습해 갈 수 있도록 하였다. 또한 학생이 혼자서도 학습할 수 있도록 기본개념 설명과 함께 문제 풀이과정마다 요점을 정리하였다.

주요 개념과 공식들은 박스로 처리하여 중요성을 부각시키며 인지하기 쉽도록 하였고, 각 장별 내용은 기본개념 설명 → 공식 정리 → 예제 풀이 → 기출문제 및 해설의 순서로 수록하였으며, 특히 기출문제는 최근 출제빈도가 높은 문제 위주로 수록하여 기사 등 자격시험 준비를 하는 수험생들에게 학습서로도 손색이 없도록 하였다.

본서는 기본적으로 건축을 전공하는 학생들을 위한 기본 학습서로 집필하였으며, 아울러 구조역학을 공부하는 수험생과 현장 실무자도 좀 더 쉽게 배우고 이해할 수 있는 수험서와 입문서로의 역할도 기대한다. 모쪼록 본서가 건축을 공부하는 많은 사람들의 학습에 도움을 주고 구조역학을 이해하는 데 길잡이가 되기를 희망한다.

교단에서 강의한 내용을 바탕으로 나름대로 많은 준비를 하여 산고 끝에 출산은 하였으나 부족한 점이 많으리라 생각되며, 이후 보다 나은 내용으로 수정, 보완해 나갈 것을 약속드린다.

끝으로 책을 출간하기까지 도움을 주신 예문사 직원들에게 진심으로 감사 인사를 전한다.

심 종 석

CHAPTER **01** 힘과 모멘트

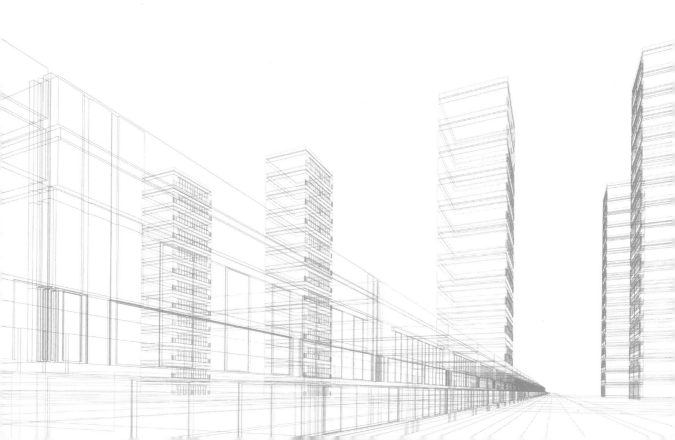

1.1   힘과 하중

(1) 힘(force)의 분류

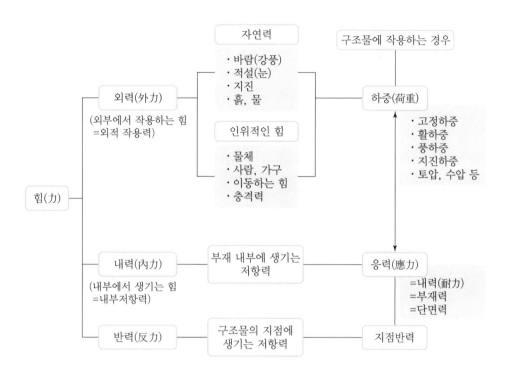

(2) 하중(load)의 분류

구조물에 작용하여 응력을 일으키는 모든 외력을 하중이라 부른다.

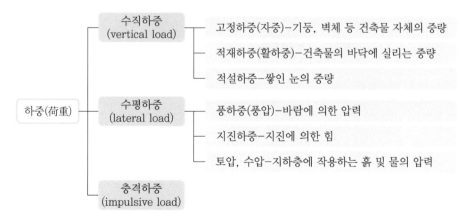

(3) 힘과 외력

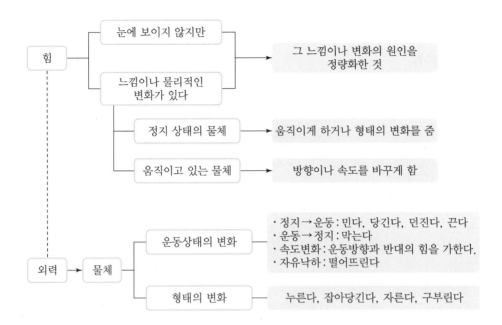

① 외력이 작용하여도 움직이지 않고, 형태가 변하지 않는 경우

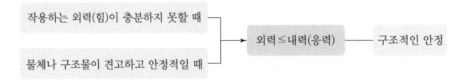

② 구조물에 힘(외력)이 작용하면, 형태가 변형(파괴)되거나 구조물을 구성하는 부재의 내부에 응력(저항력)이 발생하게 된다.

(4) 힘의 표시

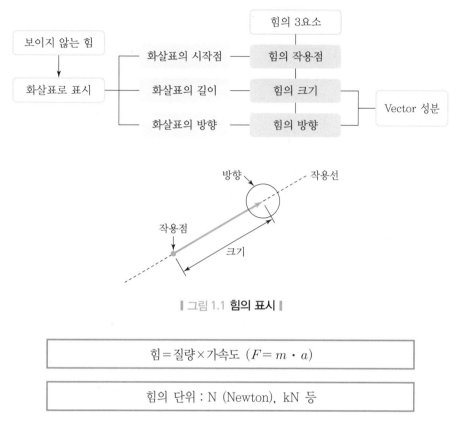

▌그림 1.1 **힘의 표시** ▌

$$힘＝질량×가속도\ (F＝m\cdot a)$$

$$힘의\ 단위 : N\ (Newton),\ kN\ 등$$

* 1N : 질량 1kg인 물체에 1 m/sec² 의 가속도가 생기는 힘

(5) 힘의 기본 성질

① 동일 작용선상에서는 이동할 수 있다.

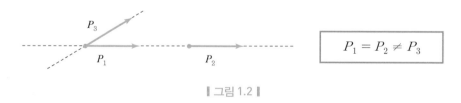

▌그림 1.2 ▌

② 동일 작용선상의 힘은 더하거나 뺄 수 있다.

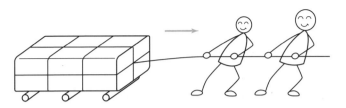

(a) 방향이 같은 힘 : 더한다.

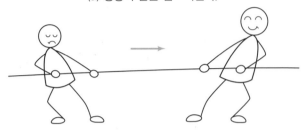

(a) 방향이 반대인 힘 : 뺀다.

┃ 그림 1.3 ┃

③ 동일 작용선상에 없는 2개의 힘 : 방향과 크기가 다른 하나의 힘으로 합성할 수 있다.

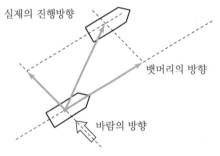

┃ 그림 1.4 **방향이 다른 두 힘의 합성** ┃

실제의 진행방향

뱃머리의 방향

바람의 방향

뱃머리의 방향
$+$
바람의 방향
$\Downarrow$
실제의 진행방향

④ 평행하는 2개의 힘 : 힘의 모멘트 효과에 의해 크기와 위치가 다른 하나의 힘으로 합성할 수 있다.

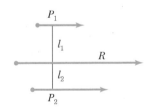

$$R = P_1 + P_2$$
$$P_1 \cdot l_1 = P_2 \cdot l_2 \, (M_1 = M_2)$$

┃ 그림 1.5 **평행하는 힘의 합성** ┃

(6) 힘의 모멘트

$$모멘트 = 힘 \times 수직거리 \, (M = P \times l)$$

① 단위 : kN · m, N · m, N · mm 등

② 부호 : ↻(시계 방향, 정(+)), ↺(반시계 방향, 부(−))

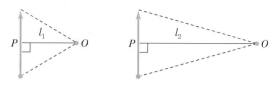

$$M_1 = P \cdot l_1, \ M_2 = P \cdot l_2 \Rightarrow (M_1 < M_2)$$

(a) 힘 P의 크기가 동일한 경우, 수직거리 l이 큰 쪽의 모멘트가 크다.

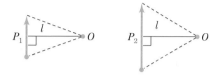

$$M_1 = P_1 \cdot l, \ M_2 = P_2 \cdot l \Rightarrow (M_1 < M_2)$$

(b) 수직거리 l이 동일한 경우, 힘 P의 크기가 큰 쪽의 모멘트가 크다.

┃ 그림 1.6 **힘의 모멘트 비교** ┃

③ 힘의 모멘트는 힘이 존재하지 않거나, 수직거리가 0인 경우에는 발생하지 않는다.

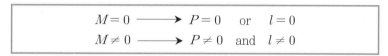

$$M = 0 \longrightarrow P = 0 \quad or \quad l = 0$$
$$M \neq 0 \longrightarrow P \neq 0 \quad and \quad l \neq 0$$

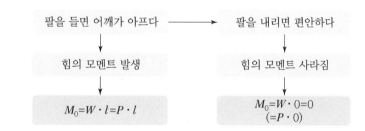

팔을 들면 어깨가 아프다 ⟶ 팔을 내리면 편안하다

힘의 모멘트 발생 ↓ 힘의 모멘트 사라짐 ↓

$$M_0 = W \cdot l = P \cdot l$$ $$M_0 = W \cdot 0 = 0 \ (= P \cdot 0)$$

(a) $M = P \cdot l$ (b) $M = P \cdot 0 = 0$

┃ 그림 1.7 **힘의 모멘트의 인체에의 비유** ┃

(7) 우력 모멘트

① 우력 모멘트의 방향

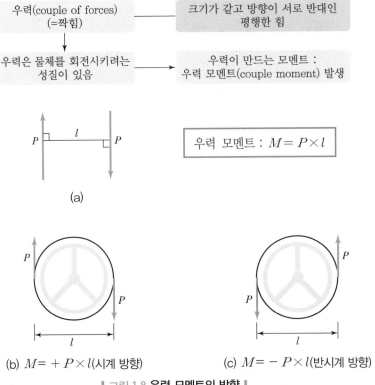

우력(couple of forces)
(=짝힘)

크기가 같고 방향이 서로 반대인
평행한 힘

우력은 물체를 회전시키려는
성질이 있음

우력이 만드는 모멘트 :
우력 모멘트(couple moment) 발생

우력 모멘트 : $M = P \times l$

(a)

(b) $M = +P \times l$(시계 방향)   (c) $M = -P \times l$(반시계 방향)

┃그림 1.8 **우력 모멘트의 방향** ┃

② 우력 모멘트의 특징

- 우력은 평행하는 두 힘이지만 하나의 힘으로 합성할 수 없다.
- 동일 평면 내에서는 어떤 점(위치)에 대해서도 우력 모멘트는 항상 일정하다.

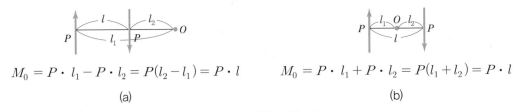

$$M_0 = P \cdot l_1 - P \cdot l_2 = P(l_2 - l_1) = P \cdot l$$

(a)

$$M_0 = P \cdot l_1 + P \cdot l_2 = P(l_1 + l_2) = P \cdot l$$

(b)

┃그림 1.9 **우력 모멘트** ┃

(8) 바리뇽의 정리(Varignan's theorem)

임의의 점에 대한 분력의 모멘트 합은 그 점에 대한 합력의 모멘트 합과 같다.

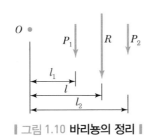

┃ 그림 1.10 **바리뇽의 정리** ┃

$$R = P_1 + P_2, \quad M_0 = M_{01} + M_{02}$$
$$M_{01} = P_1 \cdot l_1, \quad M_{02} = P_2 \cdot l_2$$
$$M_0 = P_1 \cdot l_1 + P_2 \cdot l_2 = R \cdot l$$
$$\therefore l = \frac{P_1 \cdot l_1 + P_2 \cdot l_2}{R}$$

1.2 힘의 합성과 분해

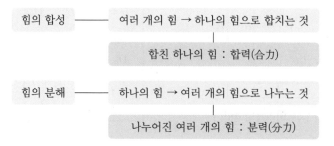

힘의 합성 ———— 여러 개의 힘 → 하나의 힘으로 합치는 것

합친 하나의 힘 : 합력(合力)

힘의 분해 ———— 하나의 힘 → 여러 개의 힘으로 나누는 것

나누어진 여러 개의 힘 : 분력(分力)

1.2.1 힘의 합성

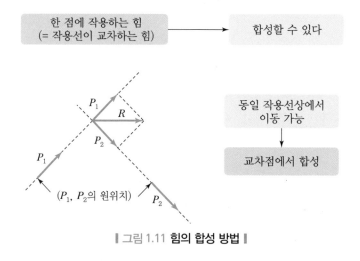

한 점에 작용하는 힘
(= 작용선이 교차하는 힘) ———→ 합성할 수 있다

동일 작용선상에서
이동 가능

교차점에서 합성

┃ 그림 1.11 **힘의 합성 방법** ┃

(1) 도식해법

- 힘의 평행사변형에 의한 방법(b)
- 힘의 삼각형에 의한 방법(c)

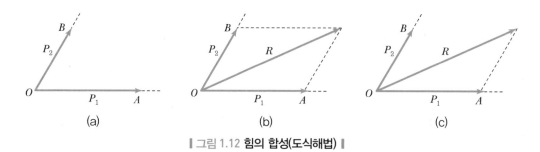

┃ 그림 1.12 **힘의 합성(도식해법)** ┃

(2) 수식해법

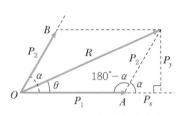

그림 1.13 힘의 합성(수식해법)

$$R^2 = (P_1 + P_x)^2 + P_y^2$$
$$P_x = P_2 \cdot \cos\alpha$$
$$P_y = P_2 \cdot \sin\alpha$$
$$R = \sqrt{(P_1 + P_2\cos\alpha)^2 + (P_2\sin\alpha)^2}$$
$$\quad = \sqrt{P_1^2 + 2P_1P_2\cos\alpha + P_2^2\cos^2\alpha + P_2^2\sin^2\alpha}$$
$$\quad = \sqrt{P_1^2 + P_2^2 + 2P_1P_2\cos\alpha}$$

합력의 크기 : $R = \sqrt{P_1^2 + P_2^2 + 2P_1P_2\cos\alpha}$ ....(1.1)

합력의 방향 : $\tan\theta = \dfrac{P_2\sin\alpha}{P_1 + P_2\cos\alpha}$ ....(1.2)

(3) 수직인 두 힘의 합성

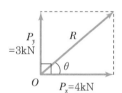

그림 1.14 수직인 두 힘의 합성

$$R^2 = P_x^2 + P_y^2 \, (직각삼각형의 정리)$$
$$\therefore R = \sqrt{P_x^2 + P_y^2} = \sqrt{4^2 + 3^2} = 5\text{kN}$$
$$\tan\theta = \frac{P_y}{P_x} = \frac{3}{4} = 0.75$$

1.2.2 작용점이 같은 여러 개의 힘의 합성

한 점에 작용하는 세 힘의 합성 ⟶ ① 두 개의 힘을 먼저 합성한 후,
② 합력을 나머지 하나의 힘과 합성
(평행사변형법)

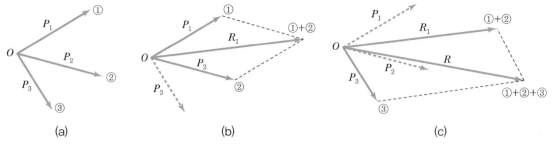

┃그림 1.15 작용점이 같은 여러 개의 힘의 합성 ┃

(1) 도식해법

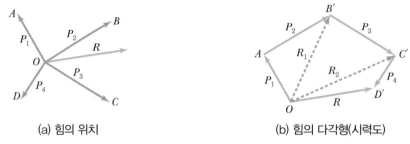

(a) 힘의 위치   (b) 힘의 다각형(시력도)

┃그림 1.16 여러 개의 힘의 합성(도식해법) ┃

① 힘의 다각형을 그리는 방법(힘의 삼각형법)

- 임의의 위치에서 힘 P_1을 그린다.($\overline{OA}$)
- 힘 P_1의 끝점 A에서 힘 P_2와 평행한 힘을 그린다.($\overline{OB} = \overline{AB'}$)
- 힘 P_2의 끝점 B'에서 힘 P_3와 평행한 힘을 그린다.($\overline{OC} = \overline{B'C}$)
- 힘 P_3의 끝점 C에서 힘 P_4와 평행한 힘을 그린다.($\overline{OD} = \overline{C'D'}$)
- 시작점 0에서 힘 P_4의 끝점 D'를 연결하면 합력 R이 된다.($R = \overline{OD'}$)

② 힘의 삼각형 반복($P_1 \rightarrow P_2 \rightarrow P_3 \rightarrow P_4$)

$$\boxed{\begin{array}{c} P_1 + P_2 = R_1 \\ (\triangle OAB') \end{array}} \rightarrow \boxed{\begin{array}{c} R_1 + P_3 \\ = P_1 + P_2 + P_3 \\ = R_2(\triangle OB'C') \end{array}} \rightarrow \boxed{\begin{array}{c} R_2 + P_4 \\ = P_1 + P_2 + P_3 + P_4 \\ = R(\triangle OC'D') \end{array}} \quad \cdots\cdots\cdots\cdots (1.3)$$

③ 시력도와 연력도

- 시력도(示力圖) : 힘의 시작점과 끝점을 순차적으로 연결해서 얻어지는 다각형
  ⇒ 힘을 연결시켜서 합력 등 힘의 크기와 위치를 보여주는 것
- 연력도(連力圖) : 한 점에 작용하지 않는 여러 힘의 합력에 대한 작용선의 위치를 도해적으로 구하기 위해 그리는 다각형
  ⇒ 힘의 위치는 그대로 두고 힘을 선으로 서로 연결시킨 것

(2) 수식해법

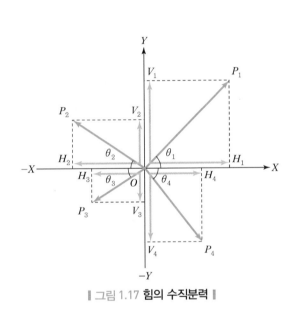

┃ 그림 1.17 **힘의 수직분력** ┃

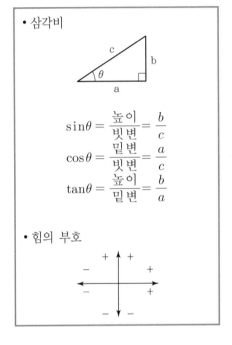

힘	수평방향의 분력(H)	수직방향의 분력(V)
P_1	$H_1 = P_1 \cos\theta_1$	$V_1 = P_1 \sin\theta_1$
P_2	$H_2 = -P_2 \cos\theta_2$	$V_2 = P_2 \sin\theta_2$
P_3	$H_3 = -P_3 \cos\theta_3$	$V_3 = -P_3 \sin\theta_3$
P_4	$H_4 = P_4 \cos\theta_4$	$V_4 = -P_4 \sin\theta_4$

여기서, 4개 힘의 수평력, 수직력의 합

$$\sum H = \sum P\cos\theta = H_1 + H_2 + H_3 + H_4$$
$$= P_1\cos\theta_1 - P_2\cos\theta_2 - P_3\cos\theta_3 + P_4\cos\theta_4$$

$$\sum V = \sum P\sin\theta = V_1 + V_2 + V_3 + V_4$$
$$= P_1\sin\theta_1 + P_2\sin\theta_2 - P_3\sin\theta_3 - P_4\sin\theta_4$$

4개의 힘은 수평, 수직분력의 합 $\sum H$와 $\sum V$로 나타낸다.

⇒ 그 힘들의 합력은 수평, 수직분력을 합성한 값이다.

• 네 힘의 합력 R의 크기와 방향

$$R = \sqrt{(\sum H)^2 + (\sum V)^2}$$

$$\tan\theta = \frac{\sum V}{\sum H}$$

······ (1.4)

1.2.3 작용점이 다른 여러 개의 힘의 합성

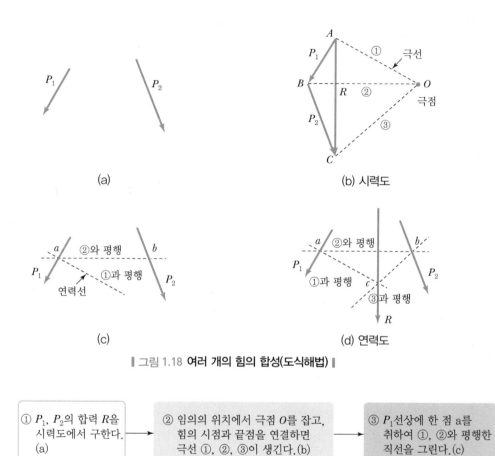

(a)

(b) 시력도

(c)

(d) 연력도

▌그림 1.18 **여러 개의 힘의 합성(도식해법)** ▌

① P_1, P_2의 합력 R을 시력도에서 구한다. (a)

② 임의의 위치에서 극점 O를 잡고, 힘의 시점과 끝점을 연결하면 극선 ①, ②, ③이 생긴다.(b)

③ P_1선상에 한 점 a를 취하여 ①, ②와 평행한 직선을 그린다.(c)

④ P_2와 ②가 만나는 b점에서 ③과 평행한 직선을 그리면 (①과 평행한 직선과) 만나는 교점(c)이 생긴다.(d)

⑤ 그림 (b)의 합력 R을 c점을 지나는 위치로 평행 이동하여 그린다.(d)

1.2.4 평행하는 힘의 합성

(1) 도식해법

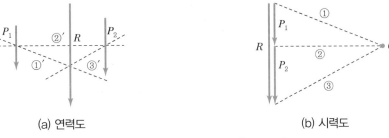

(a) 연력도   (b) 시력도

┃ 그림 1.19 **평행하는 힘의 합성(도식해법)** ┃

(2) 수식해법

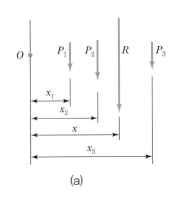

(a)

(b)

┃ 그림 1.20 **평행하는 힘의 합성(수식해법)** ┃

〈바리뇽의 정리 사용〉
O점을 중심으로 한 각 힘 P_1, P_2, P_3의 모멘트 합
$= O$점에 대한 합력 R의 모멘트 값

$R = P_1 + P_2 + P_3$

$R \cdot x = P_1 x_1 + P_2 x_2 + P_3 x_3$

O점으로부터 합력의 작용점까지의 거리 x

$$x = \frac{P_1 x_1 + P_2 x_2 + P_3 x_3}{R}$$
$$= \frac{P_1 x_1 + P_2 x_2 + P_3 x_3}{P_1 + P_2 + P_3}$$

주의 : 각 힘의 방향이 서로 다른 경우, 합력의 위
치는 O점의 왼쪽에 올 수도 있다.

1.2.5 힘의 분해

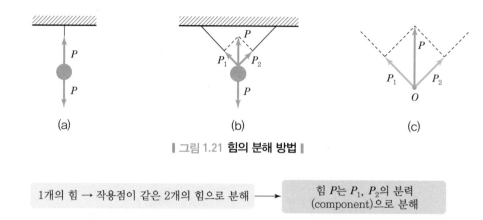

┃ 그림 1.21 **힘의 분해 방법** ┃

1개의 힘 → 작용점이 같은 2개의 힘으로 분해 ⟶ 힘 P는 P_1, P_2의 분력 (component)으로 분해

(1) 도식해법

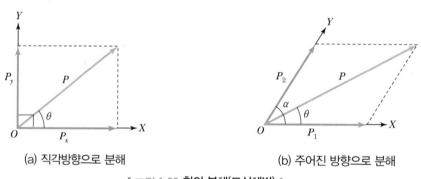

┃ 그림 1.22 **힘의 분해(도식해법)** ┃

(2) 수식해법

① 직교하는 두 힘으로 분해

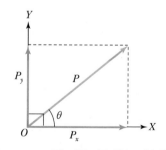

┃ 그림 1.23 **직교하는 두 힘으로 분해** ┃

$$X축상의 \; 분력 : P_x = P\cos\theta$$
$$Y축상의 \; 분력 : P_y = P\sin\theta$$

················ (1.5)

② 주어진 방향의 두 힘으로 분해

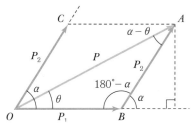

△ OAB에서 sine 법칙을 적용하면,

$$\frac{P_1}{\sin(\alpha-\theta)} = \frac{P_2}{\sin\theta} = \frac{P}{\sin(180°-\alpha)}$$

$$\therefore \begin{cases} P_1 = \dfrac{\sin(\alpha-\theta)}{\sin\alpha}P \\ P_2 = \dfrac{\sin\theta}{\sin\alpha}P \end{cases}$$ ················ (1.6)

▌그림 1.24 **주어진 방향의 두 힘으로 분해** ▌

1.2.6 평행하는 힘의 분해

> 1개의 힘 ⇒ 평행하는 2개의 힘으로 분해

(1) 도식해법

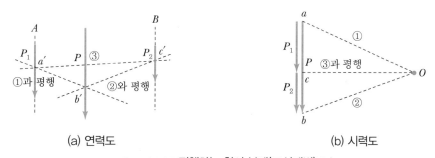

(a) 연력도   (b) 시력도

▌그림 1.25 **평행하는 힘의 분해(도식해법)** ▌

① 임의의 위치에서 극점 O를 잡고, 힘 P의 시점과 끝점을 연결하면 극선 ①, ②가 생긴다.(b)

→

② 작용선 A선상의 임의의 점 a'에서 힘 P를 향하는 ①과 평행한 직선을 그리고, 그 교차점 b'에서 작용선 B를 향하여 ②와 평행한 직선을 그린다.(a)

→

③ 작용선 A선상의 임의의 점 a'와 B선상의 교차점 c'를 연결하여 연력선 ③을 구한다.(a)

→

④ 연력도에서의 연력선 ③을 시력도에서 극점 O를 지나도록 평행이동하면 힘 P가 P_1, P_2로 분해된다. $\overline{ac}=P_1$, $\overline{cb}=P_2$

(2) 수식해법

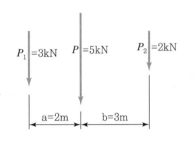

┃ 그림 1.26 평행하는 힘의 분해(수식해법) ┃

바리뇽의 정리를 사용하여
- P_2의 작용선상에 모멘트의 중심을 두면,

$$P_1 \cdot (a+b) = P \cdot b \rightarrow P_1 = \frac{b}{a+b} \cdot P$$
$$= \frac{3}{2+3} \cdot 5 = 3\text{kN}$$

- P_1의 작용선상에 모멘트의 중심을 두면,

$$P_2 \cdot (a+b) = P \cdot a \rightarrow P_2 = \frac{a}{a+b} \cdot P$$
$$= \frac{2}{2+3} \cdot 5 = 2\text{kN}$$

1.3 힘의 평형

1.3.1 힘의 평형상태

(1) 수직방향의 평형

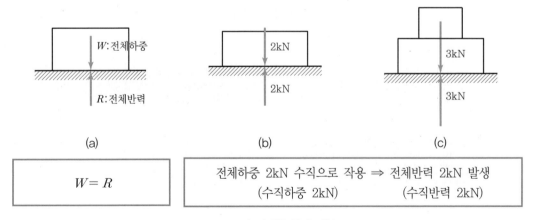

(a)

(b)

(c)

$$W = R$$

전체하중 2kN 수직으로 작용 ⇒ 전체반력 2kN 발생
(수직하중 2kN)　　　　　(수직반력 2kN)

┃ 그림 1.27 수직방향 힘의 평형 ┃

(2) 수평방향의 평형

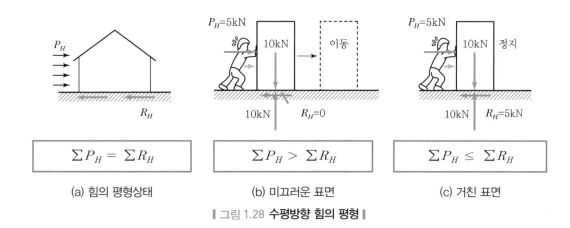

$$\sum P_H = \sum R_H$$

(a) 힘의 평형상태

$$\sum P_H > \sum R_H$$

(b) 미끄러운 표면

$$\sum P_H \leq \sum R_H$$

(c) 거친 표면

▌그림 1.28 **수평방향 힘의 평형** ▌

(3) 전도(회전)에 대한 평형

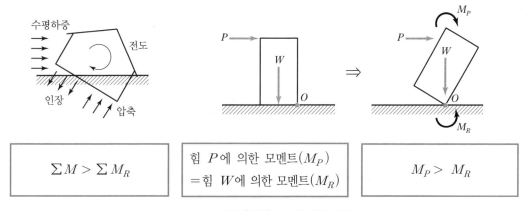

$$\sum M > \sum M_R$$

힘 P에 의한 모멘트(M_P)
= 힘 W에 의한 모멘트(M_R)

$$M_P > M_R$$

▌그림 1.29 **전도(회전)에 대한 힘의 평형** ▌

1.3.2 힘의 평형조건

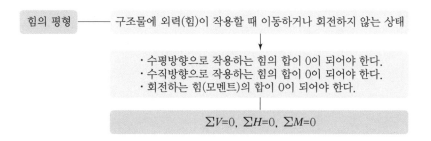

힘의 평형 ── 구조물에 외력(힘)이 작용할 때 이동하거나 회전하지 않는 상태

· 수평방향으로 작용하는 힘의 합이 0이 되어야 한다.
· 수직방향으로 작용하는 힘의 합이 0이 되어야 한다.
· 회전하는 힘(모멘트)의 합이 0이 되어야 한다.

$\sum V=0$, $\sum H=0$, $\sum M=0$

(1) 한 점에 작용하는 힘의 평형

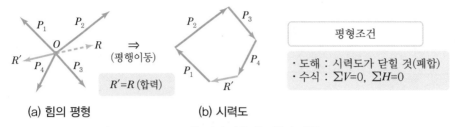

(a) 힘의 평형   (b) 시력도

┃ 그림 1.30 한 점에 작용하는 힘의 평형 ┃

(2) 한 점에 작용하지 않는 힘의 평형(일반적인 경우)

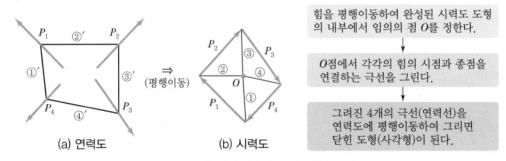

힘을 평행이동하여 완성된 시력도 도형의 내부에서 임의의 점 O를 정한다.

O점에서 각각의 힘의 시점과 종점을 연결하는 극선을 그린다.

그려진 4개의 극선(연력선)을 연력도에 평행이동하여 그리면 닫힌 도형(사각형)이 된다.

(a) 연력도   (b) 시력도

┃ 그림 1.31 한 점에 작용하지 않는 힘의 평형 ┃

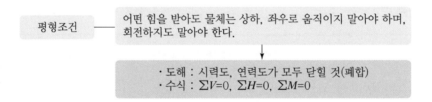

평형조건 ── 어떤 힘을 받아도 물체는 상하, 좌우로 움직이지 말아야 하며, 회전하지도 말아야 한다.

· 도해 : 시력도, 연력도가 모두 닫힐 것(폐합)
· 수식 : $\sum V=0$, $\sum H=0$, $\sum M=0$

(3) 라미(Ramy)의 정리

라미(Ramy)의 정리

한 점에 작용하는 3개의 힘이 평형상태이고 세 힘이 같은 평면에 존재할 경우,
각각의 힘은 다른 두 개의 힘 사이각의 사인(Sine)에 정비례한다.

↓

한 개의 힘과 사이각을 알면 다른 두 개의 힘을 구할 수 있다.

$$\frac{P_1}{\sin\theta_1} = \frac{P_2}{\sin\theta_2} = \frac{P_3}{\sin\theta_3}$$

.... (1.7)

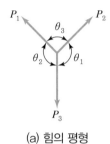

(a) 힘의 평형

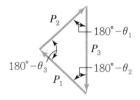

(b) 시력도

┃ 그림 1.32 **라미의 정리** ┃

CHAPTER **02** 구조물의 개요

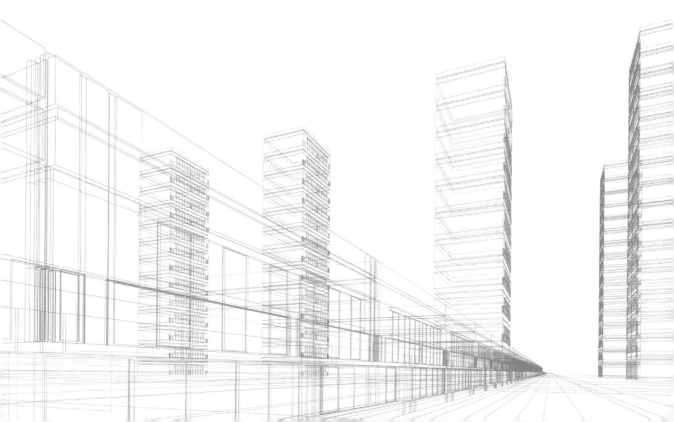

2.1 　　　　 구조물의 지지방법

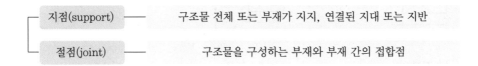

	지점(support) —	구조물 전체 또는 부재가 지지, 연결된 지대 또는 지반
	절점(joint) —	구조물을 구성하는 부재와 부재 간의 접합점

2.1.1 지점의 종류

(1) 이동지점(roller support)

수평이동과 회전은 자유로우나, 수직 방향 이동은 불가능

(a) 지지방법　　　　　　　(b) 표시　　　　　　　(c) 힘의 발생 : 반력

▮ 그림 2.1 **이동지점** ▮

例 크레인 보의 지점, 기초 부위 방진용 패드 지점, 교량 보의 지점 등

(2) 회전지점(hinge support)

수직, 수평 어느 방향으로도 이동이 불가능하고, 회전만 자유로움

(a) 지지방법　　　　　　　(b) 표시　　　　　　　(c) 힘의 발생 : 반력

▮ 그림 2.2 **회전지점** ▮

例 벽체에 보가 얹힘(핀접합), 콘크리트 기초에 철골기둥 설치(핀주각) 등

(3) 고정지점(fixed support)

수직, 수평 어느 방향으로도 이동이 불가능하고, 회전도 불가능함

| (a) 지지방법 | (b) 표시 | (c) 힘의 발생 : 반력 |

┃ 그림 2.3 **고정지점** ┃

예 벽체에 보의 고정, 기초에 기둥의 고정 등

2.1.2 지점(支点)과 반력(反力)

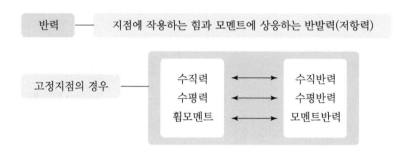

▼ 표 2.1 **지점과 반력**

지점	표시	반력수	반력의 종류		
			수직반력	수평반력	모멘트반력
이동단	△	1	○	×	×
회전단	△	2	○	○	×
고정단	⊥	3	○	○	○

2.1.3 절점의 종류

(1) 활절점(hinge joint, pin joint) : 회전절점

한쪽 부재가 이동하지 않는다고 가정했을 때, 연결된 다른 부재가 절점을 중심으로 회전할 수 있는 것
→ 절점각 변형

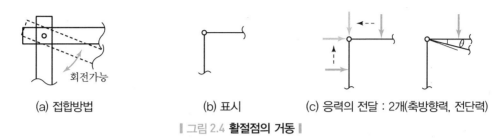

(a) 접합방법　　　　　　(b) 표시　　　　(c) 응력의 전달 : 2개(축방향력, 전단력)

▌그림 2.4 **활절점의 거동** ▌

활절점은 절점이 회전하므로 휨모멘트를 전달할 수 없다.

예 목조지붕틀 접합부, 철골 트러스 접합부 등

(2) 강절점(rigid joint) : 고정절점

한쪽 부재가 이동하지 않는다고 가정했을 때, 연결된 다른 부재도 절점을 중심으로 회전할 수 없는 것
→ 절점각 불변

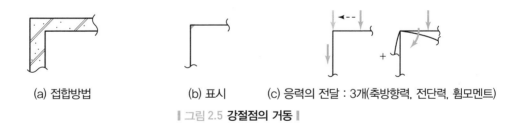

(a) 접합방법　　　　　　(b) 표시　　　(c) 응력의 전달 : 3개(축방향력, 전단력, 휨모멘트)

▌그림 2.5 **강절점의 거동** ▌

예 철근콘크리트 라멘구조 접합부, 강접골조 접합부 등

2.1.4 구조물의 종류

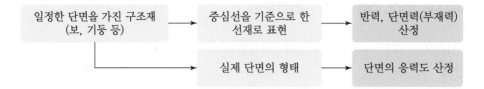

형태와 지지조건에 따라 분류하면, 다음과 같다.

(1) 보(beam)

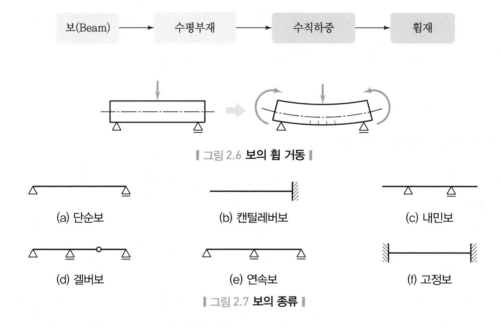

┃ 그림 2.6 **보의 휨 거동** ┃

(a) 단순보

(b) 캔틸레버보

(c) 내민보

(d) 겔버보

(e) 연속보

(f) 고정보

┃ 그림 2.7 **보의 종류** ┃

(2) 기둥(column)

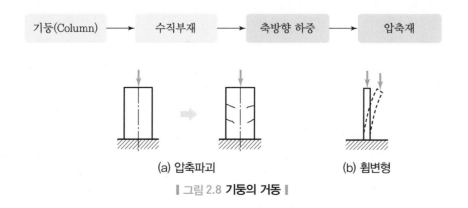

(a) 압축파괴

(b) 휨변형

┃ 그림 2.8 **기둥의 거동** ┃

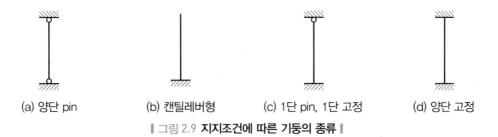

(a) 양단 pin (b) 캔틸레버형 (c) 1단 pin, 1단 고정 (d) 양단 고정

┃ 그림 2.9 **지지조건에 따른 기둥의 종류** ┃

(3) 라멘(rahmen)

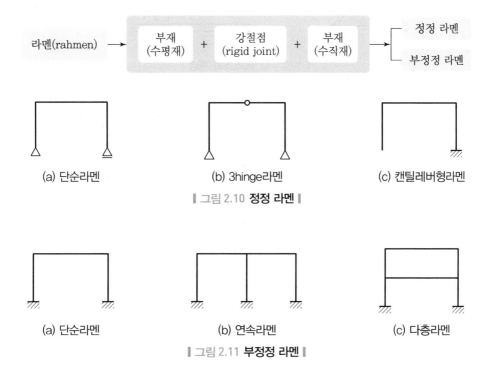

(a) 단순라멘 (b) 3hinge라멘 (c) 캔틸레버형라멘

┃ 그림 2.10 **정정 라멘** ┃

(a) 단순라멘 (b) 연속라멘 (c) 다층라멘

┃ 그림 2.11 **부정정 라멘** ┃

(4) 트러스(truss)

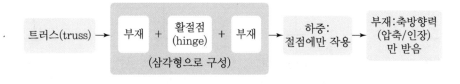

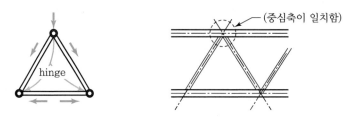

┃ 그림 2.12 **트러스의 개념** ┃

(a) 경사 트러스 (b) 평행 트러스

┃ 그림 2.13 **평면 트러스** ┃

(5) 아치(arch)

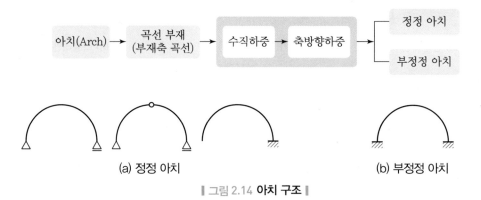

(a) 정정 아치 (b) 부정정 아치

┃ 그림 2.14 **아치 구조** ┃

2.2 구조물의 판별

2.2.1 구조물의 안정 · 불안정

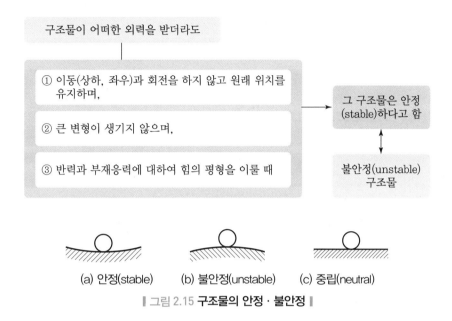

(a) 안정(stable)　**(b) 불안정(unstable)**　**(c) 중립(neutral)**

┃ 그림 2.15 **구조물의 안정 · 불안정** ┃

(1) 안정 구조물

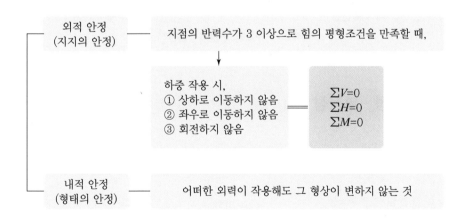

(2) 불안정 구조물

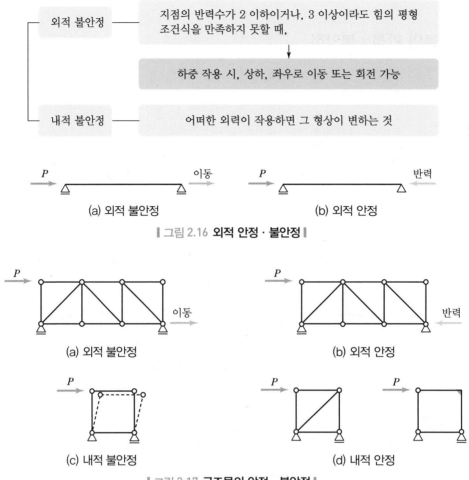

(a) 외적 불안정   (b) 외적 안정

┃ 그림 2.16 **외적 안정 · 불안정** ┃

(a) 외적 불안정   (b) 외적 안정

(c) 내적 불안정   (d) 내적 안정

┃ 그림 2.17 **구조물의 안정 · 불안정** ┃

2.2.2 구조물의 정정 · 부정정

(1) 구조물의 분류

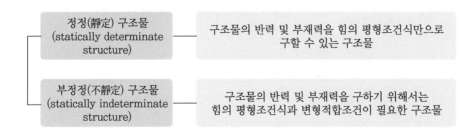

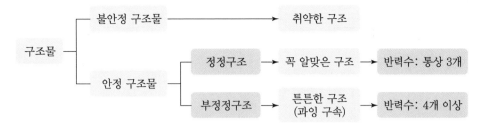

 1 스팬 보

(a) 불안정 : 반력수 $r = 2$ (b) 안정 → 정정 : $r = 3$ (c) 안정 → 부정정 : $r = 4$

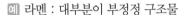 라멘 : 대부분이 부정정 구조물

(a) 불안정 : 반력수 $r = 2$ (b) 안정 → 정정 : $r = 3$ (c) 안정 → 부정정 : $r = 6$

2.2.3 구조물의 판별식

(1) 모든 구조물의 전체 부정정 차수 판별식

$$n = (r + m + k) - 2j \qquad \cdots\cdots\cdots\cdots (2.1)$$

여기서, n : 부정정 차수

  r : 반력수(reaction)

  m : 부재수(member)

  k : 강절접합 부재수(한 부재를 기준으로 강접합된 나머지 부재수)

  j : 절점수(joint, 지점과 자유단을 포함)

〈판별〉

$n < 0$: 불안정

$n = 0$: 정정

$n > 0$: 부정정

▼ 표 2.2 **강절점 부재수**

형태	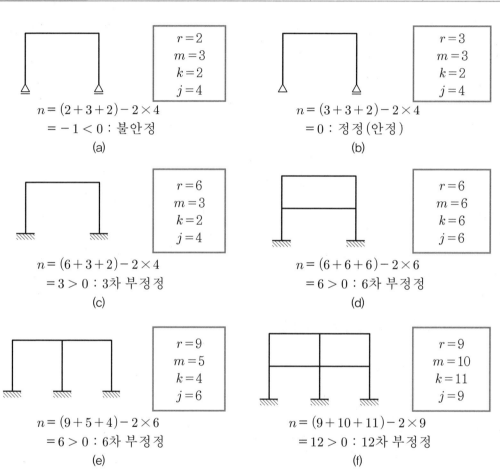			
절점수(j)	1	1	1	1
부재수(m)	2	3	3	4
강절접합 부재수(k)	1	1	2	3

$r=2$
$m=3$
$k=2$
$j=4$

$n=(2+3+2)-2\times4$
$=-1<0$: 불안정
(a)

$r=3$
$m=3$
$k=2$
$j=4$

$n=(3+3+2)-2\times4$
$=0$: 정정(안정)
(b)

$r=6$
$m=3$
$k=2$
$j=4$

$n=(6+3+2)-2\times4$
$=3>0$: 3차 부정정
(c)

$r=6$
$m=6$
$k=6$
$j=6$

$n=(6+6+6)-2\times6$
$=6>0$: 6차 부정정
(d)

$r=9$
$m=5$
$k=4$
$j=6$

$n=(9+5+4)-2\times6$
$=6>0$: 6차 부정정
(e)

$r=9$
$m=10$
$k=11$
$j=9$

$n=(9+10+11)-2\times9$
$=12>0$: 12차 부정정
(f)

┃ 그림 2.18 **라멘의 부정정 차수** ┃

(2) 외적인 안정구조물로서, 보 또는 단층 라멘의 경우

$$\text{약산식} : n=(r-3)-h \quad \cdots\cdots\cdots\cdots (2.2)$$

여기서, n : 부정정 차수
　　　　r : 반력수
　　　　h : 힌지(hinge)수

▼ 표 2.3 **힌지수**

형태	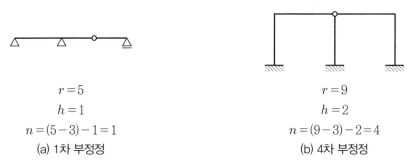			
힌지수(h)	1	1	2	3

$r=5$
$h=1$
$n=(5-3)-1=1$
(a) 1차 부정정

$r=9$
$h=2$
$n=(9-3)-2=4$
(b) 4차 부정정

┃ 그림 2.19 **약산식 적용 부정정 차수** ┃

(3) 모든 구조물의 내적, 외적 부정정 차수

전체 부정정 차수(n) = 외적 부정정 차수(n_e) + 내적 부정정 차수(n_i)

외적 부정정 차수 : $n_e = r-3$

내적 부정정 차수 : $n_i = (3+m+k) - 2j$

·············· (2.3)

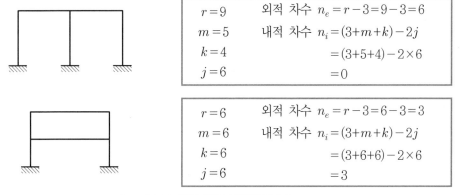

$r=9$ 외적 차수 $n_e = r-3 = 9-3 = 6$
$m=5$ 내적 차수 $n_i = (3+m+k) - 2j$
$k=4$ $= (3+5+4) - 2 \times 6$
$j=6$ $= 0$

$r=6$ 외적 차수 $n_e = r-3 = 6-3 = 3$
$m=6$ 내적 차수 $n_i = (3+m+k) - 2j$
$k=6$ $= (3+6+6) - 2 \times 6$
$j=6$ $= 3$

┃ 그림 2.20 **외적, 내적 부정정 차수** ┃

(4) 트러스(truss)의 부정정 차수

$$2j > m + r : \text{불안정}$$
$$2j = m + r : \text{정정}$$
$$2j < m + r : \text{부정정}$$

················· (2.4)

여기서, j : 절점수
m : 부재수
r : 반력수

* 트러스는 강절점이 없으므로 강절점 부재수 $k=0$이다.

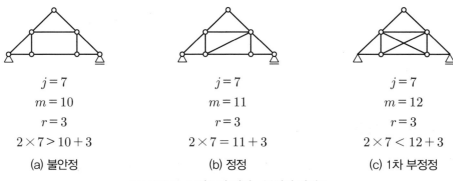

(a) 불안정	(b) 정정	(c) 1차 부정정
$j = 7$	$j = 7$	$j = 7$
$m = 10$	$m = 11$	$m = 12$
$r = 3$	$r = 3$	$r = 3$
$2 \times 7 > 10 + 3$	$2 \times 7 = 11 + 3$	$2 \times 7 < 12 + 3$

┃ 그림 2.21 **트러스의 정정 · 부정정 판별** ┃

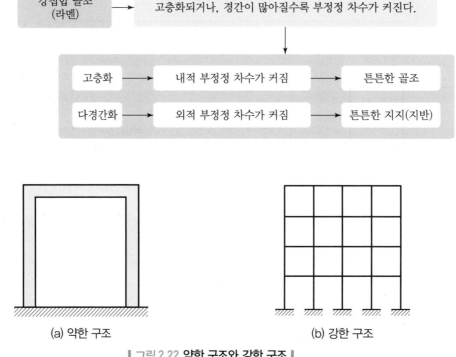

강접합 골조 (라멘)	→	고층화되거나, 경간이 많아질수록 부정정 차수가 커진다.

고층화	→	내적 부정정 차수가 커짐	→	튼튼한 골조
다경간화	→	외적 부정정 차수가 커짐	→	튼튼한 지지(지반)

(a) 약한 구조	(b) 강한 구조

┃ 그림 2.22 **약한 구조와 강한 구조** ┃

01 O점에 대한 모멘트 M_O를 구하면?(단, 시계방향 모멘트 +)

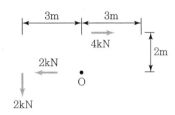

① 0kN · m

② 2kN · m

③ −2kN · m

④ −4kN · m

02 다음과 같은 두 개의 힘의 O점에 대한 모멘트의 크기는?

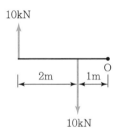

① 0

② 10kN · m

③ 20kN · m

④ 30kN · m

03 다음 그림에서 힘 P의 점 O에 대한 모멘트 값은?

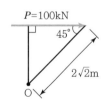

① 100kN · m

② 200kN · m

③ 100 $\sqrt{2}$ kN · m

④ 200 $\sqrt{2}$ kN · m

04 그림에서 A, B, C 각 점에 대한 모멘트의 크기를 비교한 것 중 옳은 것은?

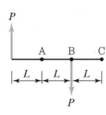

① $M_A > M_B > M_C$

② $M_A < M_B < M_C$

③ $M_A = M_B > M_C$

④ $M_A = M_B = M_C$

05 그림에서 두 힘의 합력 크기는?

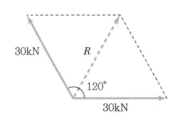

① 60kN

② 50kN

③ 40kN

④ 30kN

06 그림에서 AB 부재의 부재력은?

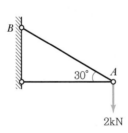

① -2kN

② $+2$kN

③ -4kN

④ $+4$kN

07 다음과 같이 하중 P가 AC 및 BC 로프(Rope)의 C점에 작용할 때 AC부재가 받는 인장력으로서 맞는 것은?

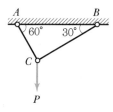

① $\dfrac{P}{2}$

② P

③ $\dfrac{\sqrt{3}}{2}P$

④ $2P$

08 다음 그림과 같은 부재에 3개의 힘이 작용하여 평형을 이루었을 때 힘 P의 크기와 거리 x는?

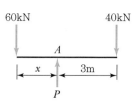

① $P=50\text{kN},\ x=1.0\text{m}$

② $P=100\text{kN},\ x=1.0\text{m}$

③ $P=50\text{kN},\ x=2.0\text{m}$

④ $P=100\text{kN},\ x=2.0\text{m}$

09 그림과 같이 B단이 활절(Hinge)로 된 막대에 상향 10kN, 하향 30kN이 작용하여 평형을 이룬다면 A점으로부터 30kN이 작용하는 점까지의 거리 x는 얼마이어야 하는가?(단, 막대의 자중은 무시한다.)

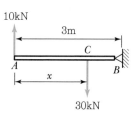

① 1.0m

② 1.5m

③ 2.0m

④ 2.5m

10 그림과 같이 균일 단면봉이 축하중을 받고 평형을 이루고 있다. $T = 2P$가 되려면 w는 얼마가 되어야 하는가?

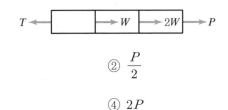

① P

② $\dfrac{P}{2}$

③ $\dfrac{P}{3}$

④ $2P$

11 그림과 같이 삼각형 구조가 평형상태에 있을 때 법선방향에 대한 힘의 크기 P는 약 얼마인가?

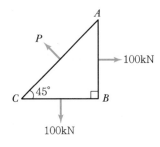

① 100kN

② 121kN

③ 131kN

④ 141kN

12 그림과 같은 연속보의 판별은?

① 정정

② 1차 부정정

③ 2차 부정정

④ 3차 부정정

13 그림과 같은 부정정보를 정정보로 바꾸려면 몇 개의 힌지가 필요한가?

① 2개

② 3개

③ 4개

④ 5개

14 다음 보(beam) 중에서 정정구조물이 아닌 것은?

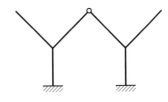

15 그림과 같은 구조물의 부정정 차수로 옳은 것은?

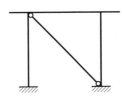

① 1차 부정정   ② 2차 부정정
③ 3차 부정정   ④ 4차 부정정

16 그림과 같은 구조물의 부정정 차수는?

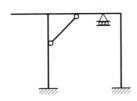

① 1차 부정정   ② 2차 부정정
③ 3차 부정정   ④ 4차 부정정

17 다음 구조물의 부정정 차수는?

① 3차 부정정   ② 4차 부정정
③ 5차 부정정   ④ 6차 부정정

정답   14 ③   15 ②   16 ④   17 ③

18 그림과 같은 구조물의 부정정 차수는?

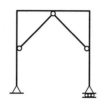

① 1차 부정정   ② 2차 부정정
③ 3차 부정정   ④ 4차 부정정

19 그림과 같은 구조물의 부정정 차수는?

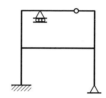

① 2차 부정정   ② 3차 부정정
③ 4차 부정정   ④ 5차 부정정

20 그림과 같은 구조물의 부정정 차수는?

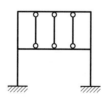

① 6차 부정정   ② 7차 부정정
③ 8차 부정정   ④ 9차 부정정

21 다음 그림과 같은 라멘의 부정정 차수는?

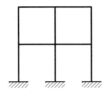

① 9차 부정정   ② 12차 부정정
③ 15차 부정정   ④ 18차 부정정

22 그림과 같은 구조물의 판별 결과로 옳은 것은?

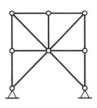

① 정정   ② 불안정
③ 1차 부정정   ④ 2차 부정정

23 그림과 같은 구조물의 판별로 옳은 것은?

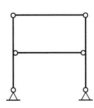

① 안정, 정정   ② 안정, 1차 부정정
③ 안정, 2차 부정정   ④ 불안정

24 그림과 같은 구조물의 판별로 옳지 않은 것은?

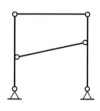

① 반력수는 4이다.   ② 부재수는 6이다.

③ 강절점수는 0이다.   ④ 절점수는 6이다.

1, 2장   풀이 및 해설

01 $M_O = -2 \times 3 + 4 \times 2 = 2\text{kN} \cdot \text{m}\,(\curvearrowright)$

02 $M_O = 10 \times 3 - 10 \times 1 = 20\text{kN} \cdot \text{m}\,(\curvearrowright)$

03 $M_O = 100 \times (2\sqrt{2} \cdot \sin 45°) = 100 \times 2\sqrt{2} \times \dfrac{1}{\sqrt{2}} = 200\text{kN} \cdot \text{m}\,(\curvearrowright)$

04   ① $M_A = P \times L + P \times L = 2PL\,(\curvearrowright)$
      ② $M_B = P \times 2L + P \times O = 2PL\,(\curvearrowright)$
      ③ $M_C = P \times 3L - P \times L = 2PL\,(\curvearrowright)$
      $\therefore M_A = M_B = M_C$

05   합력 $R = \sqrt{P_1^2 + P_2^2 + 2P_1 \cdot P_2 \cdot \cos\theta} = \sqrt{30^2 + 30^2 + 2 \times 30 \times 30 \times \cos 120°}$
                 $= \sqrt{30^2 + 30^2 + 2 \times 30 \times 30 \times \left(-\dfrac{1}{2}\right)} = 30\text{kN}$

06 A점을 중심으로 $F_{AB} \cdot \sin 30° - 2\text{kN} = 0$
      $\therefore F_{AB} = \dfrac{2\text{kN}}{\sin 30°} = +4\text{kN}\,(\text{인장})$

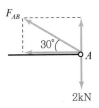

07   라미의 정리에 의하면
      $\dfrac{P}{\sin 90°} = \dfrac{F_{AC}}{\sin 120°}$
      $\therefore F_{AC} = \dfrac{\sqrt{3}}{2} P$

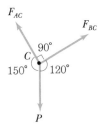

08 $\sum V = 0 : -60 - 40 + P = 0$ $\therefore P = 100\text{kN}\,(\uparrow)$
      $\sum M_A = 0 : -60 \times x + 40 \times 3 = 0$ $\therefore x = 2.0\text{m}$

09 $\sum V = 0 : 10 - 30 + R_B = 0$ $\therefore R_B = 20\text{kN}\,(\uparrow)$
      $\sum M_A = 0 : 30 \times x - 20 \times 3 = 0$ $\therefore x = 2.0\text{m}$

10 $\sum H = 0 : -T + w + 2w + P = 0$에서

$T = 2P$이므로 $-P + 3w = 0$

$\therefore w = \dfrac{P}{3}$

11 $\sum H = 0 : -P\cos 45° + 100 = 0$

$\therefore P = \dfrac{100}{\cos 45°} = 100\sqrt{2} = 141.42\text{kN}$

$(\sum V = 0 : P\sin 45° - 100 = 0 \therefore P = \dfrac{100}{\sin 45°} = 141.42\text{kN})$

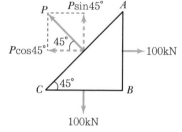

12 약산식 $n = (r-3) - h$에서 $= (4-3) - 1 = 0$(정정)

13 부정정 연속보를 정정보로 바꾸려면

$n = (r-3) - h = 0$이 되어야 하므로 $6 - 3 - h = 0$

$\therefore$ 힌지수 $h = 3$개

14 ① 캔틸레버보 $(r = 3)$ − 정정 ② 내민보 $(r = 3)$ − 정정
③ 부정정보 $n = 4 - 3 = 1$차 부정정 ④ 겔버보 $(n = (4-3) - 1 = 0)$ − 정정

15 단층 라멘이므로 약산식 적용 가능

$n = (r-3) - h = (6-3) - 1 = 2$차 부정정

16 $n = (r+m+k) - 2j = (6+6+4) - 2\times 6 = 4$차 부정정

17 $n = (r+m+k) - 2j = (7+8+6) - 2\times 8 = 5$차 부정정

18 $n = (r+m+k) - 2j = (3+8+5) - 2\times 7 = 2$차 부정정

19 $n = (r+m+k) - 2j = (6+8+7) - 2\times 8 = 5$차 부정정

20 $n = (r+m+k) - 2j = (6+15+12) - 2\times 12 = 9$차 부정정

21 $n = (r+m+k) - 2j = (9+10+11) - 2\times 9 = 12$차 부정정
(양단 고정 단순라멘 : 3차×4 = 12차 부정정)

22 트러스 구조의 부정정 판별식

$2j$(절점수) $\leq$ (부재수) $+ r$(반력수)에서

$2 \times 8 < 13 + 4$

$\therefore$ 1차 부정정

＊ 트러스 구조는 내적으로는 정정이므로 (반력수 -3)으로 부정정 차수를 구한다.

23 $n = (r+m+k) - 2j$
$= (4+6+2) - 2 \times 6 = 0$
판별식 계산으로는 정정이지만 외력(수평력)
작용 시 과다한 변형이 생기므로 불안정(내적)구조이다.

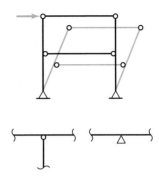

24 연속단에 해당하므로 2개의 부재가 각도를 지닌 강절접합과
동일하므로 1개의 강절점수로 산정한다.
따라서, 2곳이므로 강절점수는 2개이다.

CHAPTER **03** 정정보

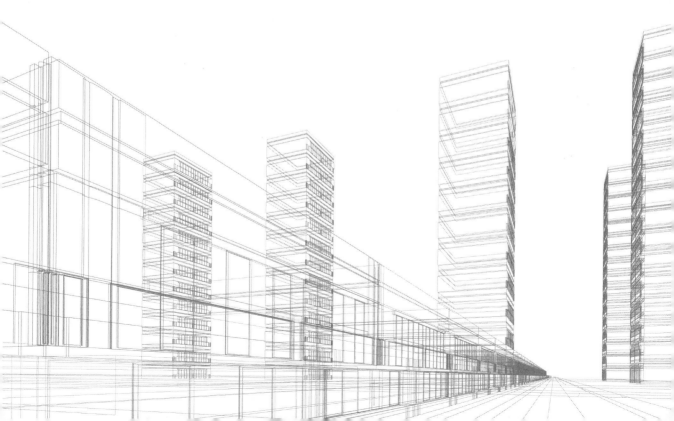

3.1　　　반력(Reaction)

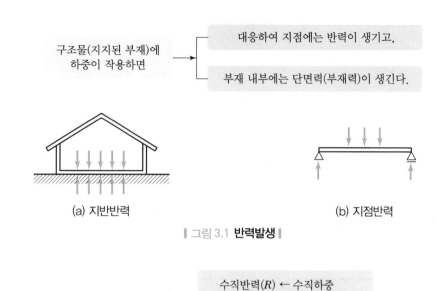

구조물(지지된 부재)에
하중이 작용하면　→

대응하여 지점에는 반력이 생기고,

부재 내부에는 단면력(부재력)이 생긴다.

(a) 지반반력　　　　　　　(b) 지점반력

▌그림 3.1 **반력발생** ▌

반력의 종류 ───

수직반력(R) ← 수직하중
수평반력(H) ← 수평하중
모멘트반력(M) ← 모멘트하중

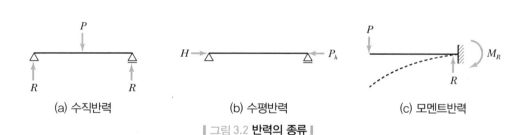

(a) 수직반력　　　　(b) 수평반력　　　　(c) 모멘트반력

▌그림 3.2 **반력의 종류** ▌

지점의 종류에 따라 ───

지점	최대 반력 수	반력의 방향
이동단	1개	수직반력
회전단	2개	수직반력, 수평반력
고정단	3개	수직반력, 수평반력, 모멘트반력

(회전단 : 2개, 이동단 : 1개)　　　　　　(고정단 : 3개)

▌그림 3.3 **최대 반력 수** ▌

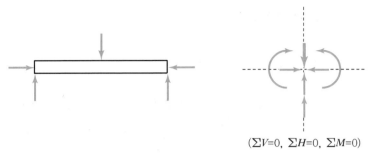

$$(\sum V = 0,\ \sum H = 0,\ \sum M = 0)$$

┃ 그림 3.4 **하중과 반력의 평형상태** ┃

3.1.1 단순보의 반력

예제 3-1   단순보 A, B 지점의 반력을 구하시오.

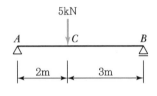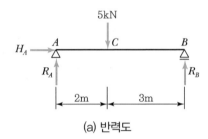

(a) 반력도

풀이
- 지점 A : 회전단 − 수직반력 R_A, 수평반력 H_A 발생 가능
- 지점 B : 이동단 − 수직반력 R_B 발생 가능

• 평형방정식에 의거

① 수평방향 힘의 합 : $\sum H = 0$ ∴ $H_A = 0$

② 수직방향 힘의 합 : $\sum V = 0$ $R_A + R_B - 5\text{kN} = 0$

$$R_A + R_B = 5\text{kN} \quad \cdots\cdots\cdots\cdots\cdots\cdots ①$$

③ A, B 지점의 모멘트 합 : $\sum M_A = 0$, $\sum M_B = 0$

$\sum M_B = 0$; $R_A \times 5\text{m} - 5\text{kN} \times 3\text{m} = 0$ ∴ $R_A = 3\text{kN}(\uparrow)$

①식에 의해, $3\text{kN} + R_B = 5\text{kN}$ ∴ $R_B = 2\text{kN}(\uparrow)$

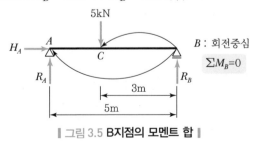

┃ 그림 3.5 **B지점의 모멘트 합** ┃

힘의 작용선상에 있는 위치에서의 모멘트 값=0 ⇒ H_A에 의한 $M = 0$
힘이 모멘트 중심을 지날 때, 그 힘의 모멘트 값=0 ⇒ R_B에 의한 $M = 0$

▼ **반력의 방향과 부호**

수평 · 수직반력 :

화살표로 가정 ┌ 계산값 : ⊕ ⇒ 가정한 방향대로 표시
              └ 계산값 : ⊖ ⇒ 가정한 방향의 반대로 수정

방향 : ↑ ⊕, ↓ ⊖, → ⊕, ← ⊖

▼ **모멘트의 방향과 부호**

• 시계방향 회전 : ⟳ ⊕   • 반시계방향 회전 : ⟲ ⊖

3.1.2 하중 유형별 반력

(1) 집중하중(중앙부)

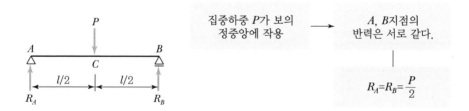

집중하중 P가 보의 정중앙에 작용 → A, B지점의 반력은 서로 같다.

$$R_A = R_B = \frac{P}{2}$$

(2) 집중하중($a > b$)

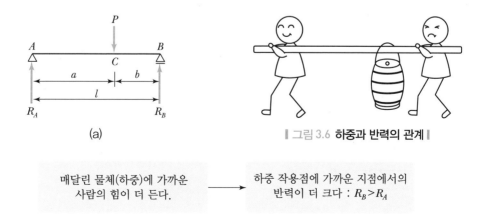

(a)

┃ 그림 3.6 **하중과 반력의 관계** ┃

매달린 물체(하중)에 가까운 사람의 힘이 더 든다. → 하중 작용점에 가까운 지점에서의 반력이 더 크다 : $R_B > R_A$

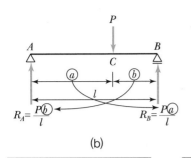

$$\sum M_B = 0 : R_A \times l - P \times b = 0$$

$$\therefore R_A = \frac{Pb}{l}$$

$$\sum M_A = 0 : P \times a - R_B \times l = 0$$

$$\therefore R_B = \frac{Pa}{l}$$

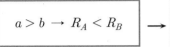

(b)

$$a > b \rightarrow R_A < R_B$$ $\longrightarrow$ * 반력 $= \dfrac{하중 \times 하중\ 작용점과\ 다른\ 지점\ 간의\ 거리}{지간(\text{span})}$

(3) 경사하중

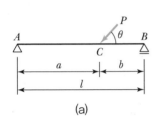

(a)

$$\sum H = 0 : H_A - P\cos\theta = 0$$

$$\therefore H_A = P\cos\theta$$

$$\sum M_B = 0 : R_A \times l - P\sin\theta \times b = 0$$

$$\sum M_B = 0 : R_A \times l - P\sin\theta \times b = 0$$

$$\therefore R_A = \frac{Pb\sin\theta}{l}$$

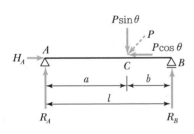

(b) 수직, 수평하중으로 분해

$$\sum V = 0 : R_A + R_B - P\sin\theta = 0$$

$$R_B = P\sin\theta - \frac{Pb\sin\theta}{l}$$

$$= \frac{P(l-b)\sin\theta}{l} = \frac{Pa\sin\theta}{l}$$

$$\therefore R_B = \frac{Pa\sin\theta}{l}$$

(4) 집중하중(2개 이상인 경우)

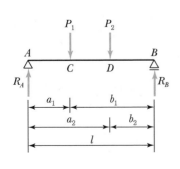

$$R_A = \frac{지점\ B에\ 대한\ 하중의\ 모멘트\ 합}{지간(\text{span})}$$

$$= \frac{P_1 b_1 + P_2 b_2}{l}$$

$$R_B = \frac{지점\ A에\ 대한\ 하중의\ 모멘트\ 합}{지간(\text{span})}$$

$$= \frac{P_1 a_1 + P_2 a_2}{l}$$

(5) 등분포하중

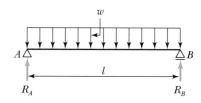

전체하중$(w)=$등분포하중의 합$=wl$

$$\therefore \ R_A = R_B = \frac{1}{2} \times (전체하중)$$

$$= \boxed{\frac{1}{2}wl}$$

(6) 등변분포하중

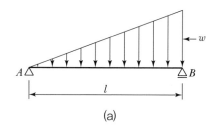

(a)

전체하중$(w)=$등변분포하중의 합

$\qquad = 직각삼각형의\ 단면적$

$$= \boxed{\frac{1}{2}wl}$$

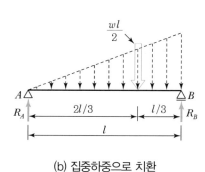

(b) 집중하중으로 치환

$$R_A = \frac{1}{3} \times (전체하중)$$

$$= \frac{1}{3} \times \frac{1}{2}wl = \boxed{\frac{1}{6}wl}$$

$$R_B = \frac{2}{3} \times (전체하중)$$

$$= \frac{2}{3} \times \frac{1}{2}wl = \boxed{\frac{1}{3}wl}$$

(7) 모멘트하중(1개)

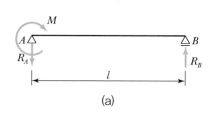

(a)

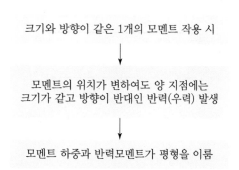

크기와 방향이 같은 1개의 모멘트 작용 시

↓

모멘트의 위치가 변하여도 양 지점에는
크기가 같고 방향이 반대인 반력(우력) 발생

↓

모멘트 하중과 반력모멘트가 평형을 이룸

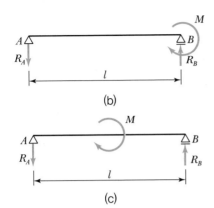

$\sum M_B = 0 : -R_A \times l + M = 0$

$$\therefore R_A = \frac{M}{l}$$

(b)

$\sum M_A = 0 : M - R_B \times l = 0$

$$\therefore R_B = \frac{M}{l}$$

(c)

(8) 모멘트하중(2개)

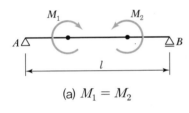

(a) $M_1 = M_2$

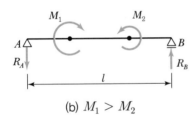

(b) $M_1 > M_2$

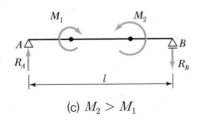

(c) $M_2 > M_1$

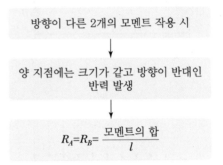

방향이 다른 2개의 모멘트 작용 시

↓

양 지점에는 크기가 같고 방향이 반대인 반력 발생

↓

$$R_A = R_B = \frac{모멘트의\ 합}{l}$$

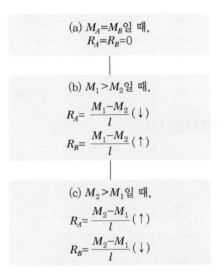

(a) $M_A = M_B$일 때,
$R_A = R_B = 0$

(b) $M_1 > M_2$일 때,
$$R_A = \frac{M_1 - M_2}{l} (\downarrow)$$
$$R_B = \frac{M_1 - M_2}{l} (\uparrow)$$

(c) $M_2 > M_1$일 때,
$$R_A = \frac{M_2 - M_1}{l} (\uparrow)$$
$$R_B = \frac{M_2 - M_1}{l} (\downarrow)$$

예제 3-2 그림과 같은 단순보의 반력을 구하시오.

풀이 힘의 평형조건식 적용 :

$\sum H = 0 : \quad \therefore \ H_A = 0$

$\sum M_B = 0 :$

$R_A \times 5 - 10 \times 2 = 0$

$\therefore \ R_A = \dfrac{20}{5} = 4\text{kN}(\uparrow)$

$\sum V = 0 :$

$R_A + R_B - 10 = 0$

$\therefore \ R_B = 10 - 4 = 6\text{kN}(\uparrow)$

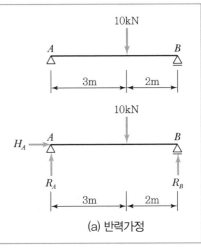

(a) 반력가정

예제 3-3 그림과 같은 단순보의 반력을 구하시오.

풀이 힘의 평형조건식 적용 :

$\sum M_B = 0 :$

$R_A \times 10 - P\sin 60° \times 5 = 0$

$\therefore \ R_A = \dfrac{20 \times \dfrac{\sqrt{3}}{2} \times 5}{10} = 5\sqrt{3}\,\text{kN}(\uparrow)$

$\sum V = 0 :$

$R_A + R_B - P\sin 60° = 0$

$\therefore \ R_B = 20 \times \dfrac{\sqrt{3}}{2} - 5\sqrt{3} = 5\sqrt{3}\,\text{kN}(\uparrow)$

$\sum H = 0 :$

$H_A - P\cos 60° = 0$

$\therefore \ H_A = 20 \times \dfrac{1}{2} = 10\text{kN}(\rightarrow)$

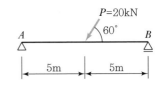

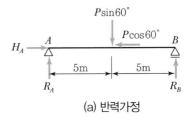

(a) 반력가정

예제 3-4 그림과 같은 단순보의 반력을 구하시오.

풀이 힘의 평형조건식 적용 :

$\sum H = 0 : H_A = 0$

$\sum M_B = 0 :$

$R_A \times 10 - 4 \times 6 - 3 \times 2 = 0$

$\therefore \ R_A = \dfrac{24 + 6}{10} = 3\text{kN}(\uparrow)$

$\sum V = 0 :$

$R_A + R_B - 4 - 3 = 0$

$\therefore \ R_B = 7 - 3 = 4\text{kN}(\uparrow)$

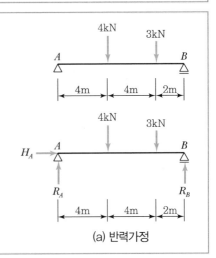

(a) 반력가정

예제 3-5 그림과 같은 단순보의 반력을 구하시오.

풀이

모멘트 계산 시, 등분포하중의 합
→ 집중하중으로 치환

힘의 평형조건식 적용 :

$\sum H = 0 : H_A = 0$

$\sum M_B = 0 :$

$R_A \times 4 - W \times 2 = 0$

$\therefore R_A = \dfrac{40 \times 2}{4} = 20\text{kN}(\uparrow)$

$\sum V = 0 :$

$R_A + R_B - 40 = 0$

$\therefore R_B = 40 - 20 = 20\text{kN}(\uparrow)$

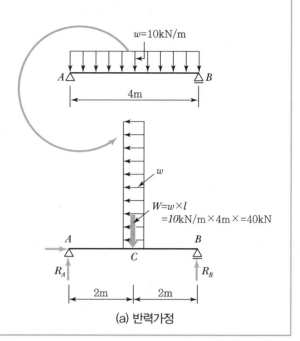

(a) 반력가정

예제 3-6 그림과 같은 단순보의 반력을 구하시오.

풀이

모멘트 계산 시, 등분포하중의 합
→ 집중하중으로 치환

힘의 평형조건식 적용 :

$\sum H = 0 : H_A = 0$

$\sum M_B = 0 :$

$R_A \times 3 - W \times 1 = 0$

$\therefore R_A = \dfrac{30 \times 1}{3} = 10\text{kN}(\uparrow)$

$\sum V = 0 :$

$R_A + R_B - W = 0$

$\therefore R_B = 30 - 10 = 20\text{kN}(\uparrow)$

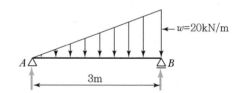

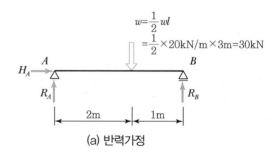

(a) 반력가정

예제 3-7 그림과 같은 단순보의 반력을 구하시오.

풀이

A, B지점의 수직반력 R_A, R_B를 모두 상향($\uparrow$)으로 가정

힘의 평형조건식 적용 :

$\sum H = 0 : H_A = 0$

$\sum M_B = 0 :$

$R_A \times 5 + M = 0$

$\therefore R_A = -\dfrac{10}{5} = \ominus 2\text{kN}(\downarrow)$

→ 가정한 방향과 반대

$\sum V = 0 :$

$R_A + R_B = 0$

$\therefore R_B = -R_A = -(-2) = \oplus 2\text{kN}(\uparrow)$

→ 가정한 방향과 일치

* 일정한 값의 모멘트가 어떤 위치에 있어도 지점의 반력값은 변하지 않는다.

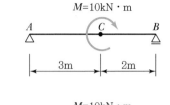

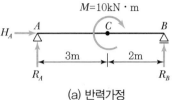

(a) 반력가정

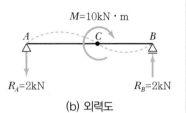

(b) 외력도

예제 3-8 그림과 같은 단순보의 반력을 구하시오.

풀이

A, B지점의 수직반력 R_A, R_B를 모두 상향($\uparrow$)으로 가정

힘의 평형조건식 적용 :

$\sum H = 0 : H_A = 0$

$\sum M_B = 0 :$

$R_A \times 5 + 8 - 3 = 0$

$\therefore R_A = -\dfrac{5}{5} = \ominus 1\text{kN}(\downarrow)$

→ 가정한 방향과 반대

$\sum V = 0 :$

$R_A + R_B = 0$

$\therefore R_B = -R_A = -(-1) = 1\text{kN}(\uparrow)$

$\sum M_A = 0 :$

$8 - 3 - R_B \times 5 = 0$

$\therefore R_B = \dfrac{5}{5} = 1\text{kN}(\uparrow)$

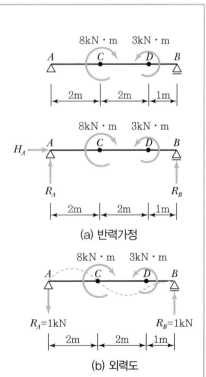

3.2 단면력(section forces)

• 외력, 단면력, 응력의 관계

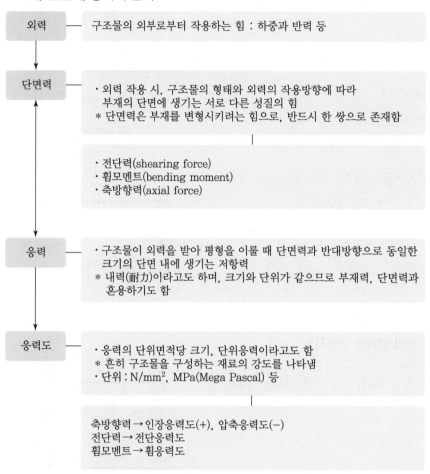

| 외력 | — 구조물의 외부로부터 작용하는 힘 : 하중과 반력 등 |

단면력
  • 외력 작용 시, 구조물의 형태와 외력의 작용방향에 따라
    부재의 단면에 생기는 서로 다른 성질의 힘
  ∗ 단면력은 부재를 변형시키려는 힘으로, 반드시 한 쌍으로 존재함

  • 전단력(shearing force)
  • 휨모멘트(bending moment)
  • 축방향력(axial force)

응력
  • 구조물이 외력을 받아 평형을 이룰 때 단면력과 반대방향으로 동일한
    크기의 단면 내에 생기는 저항력
  ∗ 내력(耐力)이라고도 하며, 크기와 단위가 같으므로 부재력, 단면력과
    혼용하기도 함

응력도
  • 응력의 단위면적당 크기, 단위응력이라고도 함
  ∗ 흔히 구조물을 구성하는 재료의 강도를 나타냄
  • 단위 : N/mm², MPa(Mega Pascal) 등

  축방향력 → 인장응력도(+), 압축응력도(−)
  전단력 → 전단응력도
  휨모멘트 → 휨응력도

3.2.1 단면력의 종류

(1) 축방향력(axial force)

부재의 축방향으로 작용하는 한 쌍의 힘, 축력이라고도 함
• 부호 : 인장력−정(+), 압축력−부(−)
• 기호 : N으로 표시
• 단위 : N, kN

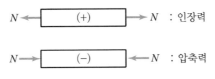

N : 인장력

N : 압축력

┃그림 3.7 **축방향력의 부호** ┃

• 축방향력도(A.F.D ; Axial Force Diagram)

> 인장력(+)은 기준선의 아래쪽에 그리고, 압축력(−)은 기준선의 위쪽에 그린다.

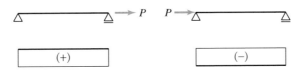

┃그림 3.8 **축방향력도의 도시법** ┃

(2) 전단력(shearing force)

> 부재의 축에 직각방향으로 작용하여 단면을 자르려는 크기가 같고 방향이 반대인 한 쌍의 힘
> • 부호 : 시계방향의 전단력−정(+), 반시계방향의 전단력−부(−)
> • 기호 : V나 S로 표시
> • 단위 : N, kN

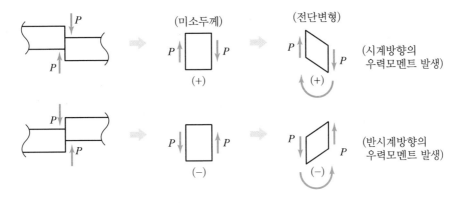

┃그림 3.9 **전단력의 부호** ┃

• 전단력도(S.F.D ; Shearing Force Diagram)

> (+) 전단력은 기준선의 위쪽에 그리고, (−) 전단력은 기준선의 아래쪽에 그린다.

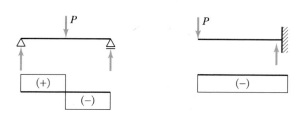

▌그림 3.10 **전단력도의 도시법** ▌

(3) 휨모멘트(bending moment)

부재의 축을 중심으로 부재를 휘게 하려는 한 쌍의 힘
- 부호 : 부재를 아래쪽으로 휘게 하는 휨모멘트 – 정(+)
　　　　부재를 위쪽으로 휘게 하는 휨모멘트 – 부(−)
- 기호 : M으로 표시
- 단위 : N · cm, kN · m 등

| (a) 부재의 아래쪽이 늘어남 | (b) 부재의 위쪽이 늘어남 |

▌그림 3.11 **휨모멘트의 부호** ▌

수평부재(보)에 수직하중이
작용하여 휨이 생기는 경우

상단 : 압축력 작용 → 줄어듦
하단 : 인장력 작용 → 늘어남
중앙부분 : 축방향력이 생기지 않음
　　　　　→ 늘지도 줄지도 않음

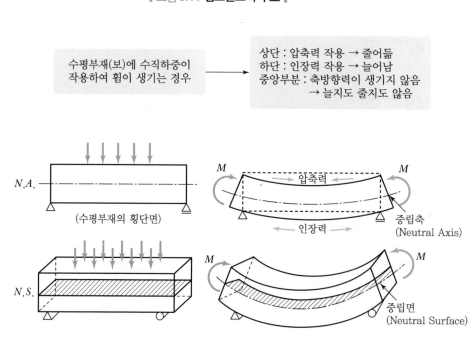

▌그림 3.12 **수평부재의 휨거동** ▌

• 휨모멘트도(B.M.D ; Bending Moment Diagram)

(+) 휨모멘트는 기준선의 아래쪽에 그리고, (−) 휨모멘트는 기준선의 위쪽에 그린다.

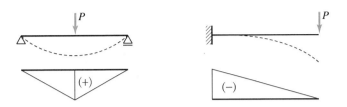

* 휨모멘트도의 방향은 언제나 부재의 휨방향과 일치한다.

▎그림 3.13 **휨모멘트도의 도시법** ▎

(4) 하중, 전단력 및 휨모멘트의 관계

그림과 같이 등분포하중을 받는 보에서 미소길이 dx만큼을 절단한 미소부분의 양단면에 작용하는 전단력과 휨모멘트의 관계 :

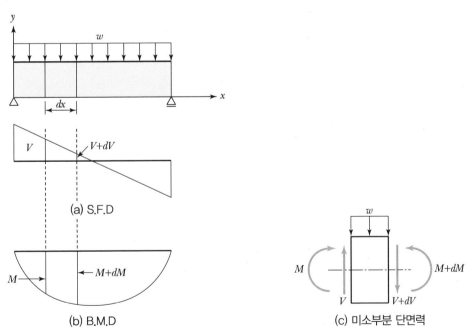

▎그림 3.14 **작용하중 및 단면력도** ▎

그림(c)에서 힘의 평형조건식으로부터,

$$\sum V = 0 \ : \ V - w \cdot dx - (V + dV) = 0$$

$$dV = -w \cdot dx \quad \therefore \ \frac{dV}{dx} = -w \quad \cdots\cdots\cdots\cdots\cdots\cdots\cdots\cdots\cdots\cdots ①$$

오른쪽 단면의 한 점에서 모멘트식을 세우면,

$$\sum M = 0 \ : \ M + V \cdot dx - w \cdot dx \cdot \left(\frac{dx}{2}\right) - (M + dM) = 0$$

$$V \cdot dx - dM - \frac{w}{2} \cdot (dx)^2 = 0$$

$\frac{w}{2} \cdot (dx)^2$은 매우 작은 값이므로 무시하고 정리하면,

$$V \cdot dx = dM \quad \therefore \ \frac{dM}{dx} = V \ \text{.......................................} ②$$

①, ②식으로부터, 등분포하중, 전단력, 휨모멘트의 관계

$$\boxed{\frac{d^2 M}{dx^2} = \frac{dV}{dx} = -w \ \rightarrow \ M = \int V dx = -\iint w dx dx}$$

등분포 하중 $\xrightarrow{\text{(적분)}}$ 전단력 $V = -\int w \, dx$

전단력 $\xrightarrow{\text{(적분)}}$ 휨모멘트 $M = \int V \, dx$

휨모멘트 $\xrightarrow{\text{(미분)}}$ 전단력 $V = \dfrac{dM}{dx}$

전단력 $\xrightarrow{\text{(미분)}}$ 등분포하중 $w = \dfrac{dV}{dx}$

▼ 표 3.1 **하중, 전단력, 휨모멘트의 관계**

하중	전단력	휨모멘트
집중하중(P)	일정값(집중하중의 합 : $\sum P$)	1차식(Px)
등분포하중(w)	1차식(wx)	2차식(wx^2)
등변분포하중(wx)	2차식(wx^2)	3차식(wx^3)

▼ 표 3.2 **하중, 전단력도, 휨모멘트도의 관계**

하중형태	전단력도	휨모멘트도
집중하중 작용구간 (하중의 변화가 없는 구간)	일정값 (기준선에 평행)	직선변화
등분포하중 작용구간	직선변화	2차 곡선
등변분포하중 작용구간	2차 곡선	3차 곡선
집중하중 작용점	수직변화	좌우로 꺾임
모멘트하중 작용점	변화 없음	수직변화

3.3 　 정정보의 해석

3.3.1 단순보

▼ 단순보의 단면력 산정 시 핵심사항

① 양 지점(회전단, 이동단)에서는 휨모멘트가 0이다.
② 양 지점의 전단력 크기는 지점반력의 크기와 같다.
③ 전단력이 0인 점 또는 전단력의 부호가 변하는 위치(하중작용점)에서 휨모멘트의 값이 최대로 된다.
④ 오른쪽 지점에서부터 계산하는 경우는 단면력의 부호가 반대로 된다.

• 보의 거동과 단면력의 부호

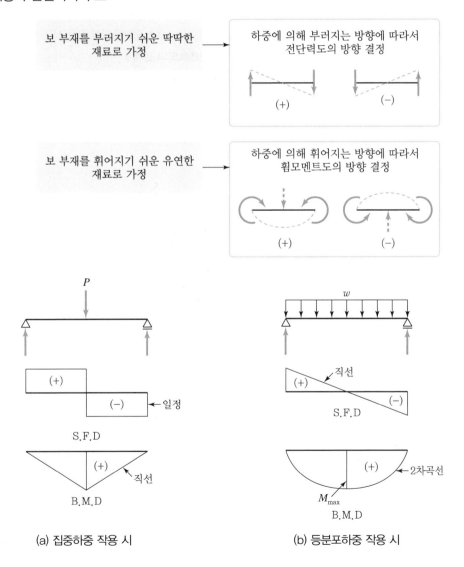

(a) 집중하중 작용 시　(b) 등분포하중 작용 시

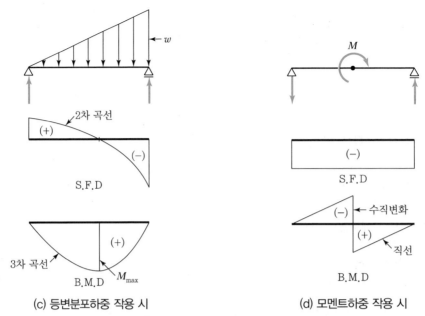

(c) 등변분포하중 작용 시   (d) 모멘트하중 작용 시

▎그림 3.15 하중, 전단력도, 휨모멘트도의 관계 ▎

예제 3-9   그림과 같이 중앙에 집중하중이 작용하는 단순보의 단면력을 구하고 단면력도를 그리시오.

풀이 ① 반력
대칭하중이므로,

$$R_A = R_B = \frac{1}{2} \times (전체하중) = \frac{P}{2}(\uparrow)$$

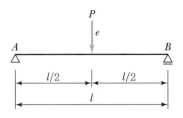

② 전단력
ⅰ) $A \sim C$구간($A \leq x < C$)
A지점부터 C점 직전까지의 구간에는 수직하중이
R_A만 작용하므로

$$V_{A \sim C} = R_A = \frac{P}{2}$$

ⅱ) $C \sim B$구간($C \leq x \leq B$)
왼쪽에서부터 하중 P의 작용점인 C점을 통과하면서
P가 전단력으로 작용하므로

$$V_{C \sim B} = R_A - P = \frac{P}{2} - P = -\frac{P}{2}$$

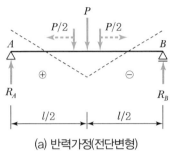

(a) 반력가정(전단변형)

③ 휨모멘트
ⅰ) $A \sim C$구간
A지점으로부터 x_1만큼 떨어진 단면의 휨모멘트 ;
왼쪽에 작용하는 하중(반력)으로 계산하면

$$Mx_1 = R_A \cdot x_1 = \frac{P}{2}x_1$$

$$M_A = M_{(x=0)} = 0$$

$$M_C = M_{(x_1 = l/2)} = \frac{P}{2} \times \frac{l}{2} = \frac{Pl}{4}$$

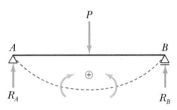

(b) 외력도(휨변형)

ⅱ) $C \sim B$구간
B점으로부터 x_2만큼 떨어진 단면의 휨모멘트 ; 오른쪽
에 작용하는 하중(외력)으로 계산하면
(* 부호가 바뀜에 주의)

$$Mx_2 = -(-R_B \cdot x_2) = R_B \cdot x_2 = \frac{P}{2}x_2$$

$$M_B = M_{(x_2 = 0)} = 0$$

$$M_C = M_{(x_2 = l/2)} = \frac{P}{2} \times \frac{l}{2} = \frac{Pl}{4}$$

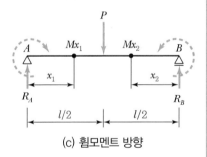

(c) 휨모멘트 방향

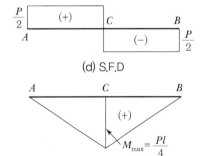

(d) S.F.D

(e) B.M.D

예제 3-10 그림과 같이 집중하중이 작용하는 단순보의 단면력을 구하고, 단면력도를 그리시오.

풀이 ① 반력

힘의 평형조건식으로부터

$$\sum M = 0 \; ; \; R_A \times 10 - 10 \times 6 = 0$$

$$\therefore R_A = 6\text{kN}(\uparrow)$$

$$\sum V = 0 \; ; \; R_A + R_B - 10 = 0$$

$$\therefore R_B = 10 - 6 = 4\text{kN}(\uparrow)$$

② 전단력

ⅰ) $A \sim C$구간$(A \leq x < C)$

$$V_{A \sim C} = R_A = 6\text{kN}$$

ⅱ) $C \sim B$구간$(C \leq x \leq B)$

$$V_{C \sim B} = R_A - P = 6 - 10 = -4\text{kN}$$

③ 휨모멘트

$$M_A = 0 (\because \text{hinge})$$

$$(\text{좌} \rightarrow) M_C = R_A \times 4 = 6 \times 4 = 24\text{kN} \cdot \text{m}$$

$$(\text{우} \rightarrow) M_C = -(-R_B \times 6) = -(-4 \times 6)$$

$$= 24\text{kN} \cdot \text{m}$$

$$M_B = 0 (\because \text{roller})$$

* 단순보에 하중이 작용할 때(모멘트 하중
제외), (+) 전단력도의 면적과 (−) 전단
력도의 면적은 서로 같다.
  $$\because 6 \times 4(\text{좌}) = 4 \times 6(\text{우})$$
* 하중작용점까지 전단력도의 면적의 합은
그 점에서의 휨모멘트 값과 같다.
  $$\because C\text{점} \rightarrow 6 \times 4 = 24\text{kN} \cdot \text{m} = M_C$$

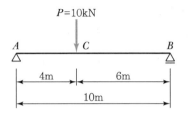

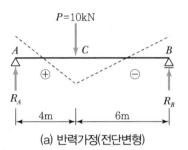

(a) 반력가정(전단변형)

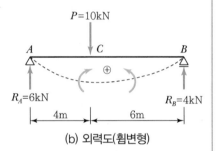

(b) 외력도(휨변형)

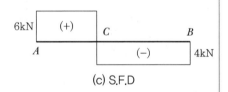

(c) S.F.D

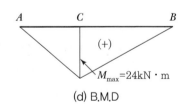

(d) B.M.D

예제 3-11 그림과 같이 집중하중을 받는 단순보의 단면력을 구하고, 단면력도를 그리시오.

풀이 ① 반력

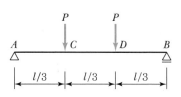

$$\sum M_B = 0 \;;\; R_A \times l - P \times \frac{2}{3}l - P \times \frac{1}{3}l = 0$$

$$\therefore R_A = \frac{P}{l}\left(\frac{2}{3}l + \frac{1}{3}l\right) = P(\uparrow)$$

$$\sum V = 0 \;;\; R_A + R_B - P - P = 0$$

$$\therefore R_B = 2P - P = P(\uparrow)$$

② 전단력

ⅰ) $A \sim C$구간$(A \leq x < C)$

$$V_{A \sim C} = R_A = P$$

ⅱ) $C \sim D$구간$(C \leq x < D)$

$$V_{C \sim D} = R_A - P = P - P = 0$$

ⅲ) $D \sim B$구간$(D \leq x \leq B)$

$$V_{D \sim B} = R_A - P - P = -P$$

③ 휨모멘트

$$M_A = 0$$

$$M_C = R_A \times \frac{l}{3} = \frac{Pl}{3}$$

$$M_D = R_A \times \frac{2}{3}l - P \times \frac{l}{3}$$

$$= \frac{2}{3}Pl - \frac{1}{3}Pl = \frac{Pl}{3}$$

$$M_B = 0$$

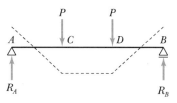

(a) 반력가정(전단변형)

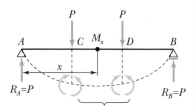

($C \sim D$구간 ; 휨모멘트 값의 변화 없음)

(b) 외력도(휨변형)

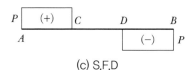

(c) S.F.D

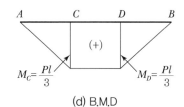

(d) B.M.D

그림과 같이 경사집중하중이 작용하는 단순보의 단면력을 구하고 반력도를 그리시오.

풀이 ① 반력

하중 P의 수평, 수직분력

$$P_x = P \cdot \cos 30° = 10 \times \frac{\sqrt{3}}{2} = 5\sqrt{3}\,\text{kN}$$

$$P_y = P \cdot \sin 30° = 10 \times \frac{1}{2} = 5\,\text{kN}$$

$$\sum M_B = 0 : R_A \times 5 - P_y \times 3 = 0$$

$$\therefore R_A = \frac{5 \times 3}{5} = 3\,\text{kN}(\uparrow)$$

$$\sum V = 0 : R_A + R_B - P = 0$$

$$\therefore R_B = 5 - 3 = 2\,\text{kN}(\uparrow)$$

$$\sum H = 0 : H_A - P_x = 0$$

$$\therefore H_A = P_x = 5\sqrt{3}\,\text{kN}(\rightarrow)$$

② 전단력

ⅰ) $A \sim C$구간($A \leq x < C$)

$$V_{A \sim C} = R_A = 3\,\text{kN}$$

ⅱ) $C \sim B$구간($C \leq x \leq B$)

$$V_{C \sim B} = R_A - P_y = 3 - 5 = -2\,\text{kN}$$

③ 휨모멘트

$$M_A = 0$$

$$M_C = R_A \times 2 = 3 \times 2 = 6\,\text{kN}\cdot\text{m}$$

$$M_C = 0$$

④ 축방향력

$$N_{A \sim C} = -H_A = -5\sqrt{3}\,\text{kN}(압축)$$

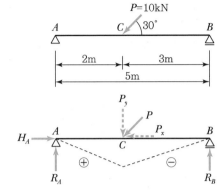

(a) 반력가정(전단변형)

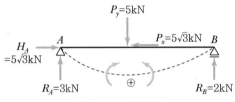

(b) 외력도(휨변형)

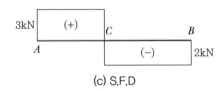

(c) S.F.D

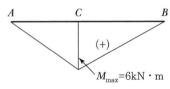

(d) B.M.D

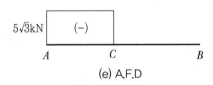

(e) A.F.D

예제 3-13 그림과 같이 등분포하중을 받는 단순보의 단면력을 구하고 단면력도를 그리시오.

풀이 ① 반력

양 지점의 반력은 대칭하중이므로,

$$R_A = R_B = \frac{wl}{2}(\uparrow)$$

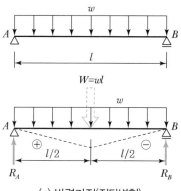

(a) 반력가정(전단변형)

② 전단력

지점 A로부터 임의의 거리 x만큼 떨어진 단면 [그림(b)]의 전단력을 V_x라 하면

$$V_x = R_A - wx$$

$$= \boxed{\frac{wl}{2} - wx} \rightarrow \boxed{\begin{array}{l} x\text{에 관한 1차식} \\ \rightarrow \text{전단력도 ; 직선변화} \end{array}}$$

$$V_A = V_{(x=0)} = \frac{wl}{2}$$

$$V_B = V_{(x=l)} = \frac{wl}{2} - wl = -\frac{wl}{2}$$

$$V_C = V_{(x=l/2)} = \frac{wl}{2} - w \cdot \frac{l}{2} = 0$$

> * 전단력은 보의 경우 구하는 위치까지의 수직 하중(반력 포함)의 합이다.[그림(b)]
> 거리 x까지의 등분포하중의 합 $\Rightarrow x$위치의 단면에 작용하는 수직력으로 일으켜 세움

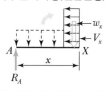

(b) 단면 X에서의 전단력

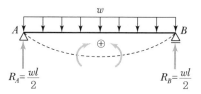

(c) 외력도(휨변형)

③ 휨모멘트

지점 A로부터 x만큼 떨어진 단면 [그림(d)]의 휨모멘트를 M_x라 하면

$$M_x = R_A \times x - wx \times \frac{x}{2}$$

$$= \boxed{\frac{wl}{2}x - \frac{w}{2}x^2} \rightarrow \boxed{\begin{array}{l} x\text{에 관한 2차식} \\ \rightarrow \text{휨모멘트도 ; 곡선변화} \end{array}}$$

$$M_A = M_{(x=0)} = 0$$

$$M_C = M_{(x=l/2)} = \frac{wl}{2} \times \frac{l}{2} - \frac{w}{2} \times \left(\frac{l}{2}\right)^2$$

$$= \frac{wl^2}{4} - \frac{wl^2}{8} = \frac{wl^2}{8}(= M_{\max})$$

> * 전단력이 0인 위치 → 휨모멘트 최대

$$M_B = M_{(x=l)} = \frac{wl^2}{2} - \frac{wl^2}{2} = 0$$

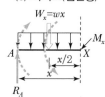

(d) 단면 X에서의 휨모멘트

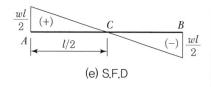

(e) S.F.D

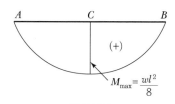

(f) B.M.D

예제 3-14 그림과 같이 등분포하중을 받는 단순보의 단면력을 구하고 단면력도를 그리시오.

풀이 ① 반력

등분포하중의 합

$$W = wl = 2 \times 8 = 16 \text{kN}$$

$$R_A = R_B = \frac{wl}{2} = \frac{2 \times 8}{2} = 8 \text{kN}(\uparrow)$$

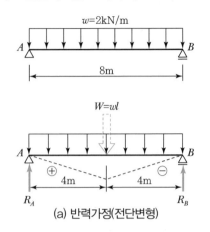

(a) 반력가정(전단변형)

② 전단력

지점 A로부터 x만큼 떨어진 단면의 전단력을
V_x라 하면

$$V_x = R_A - wx = 8 - 2x$$

$$V_A = V_{(x=0)} = 8 \text{kN}$$

$$V_B = V_{(x=8)} = 8 - 2 \times 8 = -8 \text{kN}$$

$$V_{(x=4)} = 8 - 2 \times 4 = 0(\text{휨모멘트가 최대인 위치})$$

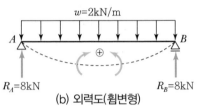

(b) 외력도(휨변형)

③ 휨모멘트

지점 A로부터 x만큼 떨어진 단면 [그림(c)]의
휨모멘트를 M_x라 하면

$$M_x = R_A \times x - wx \times \frac{x}{2}$$

$$= 8x - 2x \times \frac{x}{2} = 8x - x^2$$

$$M_A = M_{(x=0)} = 0$$

$$M_B = M_{(x=8)} = 8 \times 8 - 8^2 = 0$$

$$M_{\max} = M_{(x=4)} = 8 \times 4 - 4^2$$

$$= 16 \text{kN} \cdot \text{m}$$

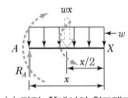

(c) 단면 X에서의 휨모멘트

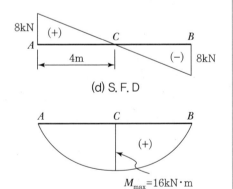

(d) S. F. D

(e) B. M. D

예제 3-15 그림과 같은 단순보의 단면력을 구하고 단면력도를 그리시오.

풀이 ① 반력

등분포하중의 합 $W = 8\text{kN}$이 지점 A로부터 2m 떨어진
위치에 작용하는 집중하중으로 치환하여 힘의 평형조건식
을 적용하면

$\sum M_B = 0$; $R_A \times 8 - 2 \times 4 \times (2 + 4) = 0$

$$\therefore R_A = \frac{8 \times 6}{8} = 6\text{kN}(\uparrow)$$

$\sum V = 0$; $R_A + R_B - 2 \times 4 = 0$

$$\therefore R_B = 8 - 6 = 2\text{kN}(\uparrow)$$

② 전단력

ⅰ) $A \sim C$구간($A \le x < C$)

지점 A로부터 x만큼 떨어진 단면의 전단력을
V_x라 하면

$V_x = R_A - wx = 6 - 2x$

$V_A = V_{(x=0)} = 6\text{kN}$

$V_C = V_{(x=4)} = 6 - 2 \times 4 = -2\text{kN}$

전단력이 0이 되는 위치는

$V_x = 6 - 2x = 0$ $\therefore x = 3\text{m}$(휨모멘트 최대)

ⅱ) $C \sim B$구간($C \le x \le B$)

$V_{C \sim B} = -R_B = -2\text{kN}$(일정)

> * 오른쪽 지점부터 계산하면 단면력의 부호가
> $(-)$로 바뀜

③ 휨모멘트

ⅰ) $A \sim C$구간

지점 A로부터 x만큼 떨어진 단면[그림(c)]의
휨모멘트를 M_x라 하면

$$M_x = R_A \times x - wx \times \frac{x}{2}$$

$$= 6x - 2x \times \frac{x}{2} = 6x - x^2$$

$M_A = M_{(x=0)} = 0$

$(좌 \rightarrow) M_C = M_{(x=4)} = 6 \times 4 - 4^2 = 8\text{kN} \cdot \text{m}$

$M_{\max} = M_{(x=3)} = 6 \times 3 - 3^2 = 9\text{kN} \cdot \text{m}$

ⅱ) $C \sim B$구간

$M_B = 0(\because \text{roller})$

$(우 \rightarrow) M_C = -(-R_B \times 4) = 2 \times 4 = 8\text{kN} \cdot \text{m}$

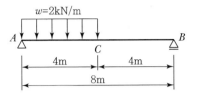

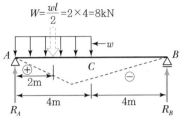

(a) 반력가정(전단변형)

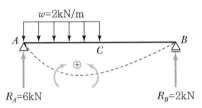

(b) 외력도(휨변형)

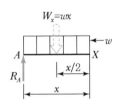

(c) 단면 X에서의 휨모멘트

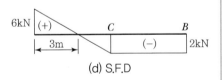

(d) S.F.D

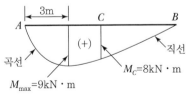

(e) B.M.D

예제 3-16 그림과 같이 등변분포하중을 받는 단순보의 단면력을 구하고 단면력도를 그리시오.

풀이 ① 반력

등변분포하중의 합

$$W = \frac{1}{2} w \times l = \frac{wl}{2} \quad (\because \; w \text{의 면적})$$

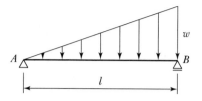

W가 지점 A로부터 $\frac{2}{3} l$ 위치에 작용하는 집중하중

으로 치환하면

$$\sum M_B = 0 \; ; \; R_A \times l - W \times \frac{l}{3} = 0$$

$$\therefore \; R_A = \left(\frac{wl}{2} \times \frac{l}{3} \right) / l = \frac{wl}{6} (\uparrow)$$

$$\sum V = 0 \; ; \; R_A + R_B - W = 0$$

$$\therefore \; R_B = \frac{wl}{2} - \frac{wl}{6} = \frac{wl}{3} (\uparrow)$$

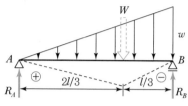

(a) 반력가정(전단변형)

② 전단력

그림(c)에서 삼각형의 닮은비에 따라

$$w_x : x = w : l \quad \therefore \; w_x = \frac{wx}{l}$$

지점 A로부터 x만큼 떨어진 단면 X까지의 작용하

중의 합

$$W_x = \frac{1}{2} w_x \times x = \frac{1}{2} \frac{wx}{l} \cdot x = \frac{wx^2}{2l}$$

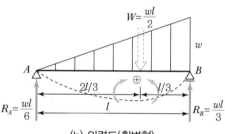

(b) 외력도(휨변형)

따라서 단면 X의 전단력 V_x는

$$V_x = R_A - W_x$$

$$= \boxed{\frac{wl}{6} - \frac{wx^2}{2l}} \rightarrow \boxed{\begin{array}{l} x \text{에 관한 2차식} \\ \rightarrow \text{전단력도 ; 2차곡선} \end{array}}$$

$$V_A = V_{(x=0)} = \frac{wl}{6}$$

$$V_B = V_{(x=l)} = \frac{wl}{6} - \frac{wl}{2} = -\frac{wl}{3} (= -R_B)$$

전단력이 0인 위치는

$$\frac{wl}{6} - \frac{wx^2}{2l} = 0 \quad \therefore \; x = \frac{l}{\sqrt{3}}$$

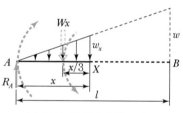

(c) 단면 X에서의 휨모멘트

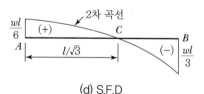

(d) S.F.D

③ 휨모멘트

$$M_x = R_A \times x - W_x \times \frac{x}{3}$$

$$= \frac{wl}{6} x - \frac{wx^2}{2l} \times \frac{x}{3}$$

$$= \boxed{\frac{wl}{6} x - \frac{w}{6l} x^3} \rightarrow \boxed{\begin{array}{l} x \text{에 관한 3차식} \\ \rightarrow \text{휨모멘트도 ; 3차곡선} \end{array}}$$

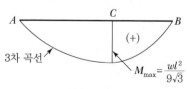

(e) B.M.D

$$M_A = M_{(x=0)} = 0$$

$$M_{\max} = M_{\left(x=\frac{l}{\sqrt{3}}\right)} = \frac{wl}{6} \times \frac{l}{\sqrt{3}} - \frac{w}{6l} \times \left(\frac{l}{\sqrt{3}}\right)^3$$

$$= \frac{wl^2}{6\sqrt{3}} - \frac{wl^2}{18\sqrt{3}} = \frac{wl^2}{9\sqrt{3}}$$

$$M_B = M_{(x=l)} = \frac{wl}{6} \times l - \frac{w}{6l} \times l^3 = 0$$

예제 3-17 그림과 같이 이등변삼각형의 등분포하중을 받는 단순보의 단면력을 구하고 단면력도를 그리시오.

풀이 ① 반력

등변분포하중의 합

$$W = \frac{1}{2} w \times l = \frac{wl}{2} \, (\because \quad \text{의 면적})$$

대칭하중(이등변삼각형)이므로 양 지점의 반력은

전체하중 W의 $\frac{1}{2}$이다.

$$R_A = R_B = \frac{wl}{2} \times \frac{1}{2} = \frac{wl}{4} \, (\uparrow)$$

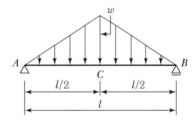

② 전단력

ⅰ) $A \sim C$구간

그림(c)에서 삼각형의 닮은비에 따라

$$w_x : x = w : \frac{l}{2} \quad \therefore \ w_x = \frac{2wx}{l}$$

지점 A로부터 x만큼 떨어진 단면까지의 작용하중의 합

$$W_x = \frac{1}{2} w_x \cdot x$$

$$= \frac{1}{2} \times \frac{2wx}{l} \times x = \frac{wx^2}{l}$$

따라서 단면 X의 전단력 V_x는

$$V_x = R_A = W_x$$

$$= \boxed{\frac{wl}{4} - \frac{wx^2}{l}} \rightarrow \boxed{\begin{array}{l} x\text{에 관한 2차식} \\ \rightarrow \text{전단력도 ; 2차곡선} \end{array}}$$

$$V_A = V_{(x=0)} = \frac{wl}{4}$$

$$V_C = V_{\left(x=\frac{l}{2}\right)} = \frac{wl}{4} - \frac{w}{l} \times \left(\frac{l}{2}\right)^2 = 0$$

(단면 C에서 휨모멘트 최대)

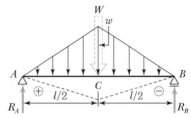

(a) 반력가정(전단변형)

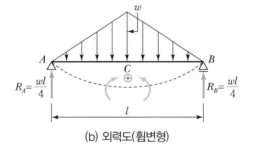

(b) 외력도(휨변형)

ii) $C \sim B$구간

$A \sim C$구간과 마찬가지로

$$w_x = \frac{2wx}{l}, \ W_x = \frac{wx^2}{l} \text{이므로}$$

$$V_x = \ominus (R_B - W_x) = -\left(\frac{wl}{4} - \frac{wx^2}{l}\right)$$

↳ 우측에서 계산 시 부호 바뀜

$$= \boxed{-\frac{wl}{4} + \frac{wx^2}{l}} \rightarrow \boxed{\text{A~C구간의 전단력과} \atop \text{크기는 같고 방향은 반대}}$$

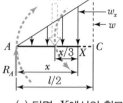

(c) 단면 X에서의 휨모멘트(좌측)

③ 휨모멘트

i) $A \sim C$구간

그림(c)에서와 같이

$$M_x = R_A \times x - W_x \times \frac{x}{3}$$

$$= \frac{wl}{4} \times x - \frac{wx^2}{l} \times \frac{x}{3}$$

$$= \boxed{\frac{wl}{4}x - \frac{w}{3l}x^3} \rightarrow \boxed{x\text{에 관한 3차식} \atop \rightarrow \text{휨모멘트도 ; 3차곡선}}$$

$$M_A = M_{(x = 0)} = 0$$

$$(좌\!\rightarrow) M_C = M_{\left(x = \frac{l}{2}\right)} = \frac{wl}{4} \times \frac{l}{2} - \frac{w}{3l} \times \left(\frac{l}{2}\right)^3$$

$$= \frac{wl^2}{8} - \frac{wl^2}{24} = \frac{wl^2}{12} (= M_{\max})$$

ii) $C \sim B$구간

그림(d)에서와 같이

$$M_x = \ominus \left(-R_B \times x + W_x \times \frac{x}{3}\right)$$

↳ 우측에서 계산 시 부호 바뀜

$$= -\left(-\frac{wl}{4} \times x + \frac{wx^2}{l} \times \frac{x}{3}\right)$$

$$= \boxed{\frac{wl}{4}x - \frac{w}{3l}x^3} \rightarrow \boxed{\text{A~C구간의 휨모멘트와} \atop \text{크기 및 방향이 모두 같음}}$$

$$M_B = M_{(x = 0)} = 0$$

$$(우\!\rightarrow) M_C = M_{\left(x = \frac{l}{2}\right)} = \frac{wl}{4} \times \frac{l}{2} - \frac{w}{3l}\left(\frac{l}{2}\right)^3$$

$$= \frac{wl^2}{8} - \frac{wl^2}{24} = \frac{wl^2}{12}$$

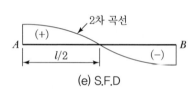

(d) 단면 X'에서의 휨모멘트(우측)

(e) S.F.D

(f) B.M.D

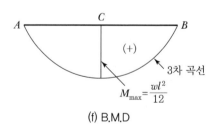

예제 3-18 그림과 같이 모멘트하중을 받는 단순보의 단면력을 구하고 단면력도를 그리시오.

풀이 ① 반력

그림(b)에서

$$\sum M_B = 0 \; ; \; -R_A \times l + M = 0$$

$$\therefore R_A = \frac{M}{l}(\circlearrowright)$$

가정한 방향과 일치

$$\sum M_A = 0 \; ; \; M - R_B \times l = 0$$

$$\therefore R_B = \frac{M}{l}(\uparrow) \; ; \; R_A 와 크기는 같고 방향은 반대$$

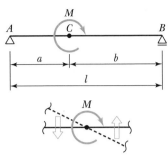

(모멘트에 의한 회전방향과 반대)
(a) 반력의 방향

② 전단력

$A \sim B$구간에서 전단변형의 방향이 일정[그림(b)]
하고, 수직하중의 변화가 없으므로

$$V_{A \sim B} = -R_A = -\frac{M}{l}(일정한 값)$$

계산에 의한 방법

ⅰ) $A \sim C$구간

$$V_x = -R_A = -\frac{M}{l}(일정한 값)$$

ⅱ) $C \sim B$구간

$$V_x = -(R_B) = -\frac{M}{l}(일정한 값)$$

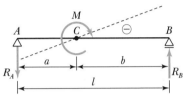

(b) 반력가정(전단변형)

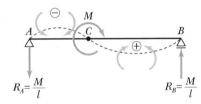

(c) 외력도(휨변형)

③ 휨모멘트

> * 그림(d)와 같이 모멘트하중의 작용점을 중심
> 으로 화살표 머리쪽 부재에는 모멘트하중이
> 존재하고(C점의 우측), 반대쪽 부재에는 모
> 멘트하중이 0이 된다.(C점의 좌측)

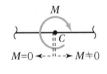
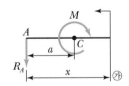

(d) 모멘트하중 유 · 무 및 단면 ㉮에서의
휨모멘트

ⅰ) $A \sim C$구간($A \leq x < C$)

$$M_x = -R_A \times x = -\frac{M}{l}x$$

$$M_A = M_{(x=0)} = 0$$

$$(좌 \rightarrow) M_C = M_{(x=a)} = -\frac{M}{l}a$$

ⅱ) $C \sim B$구간($C \leq x \leq B$)

$$M_x = -(-R_B \times x) = R_B x = \frac{M}{l}x$$

$$M_B = M_{(x=0)} = 0$$

$$(우 \rightarrow) M_C = M_{(x=b)} = \frac{M}{l}b$$

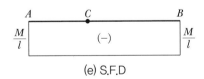

(e) S.F.D

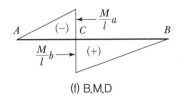

(f) B.M.D

한편, 지점 A로부터 계산하면 [그림(d)] C점을 지나면서 M이 추가되므로

$$M_x = -R_A x + M = -\frac{M}{l}x + M$$

$$M_B = M_{(x=l)} = -\frac{M}{l} \cdot l + M = 0$$

$$(\text{우}\rightarrow)M_C = M_{(x=a)} = -\frac{M}{l} \cdot a + M$$

$$= M \cdot \left(1 - \frac{a}{l}\right) = M \cdot \left(\frac{l-a}{l}\right) = \frac{M}{l}b$$

예제 3-19 **그림과 같이 모멘트하중을 받는 단순보의 단면력을 구하고 단면력도를 그리시오.**

풀이 ① 반력
  그림(a)에서
  $\sum M_B = 0$; $-R_A \times 6 + 12 = 0$
  $\therefore R_A = 2\text{kN}(\downarrow)$
  $\sum M_A = 0$; $12 - R_B \times 6 = 0$
  $\therefore R_B = 2\text{kN}(\uparrow)$

② 전단력
  $V_{A \sim B} = -R_A = -2\text{kN}$

③ 휨모멘트
  ⅰ) $A \sim C$구간($A \leq x < C$)
    그림(c)에서
    $M_x = -R_A \times x = -2x$
    $M_A = M_{(x=0)} = 0$
  $(\text{좌}\rightarrow)M_C = M_{(x=2)} = -4\text{kN} \cdot \text{m}$

  ⅱ) $C \sim B$구간($C \leq x \leq B$)
    그림(c)에서
    $M_x = -R_A \times x + M = -2x + 12$
    $M_B = M_{(x=6)} = -2 \times 6 + 12 = 0$
  $(\text{우}\rightarrow)M_C = M_{(x=2)} = -4 + 12 = 8\text{kN} \cdot \text{m}$

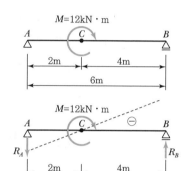
(a) 반력가정(전단변형)

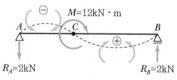
(b) 외력도(휨변형)

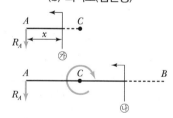
(c) 단면 ㉮, ㉯에서 휨모멘트

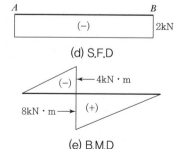
(d) S.F.D

(e) B.M.D

3.3.2 캔틸레버보(cantilever beam)

자유단   고정단

> 캔틸레버보 : 1단 자유단, 1단 고정단으로
> 지지된 돌출보이며 외팔보라고도 한다.

▼ **캔틸레버보의 단면력 산정 시 핵심사항**

① 단면력의 계산은 항상 자유단에서 시작한다.
② 고정단의 반력을 먼저 구하지 않고도 단면력의 계산이 가능하다.
③ 수직하향하중 작용 시 휨모멘트는 고정단에서 최대값이 되고, 그 부호는 고정단의 위치에 관계없이 항상 (−)이다.
④ 반면, 수직하향하중 작용 시 전단력의 부호는 고정단이 우측일 경우는 (−), 좌측일 경우는 (+)가 된다.

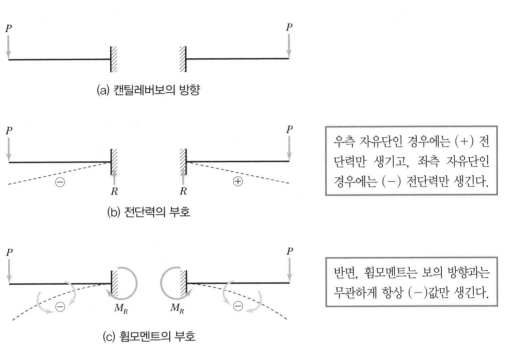

(a) 캔틸레버보의 방향

(b) 전단력의 부호

> 우측 자유단인 경우에는 (+) 전
> 단력만 생기고, 좌측 자유단인
> 경우에는 (−) 전단력만 생긴다.

(c) 휨모멘트의 부호

> 반면, 휨모멘트는 보의 방향과는
> 무관하게 항상 (−)값만 생긴다.

‖ 그림 3.16 **캔틸레버보의 단면력** ‖

예제 3-20 **그림과 같이 수직하중 P를 받는 캔틸레버보의 단면력을 구하고 단면력도를 그리시오.**

풀이 ① 반력

그림(a)에서

$\sum H = 0 \; ; \; -H_B = 0 \quad \therefore \; H_B = 0$

$\sum V = 0 \; ; \; -P + R_B = 0 \quad \therefore \; R_B = P(\uparrow)$

$\sum M_B = 0 \; ; \; -Pl + M_B = 0$

$\therefore \; M_B = Pl(\circlearrowleft)$

> 가정한 방향대로

② 전단력

자유단 A로부터 x만큼 떨어진 단면㉮에서 전단력의 일반식 V_x는

$V_x = -P$(일정한 값)

$\left. \begin{array}{l} V_A = V_{(x=0)} = -P \\ V_B = V_{(x=l)} = -P \end{array} \right]$(일정)

> * 집중하중이 작용하는 구간에서는 부재의 전단력값이 변하지 않는다.

③ 휨모멘트

자유단 A로부터 x만큼 떨어진 단면[그림(c)]의 휨모멘트 M_x는

$M_x = -Px$

$M_A = M_{(x=0)} = 0$

$M_B = M_{(x=l)} = -Pl$

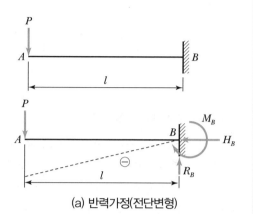

(a) 반력가정(전단변형)

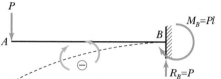

(b) 외력도(휨변형)

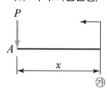

(c) 단면 ㉮에서의 휨모멘트

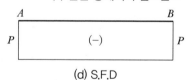

(d) S.F.D

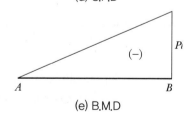

(e) B.M.D

예제 3-21 그림과 같이 수직하중을 받는 캔틸레버보의 단면력을 구하고 단면력도를 그리시오.

풀이 ① 반력

$$\sum H = 0 \ ; \ -H_B = 0 \quad \therefore \ H_B = 0$$

$$\sum V = 0 \ ; \ -4 - 3 + R_B = 0$$

$$\therefore \ R_B = 7\text{kN}(\uparrow)$$

$$\sum M_B = 0 \ ; \ -4 \times 6 - 3 \times 3 + M_B = 0$$

$$\therefore \ M_B = 24 + 9 = 33\text{kN} \cdot \text{m}(\circlearrowleft)$$

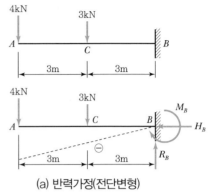

(a) 반력가정(전단변형)

② 전단력

i) $A \sim C$구간$(A \leq x < C)$

$$V_{A \sim C} = -4\text{kN}$$

ii) $C \sim B$구간$(C \leq x \leq B)$

$$V_{C \sim B} = -4 - 3 = -7\text{kN}$$

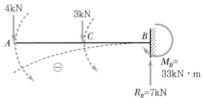

(b) 외력도(휨변형)

③ 휨모멘트

i) $A \sim C$구간

그림(c)에서

$$M_x = -4x$$

$$M_A = M_{(x = 0)} = 0$$

$$M_C = M_{(x = 3)} = -4 \times 3 = -12\text{kN} \cdot \text{m}$$

(c) 단면 ㉮에서의 휨모멘트

ii) $C \sim B$구간

그림(d)에서

$$M_x = -4x - 3(x - 3) = -7x + 9$$

$$M_C = M_{(x = 3)} = -21 + 9 = -12\text{kN} \cdot \text{m}$$

$$M_B = M_{(x = 6)} = -7 \times 6 + 9$$

$$= -33\text{kN} \cdot \text{m}$$

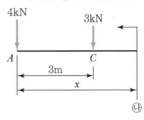

(d) 단면 ㉯에서의 휨모멘트

- $A \sim C$구간의 전단력도 면적 :
  $4\text{kN} \times 3\text{m} = 12\text{kN} \cdot \text{m}$
  → C점에서의 휨모멘트값
- $A \sim B$구간의 전단력도 면적 :
  $4\text{kN} \times 3\text{m} + 7\text{kN} \times 3\text{m} = 33\text{kN} \cdot \text{m}$
  → B점에서의 휨모멘트값

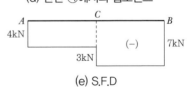

(e) S.F.D

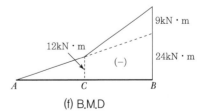

(f) B.M.D

예제 3-22 그림과 같이 등분포하중을 받는 캔틸레버보의 단면력을 구하고 단면력도를 그리시오.

풀이 ① 반력

$$\sum H = 0 \; ; \; H_A = 0$$

$$\sum V = 0 \; ; \; R_A - wl = 0$$

$$\therefore \; R_A = wl(\uparrow)$$

$$\sum M_A = 0 \; ; \; -M_A + wl \times \frac{l}{2} = 0$$

$$\therefore \; M_A = \frac{wl^2}{2} \; (\circlearrowleft)$$

가정한 방향대로

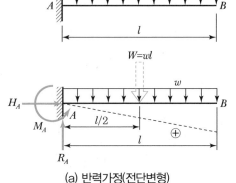

(a) 반력가정(전단변형)

② 전단력

자유단 B로부터 x만큼 떨어진 위치의 전단력 V_x는
그림(c)에서

$$V_x = -(-wx) = wx \rightarrow x에 관한 1차식$$

$$V_B = V_{(x=0)} = 0$$

$$V_A = V_{(x=l)} = wl$$

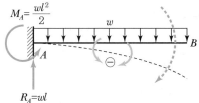

(b) 외력도(휨변형)

③ 휨모멘트

자유단 B로부터 x만큼 떨어진 위치의 휨모멘트 M_x는
그림(c)에서

$$M_x = -\left(wx \times \frac{x}{2}\right) = -\frac{wx^2}{2} \rightarrow x에 관한 2차식$$

$$M_B = M_{(x=0)} = 0$$

$$M_A = M_{(x=l)} = -\frac{wl^2}{2}$$

$$M_C = M_{\left(x=\frac{l}{2}\right)} = -\frac{w}{2}\left(\frac{l}{2}\right)^2 = -\frac{wl^2}{8}$$

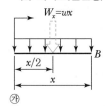

(c) 단면 ㉮에서의 휨모멘트

> * 보의 중앙점 C의 휨모멘트와 고정단 A의
> 최대 휨모멘트의 비 ;
> $$M_C : M_A = \frac{wl^2}{8} : \frac{wl^2}{2} = 1 : 4$$

(d) S.F.D

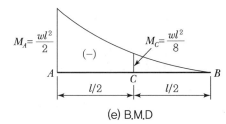

(e) B.M.D

예제 3-23 그림과 같이 수직하중과 모멘트하중을 동시에 받는 캔틸레버보의 단면력을 구하고 단면력도를 그리시오.

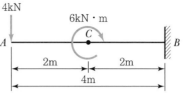

풀이 ① 반력

$$\sum H = 0 \; ; \; -H_B = 0 \quad \therefore \; H_B = 0$$

$$\sum V = 0 \; ; \; -4 + R_B = 0$$

$$\therefore \; R_B = 4\text{kN}(\uparrow)$$

$$\sum M_B = 0 \; ; \; -4 \times 4 + 6 + M_B = 0$$

$$\therefore \; M_B = 16 - 6 = 10\text{kN} \cdot \text{m}(\curvearrowright)$$

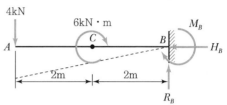

(a) 반력가정(전단변형)

② 전단력

　i) $A \sim C$구간

　　$V_{A \sim C} = -4\text{kN}$(일정)

　ii) $C \sim B$구간

　　$V_{C \sim B} = -4\text{kN}$(일정)

> * 캔틸레버보와 같이 모멘트하중에 의해 지점에 반력이 생기지 않는 경우, 전단력은 모멘트하중의 영향을 받지 않는다.

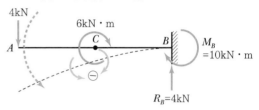

(b) 외력도(휨변형)

③ 휨모멘트

　i) $A \sim C$구간

　　그림(c)에서

　　$M_x = -4x$

　　$M_A = M_{(x=0)} = 0$

　　$(좌 \rightarrow) M_C = M_{(x=2)}$

　　　　$= -4 \times 2 = -8\text{kN} \cdot \text{m}$

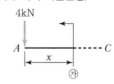

(c) 단면 ㉮에서의 휨모멘트

　ii) $C \sim B$구간

　　그림(d)에서

　　$M_x = -4x + 6$

　　$(우 \rightarrow) M_C = M_{(x=2)}$

　　　　$= -4 \times 2 + 6 = -2\text{kN} \cdot \text{m}$

　　$M_B = M_{(x=4)}$

　　　　$= -4 \times 4 + 6 = -10\text{kN} \cdot \text{m}$

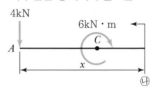

(d) 단면 ㉯에서의 휨모멘트

> * 그림(b)에서 C점을 중심으로 한 수직하중에 의한 휨모멘트값($4\text{kN} \times 2\text{m} = 8\text{kN} \cdot \text{m}$)이 C점의 모멘트하중($6\text{kN} \cdot \text{m}$)보다 작을 경우에는 C점에서 휨모멘트의 방향이 바뀐다.

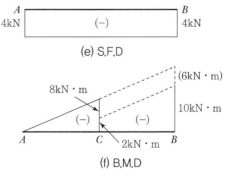

(e) S.F.D

(f) B.M.D

3.3.3 내민보(overhanging beam)

(자유단)	(연속단)		(이동단)		(자유단) (연속단)		(연속단) (자유단)

(a)

(b)

┃ 그림 3.17 **내민보** ┃

> 내민보 : 그림 3.17과 같이 단순보의 지점으로부터 일단 또는 양단이 돌출되어 자유단을 형성한 보이다.

▼ **내민보의 단면력 산정 시 핵심사항**

> ① 단부의 내민보는 중앙부의 휨모멘트를 크게 감소시키는 역할을 하므로 이러한 내민 부분의 보를 균형보(balance beam)라고도 한다.
> ② hinge나 roller로 지지된 연속지점을 연속단이라고 하며 반드시 휨모멘트를 전달한다.
> ③ 전단력의 부호가 바뀌는 점이 최소 1개 이상 생기며 이 점에서 최대 정(+), 부(−) 휨모멘트가 생긴다.
> ④ 휨모멘트의 방향(부호)이 바뀌는 점(반곡점 또는 변곡점)이 최소 1개 이상 생기며 그 점에서의 휨모멘트값은 0이 된다.

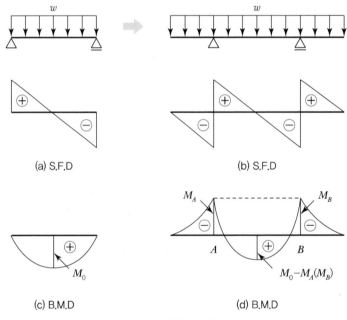

(a) S.F.D

(b) S.F.D

(c) B.M.D

(d) B.M.D

┃ 그림 3.18 **내민보의 단면력** ┃

예제 3-24 그림과 같이 집중하중을 받는 내민보의 단면력을 구하고 단면력도를 그리시오.

풀이

① 반력

$$\sum M_B = 0 \; ; \; -2 \times 9 + R_A \times 6 - 10 \times 3 + 4 \times 3 = 0$$

$$\therefore R_A = \frac{18 + 30 - 12}{6} = 6\text{kN}(\uparrow)$$

$$\sum M_A = 0 \; ; \; -2 \times 3 + 10 \times 3 - R_B \times 6 + 4 \times 9 = 0$$

$$\therefore R_B = \frac{-6 + 30 + 36}{6} = 10\text{kN}(\uparrow)$$

$$(\sum V = 0 \; ; \; R_A + R_B - (2 + 10 + 4) = 0$$

$$\therefore R_B = 16 - 6 = 10\text{kN}(\uparrow))$$

② 전단력

집중하중 작용 시 전단력은 하중작용 구간마다
일정한 값이 되므로

$$V_{C \sim A} = -2\text{kN}$$

$$V_{A \sim D} = -2 + R_A = -2 + 6 = 4\text{kN}$$

$$V_{D \sim B} = -2 + R_A - 10 = -2 + 6 - 10 = -6\text{kN}$$

$$V_{B \sim E} = -2 + R_A - 10 + R_B$$

$$= -2 + 6 - 10 + 10 = 4\text{kN}$$

$$(= -(-4) = 4\text{kN})$$

③ 휨모멘트

$$M_C = M_E = 0 (\because \text{자유단})$$

$$M_A = -2 \times 3 = -6\text{kN} \cdot \text{m}$$

$$M_D = -2 \times 6 + 6 \times 3 = 6\text{kN} \cdot \text{m}$$

$$M_B = -2 \times 9 + 6 \times 6 - 10 \times 3$$

$$= -18 + 36 - 30 = -12\text{kN} \cdot \text{m}$$

$$(= -(4 \times 3) = -12\text{kN} \cdot \text{m})$$

양 지점의 안쪽에 반곡점이 2개소 생기며 지점 A, B
로부터 각각의 반곡점의 위치는 그림(c)에서

$$-2 \times (3 + x_1) + R_A x_1 = 0$$

$$-6 - 2x_1 + 6x_1 = 0 \quad \therefore x_1 = 1.5\text{m}$$

한편, $4 \times (x_2 + 3) - R_B \times x_2 = 0$

$$4x_2 + 12 - 10x_2 = 0 \quad \therefore x_2 = 2.0\text{m}$$

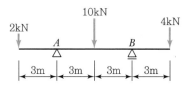

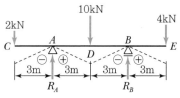

(a) 반력가정(전단변형)

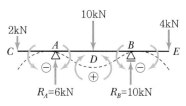

(b) 외력도(휨변형)

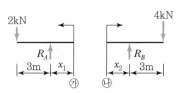

(c) 단면 ㉮, ㉯에서의 휨모멘트

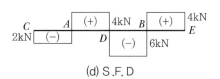

(d) S.F.D

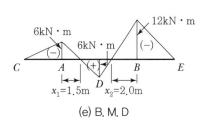

(e) B.M.D

그림과 같이 등분포하중을 받는 내민보의 단면력을 구하고 단면력도를 그리시오.

풀이 ① 반력

내민보 및 작용하중이 중앙에서 좌우 대칭이므로

$$R_A = R_B = \frac{1}{2} \times (전체하중)$$

$$= \frac{1}{2} \times (2 \times 4 \times 2 + 2 \times 10) = 18\text{kN}(\uparrow)$$

② 전단력

ⅰ) $C \sim A$구간[그림(c)]

$$V_x = -2x$$

$$V_C = V_{(x=0)} = 0$$

$$(좌 \rightarrow) V_A = V_{(x=4)} = -2 \times 4 = -8\text{kN}$$

ⅱ) $A \sim B$구간[그림(d)]

$$V_x = -2 \times 4 + 18 - 2x = 10 - 2x$$

$$(우 \rightarrow) V_A = V_{(x=0)} = 10\text{kN}$$

$$(좌 \rightarrow) V_B = V_{(x=10)} = 10 - 2 \times 10 = -10\text{kN}$$

$$V_x = 0 ; 10 - 2x = 0$$

$$\therefore x = 5\text{m} \rightarrow 휨모멘트 최대 위치$$

ⅲ) $B \sim D$구간[그림(e)]

단면의 우측에서

$$V_x = -(-2x) = 2x$$

$$V_D = V_{(x=0)} = 0$$

$$(우 \rightarrow) V_B = V_{(x=4)} = 2 \times 4 = 8\text{kN}$$

③ 휨모멘트

ⅰ) $C \sim A$구간[그림(c)]

$$M_x = -2x \times \frac{x}{2} = -x^2$$

$$M_C = M_{(x=0)} = 0$$

$$M_A = M_{(x=4)} = -16\text{kN} \cdot \text{m}$$

ⅱ) $A \sim B$구간[그림(d)]

$$M_x = -2 \times 4 \times (2 + x) + 18x - 2x \times \frac{x}{2}$$

$$= -16 - 8x + 18x - x^2$$

$$= -16 + 10x - x^2$$

$$M_A = M_{(x=0)} = -16\text{kN} \cdot \text{m}$$

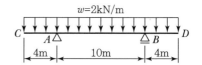

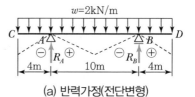

(a) 반력가정(전단변형)

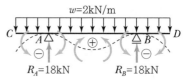

(b) 외력도(휨변형)

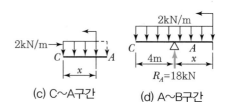

(c) C~A구간　　(d) A~B구간

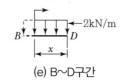

(e) B~D구간

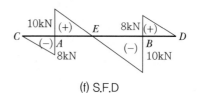

(f) S.F.D

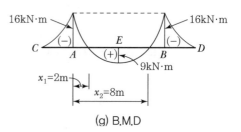

(g) B.M.D

$$M_B = M_{(x=10)} = -16 + 10 \times 10 - 10^2 = -16\,\mathrm{kN \cdot m}$$

$$M_E = M_{(x=5)} = -16 + 10 \times 5 - 5^2 = 9\,\mathrm{kN \cdot m}$$

④ 반곡점

$A \sim B$구간에서의 반곡점의 위치[그림(g)]는 그 구간에서의 휨모멘트 일반식 $M_x = 0$으로 놓고 x를 구하면

$$-16 + 10x - x^2 = 0$$

$$x^2 - 10x + 16 = 0$$

$$(x-2)(x-8) = 0$$

$$\therefore\ x_1 = 2\mathrm{m}\ \text{또는}\ x_2 = 8\mathrm{m}$$

예제 3-26 그림과 같은 내민보의 휨모멘트를 구하고 휨모멘트도를 그리시오.

풀이 내민보의 중앙부[그림(a)]와 내민 부분[그림(b)]로 등분포 하중이 나누어 작용하는 것으로 보면

ⅰ) 중앙부는 단순보로 간주하고, 최대 휨모멘트 M_0는

$$M_0 = \frac{wl_2{}^2}{8}$$

ⅱ) 내민 부분은 캔틸레버보로 간주하고, 최대 휨모멘트 M_A, M_B는

$$M_A = M_B = -\frac{wl_1{}^2}{2}$$

ⅲ) 내민보의 중앙점 E의 휨모멘트 M_E는 각각의 휨모멘트도[그림(c)와 그림(d)]를 합성하여 구한다.

$$M_E = M_0 - \left(\frac{M_A + M_B}{2}\right)$$

$$= \frac{wl_2{}^2}{8} - \frac{wl_1{}^2}{2}$$

> * 내민보는 단순보에 비해 중앙부의 정(+) 휨모멘트 가 내민 부분의 부(−) 휨모멘트에 의해 감소되므로 부재의 단면을 줄일 수 있는 이점이 있다.

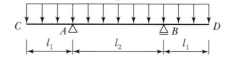

(a) 중앙부

+

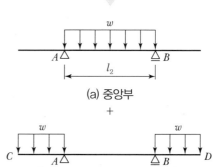

(b) 내민 부분

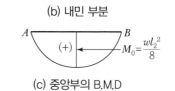

(c) 중앙부의 B.M.D

$$M_0 : M_E = \frac{wl_2{}^2}{8} : \frac{wl_2{}^2}{8} - \frac{wl_1{}^2}{2}$$

① $l_1 = \frac{1}{2} l_2$ 일 때

$$M_E = \frac{wl_2{}^2}{8} - \frac{w}{2} \left(\frac{1}{2} l_2 \right)^2 = 0 \text{이므로}$$

내민보의 중앙점에서는 휨모멘트가 0이 된다.

② $l_1 = \frac{1}{3} l_2$ 일 때

$$M_0 : M_E = \frac{1}{8} wl_2{}^2 : \frac{4}{72} wl_2{}^2 = 9 : 4$$

③ $l_1 = \frac{1}{4} l_2$ 일 때

$$M_0 : M_E = \frac{1}{8} wl_2{}^2 : \frac{3}{32} wl_2{}^2 = 4 : 3$$

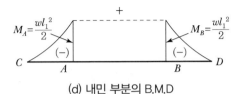

(d) 내민 부분의 B.M.D

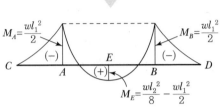

(e) B.M.D

3.3.4 겔버보(Gerber's beam)

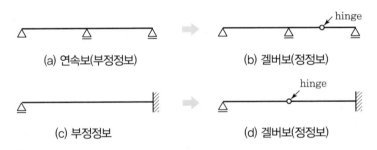

(a) 연속보(부정정보)   (b) 겔버보(정정보)

(c) 부정정보   (d) 겔버보(정정보)

▮ 그림 3.19 **겔버보** ▮

겔버보 : 그림 3.19와 같이 부정정보(연속보)의 지점 사이에 활절점(hinge)을 넣어 힘의 평형조건식만으로 풀
수 있도록 한 보로, 지점의 부등침하 등에 대비한 합리적인 구조이다.

▼ **겔버보의 단면력 산정 시 핵심사항**

① 휨모멘트가 0이 되는 활절점(hinge)의 위치는 임의로 조정할 수 있다.
② 힌지를 중심으로 단순보와 내민보 또는 단순보와 캔틸레버보로 분해한다.
③ 지점의 반력은 반드시 단순보에서 내민보(캔틸레버보) 순으로 구한다.
④ 단면력은 힌지를 중심으로 보를 나눈 상태에서 좌측 단면부터 순서대로 구한다.
⑤ 단면력도는 보를 나눈 상태에서 그린 후 겔버보로 연결한다.

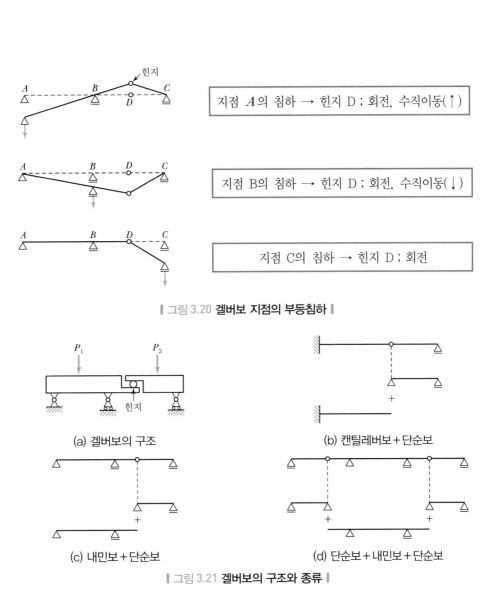

■ 그림 3.20 **겔버보 지점의 부등침하** ■

지점 A의 침하 → 힌지 D ; 회전, 수직이동(↑)

지점 B의 침하 → 힌지 D ; 회전, 수직이동(↓)

지점 C의 침하 → 힌지 D ; 회전

(a) 겔버보의 구조

(b) 캔틸레버보＋단순보

(c) 내민보＋단순보

(d) 단순보＋내민보＋단순보

■ 그림 3.21 **겔버보의 구조와 종류** ■

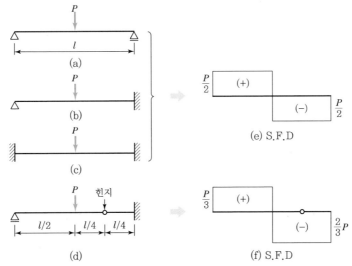

(a)

(b)

(c)

(e) S.F.D

(d)

(f) S.F.D

■ 그림 3.22 **지지조건과 힌지에 의한 전단력 비교** ■

* 수직하중이 작용하는 보에서 전단력은 작용하중의 크기와 위치에 따라 변하며, 지점의 지지조건에는 영향을 받지 않는다.

↓

* 그림 3.22와 같이 수직하중 P가 작용하는 지지조건이 다른 3개의 보는 모두 전단력이 동일하나, 중간에 힌지를 두어 겔버보가 되면 전단력의 크기가 변화한다.

예제 3-27 그림과 같은 겔버보의 단면력을 구하고 단면력도를 그리시오.

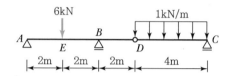

풀이 ① 반력
  i) 단순보
$$R_D = R_C = \frac{1 \times 4}{2} = 2\text{kN}(\uparrow)$$

> 지점 D의 반력 R_D는 원래 존재하지 않으므로 크기가 같고 방향이 반대인 수직하중 P_D를 내민보의 자유단(원래 힌지 위치)에 작용하는 것으로 가정한다.

  ii) 내민보
$$\sum M_B = 0 \; ; \; R_A \times 4 - 6 \times 2 + 2 \times 2 = 0$$
$$\therefore \; R_A = \frac{12-4}{4} = 2\text{kN}(\uparrow)$$
$$\sum V = 0 \; ; \; R_A + R_B - 6 - 2 = 0$$
$$\therefore \; R_B = 8 - 2 = 6\text{kN}(\uparrow)$$

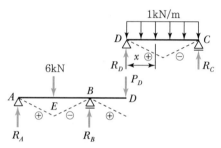

(a) 반력가정(전단변형)

② 전단력
  i) 내민보
$$V_{A \sim E} = R_A = 2\text{kN}$$
$$V_{E \sim B} = R_A - 6 = 2 - 6 = -4\text{kN}$$
$$V_{B \sim D} = R_A - 6 + R_B$$
$$= 2 - 6 + 6 = 2\text{kN}$$
  ii) 단순보
$$V_x = R_D - wx = 2 - x$$
$$V_D = V_{(x=0)} = 2\text{kN}$$
$$V_C = V_{(x=4)} = 2 - 4 = -2\text{kN}$$
$$V_x = 0 \; ; \; 2 - x = 0$$
$$\therefore \; x = 2\text{m} \rightarrow \text{휨모멘트 최대}$$

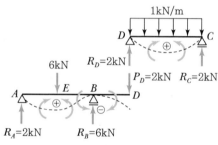

(b) 외력도(휨변형)

③ 휨모멘트
  i) 내민보
$$M_A = 0(\because \text{hinge})$$
$$M_E = 2 \times 2 = 4\text{kN} \cdot \text{m}$$
$$M_B = 2 \times 4 - 6 \times 2 = -4\text{kN} \cdot \text{m}$$
$$M_D = 0(\because \text{free})$$
  ii) 단순보
$$M_x = R_D x - \frac{wx^2}{2} = 2x - \frac{1}{2}x^2$$
$$M_D = M_C = 0(\because \text{hinge, roller})$$
$$M_F = M_{(x=2)} = 2 \times 2 - \frac{1}{2} \times 2^2$$
$$= 2\text{kN} \cdot \text{m}$$

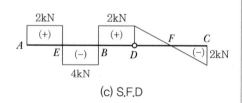

(c) S.F.D

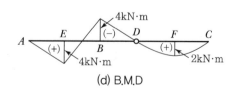

(d) B.M.D

예제 3-28 그림과 같은 겔버보의 단면력을 구하고 단면력도를 그리시오.

풀이 ① 반력

   ⅰ) 단순보

$$R_A = R_B = \frac{10}{2} = 5\text{kN}(\uparrow)$$

   ⅱ) 캔틸레버보

    자유단 C에 R_C와 크기가 같은 P_C가 작용한다고
    가정하면

$$\sum V = 0 \ ; \ -P_C + R_B = 0$$
$$\therefore \ R_B = P_C = 5\text{kN}(\uparrow)$$
$$\sum M_B = 0 \ ; \ -5 \times 3 + M_B = 0$$
$$\therefore \ M_B = 15\text{kN} \cdot \text{m}(\curvearrowleft)$$

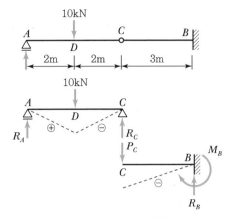

(a) 반력가정(전단변형)

② 전단력

   ⅰ) 단순보

$$V_{A \sim D} = R_A = 5\text{kN}$$
$$V_{D \sim C} = R_A - 10 = 5 - 10 = -5\text{kN}$$

   ⅱ) 캔틸레버보

$$V_{C \sim B} = -P_C = -5\text{kN}$$

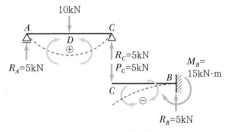

(b) 외력도(휨변형)

③ 휨모멘트

   ⅰ) 단순보

$$M_A = M_C = 0(\because \text{hinge, roller})$$
$$M_D = R_A \times 2 = 5 \times 2 = 10\text{kN} \cdot \text{m}$$

   ⅱ) 캔틸레버보

$$M_C = 0(\because \text{free})$$
$$M_B = -P_C \times 3 = -5 \times 3$$
$$= -15\text{kN} \cdot \text{m}$$

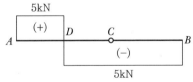

(c) S. F. D

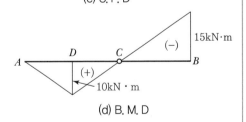

(d) B. M. D

01 그림과 같은 단순보에서 B점의 반력은?

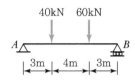

① 50kN   ② 54kN

③ 60kN   ④ 64kN

02 그림과 같은 단순보에서 A단의 수직반력은?

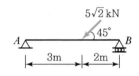

① 2kN   ② 3kN

③ 4kN   ④ 5kN

03 그림과 같은 구조물의 A점의 반력 V_A의 크기는?

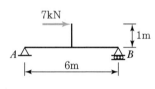

① 0   ② $-\dfrac{6}{7}$kN

③ $-\dfrac{7}{6}$kN   ④ -3kN

04 그림과 같은 구조물에서 지점 A 의 수평반력은?

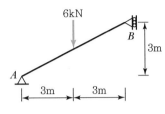

① 3kN

② 4kN

③ 5kN

④ 6kN

05 다음 그림과 같은 단순보의 B 지점의 수직반력은?

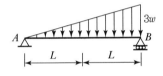

① $\dfrac{wL}{6}$

② $\dfrac{wL}{3}$

③ wL

④ $2wL$

06 그림과 같은 단순보에서 A 지점의 수직반력은?

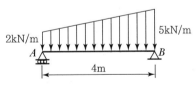

① 3kN(↑)

② 4kN(↑)

③ 5kN(↑)

④ 6kN(↑)

정답 **04** ④ **05** ④ **06** ④

07 지점 A의 반력의 크기와 방향으로 옳은 것은?

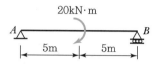

① 하향 2kN

② 상향 2kN

③ 하향 4kN

④ 상향 4kN

08 A점 및 B점에서의 반력은?(단, $\cos 45° = 0.7$로 계산)

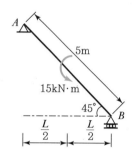

① $R_A = 3.3\text{kN}(\uparrow)$, $R_B = 3.3\text{kN}(\downarrow)$

② $R_A = 3.3\text{kN}(\downarrow)$, $R_B = 3.3\text{kN}(\uparrow)$

③ $R_A = 4.3\text{kN}(\uparrow)$, $R_B = 4.3\text{kN}(\downarrow)$

④ $R_A = 4.3\text{kN}(\downarrow)$, $R_B = 4.3\text{kN}(\uparrow)$

09 그림과 같은 단순보에서 A지점의 수직반력은?

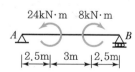

① 1kN

② 2kN

③ 3kN

④ 4kN

10 그림과 같은 단순보에서 A 지점의 수직반력은?(단, $M_1 < M_2$)

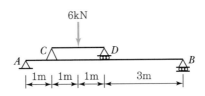

① $\dfrac{M_1 - M_2}{L}$

② $\dfrac{M_2 - M_1}{L}$

③ $\dfrac{M_1 + M_2}{L}$

④ $\dfrac{-M_1 - M_2}{L}$

11 그림과 같은 단순보에서 B 지점의 반력 R_B는?

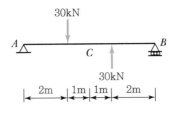

① 1kN

② 2kN

③ 3kN

④ 4kN

12 그림과 같은 하중이 작용하는 단순보에서 C점의 전단력 크기로 맞는 것은?

① 0

② -10kN

③ -20kN

④ -30kN

13 그림과 같은 단순보에서 보의 중앙 C에서의 전단력은?

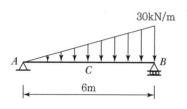

① 7.5kN

② 17.5kN

③ 22.5kN

④ 32.5kN

14 그림과 같은 단순보의 C점에 생기는 휨모멘트의 크기는?

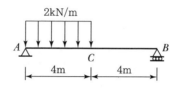

① 2kN · m

② 4kN · m

③ 6kN · m

④ 8kN · m

15 그림과 같은 단순보에서 C점의 휨모멘트 값은?

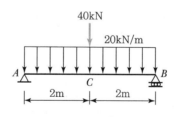

① 80kN · m

② 100kN · m

③ 120kN · m

④ 140kN · m

16 그림과 같은 단순보에서 중앙부 최대 휨모멘트가 80kN·m일 때 부재 길이(L)는?

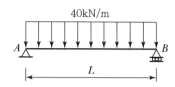

① 2m
② 3m
③ 4m
④ 5m

17 그림과 같은 단순보에서 C점의 휨모멘트의 크기는?

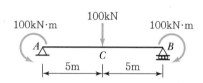

① 50kN · m
② 100kN · m
③ 150kN · m
④ 200kN · m

18 다음 그림과 같은 단순보의 $A \sim C$, $C \sim D$, $D \sim E$, $E \sim B$ 구간에서 발생되는 전단력값(절대값)이 아닌 것은?

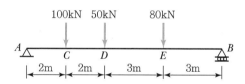

① 134kN
② 96kN
③ 37kN
④ 16kN

19 다음과 같은 단순보에 모멘트가 작용할 경우 휨모멘트도는?

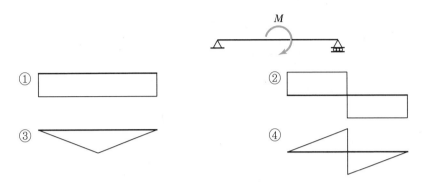

①
②
③
④

20 그림은 단순보 임의점에 집중하중 1개가 작용하였을 때의 전단력도를 나타낸 것이다. C점의 휨모멘트는 얼마인가?

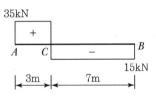

① 0
② 105kN · m
③ 210kN · m
④ 245kN · m

21 그림과 같은 보에서 전단력도를 보고 B지점에 발생하는 휨모멘트를 구하면 얼마인가?(단, 절대값으로 표현)

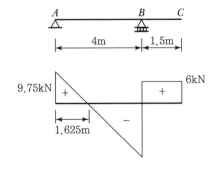

① 9kN · m
② 7.75kN · m
③ 5.03kN · m
④ 3.92kN · m

22 그림과 같은 단순보의 A점에서 전단력이 0이 되는 위치까지의 거리는?

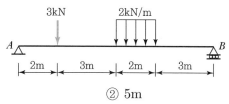

① 2m

② 5m

③ 5.5m

④ 5.67m

23 휨모멘트도와 전단력도 사이의 관계 중 옳지 않은 것은?

① 휨모멘트도가 3차 곡선일 때 전단력도는 2차 곡선변화

② 휨모멘트도가 2차 곡선일 때 전단력도는 1차 직선변화

③ 휨모멘트도가 1차 직선변화일 때 전단력도의 값은 일정

④ 휨모멘트도가 일정한 값일 때 전단력도의 값은 3차 곡선변화

24 그림과 같은 캔틸레버 보에 대한 설명 중 옳지 않은 것은?

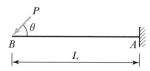

① A지점에서는 3개의 반력이 생긴다.

② A지점의 수직반력의 방향은 상향($\uparrow$)이다.

③ A지점의 모멘트반력의 방향은 시계방향($\curvearrowright$)이다.

④ $(A - B)$부재 내부는 압축응력만 발생한다.

25 그림과 같은 캔틸레버 구조에서 고정단 A지점의 전단력은?

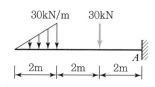

① 20kN

② 40kN

③ 60kN

④ 80kN

26 그림과 같은 캔틸레버보의 중앙과 단부의 휨모멘트 비율은?

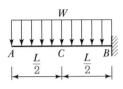

① 1 : 1   ② 1 : 2

③ 1 : 3   ④ 1 : 4

27 그림과 같은 캔틸레버보에서 D점의 휨모멘트는?

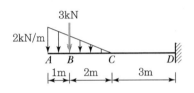

① $-15\text{kN} \cdot \text{m}$ ② $-20\text{kN} \cdot \text{m}$

③ $-25\text{kN} \cdot \text{m}$ ④ $-30\text{kN} \cdot \text{m}$

28 그림과 같은 캔틸레버보에서 C점의 전단력(V_C)과 D점의 휨모멘트(M_D)는?

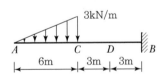

① $V_C = -3\text{kN}, \ M_D = -30\text{kN} \cdot \text{m}$

② $V_C = -3\text{kN}, \ M_D = -45\text{kN} \cdot \text{m}$

③ $V_C = -9\text{kN}, \ M_D = -30\text{kN} \cdot \text{m}$

④ $V_C = -9\text{kN}, \ M_D = -45\text{kN} \cdot \text{m}$

29 그림과 같이 캔틸레버에 하중이 작용할 때, A점으로부터 휨모멘트가 0이 되는 위치까지의 거리는?

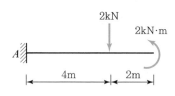

① 1.5m   ② 2m

③ 2.5m   ④ 3m

30 그림과 같은 보에서 $|M_A| = |M_B|$가 되려면 스팬의 길이 L_1은 L_2의 몇 배가 되어야 하는가?

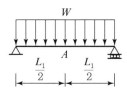 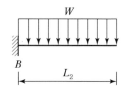

① 1   ② 2

③ 3   ④ 4

31 그림에서 반력 R_C가 0이 되려면 B점의 집중하중 P는 몇 kN인가?

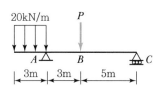

① 30kN   ② 60kN

③ 90kN   ④ 120kN

32 다음 그림과 같이 하중을 받고 있는 보에서 지점 B의 반력이 $3W$라면 하중 $3W$의 재하위치 x는 얼마인가?

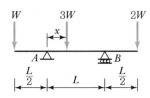

① $\dfrac{L}{2}$

② $\dfrac{L}{4}$

③ $\dfrac{L}{6}$

④ $\dfrac{L}{8}$

33 다음 그림의 구조물에서 A점에 생기는 휨모멘트의 크기는?

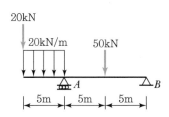

① $-100\text{kN} \cdot \text{m}$

② $-200\text{kN} \cdot \text{m}$

③ $-350\text{kN} \cdot \text{m}$

④ $-600\text{kN} \cdot \text{m}$

34 다음 그림과 같은 내민보에서 C점의 휨모멘트 크기는?

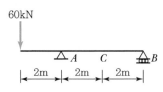

① $-90\text{kN} \cdot \text{m}$

② $-80\text{kN} \cdot \text{m}$

③ $-70\text{kN} \cdot \text{m}$

④ $-60\text{kN} \cdot \text{m}$

35 그림과 같은 내민보의 휨모멘트도(BMD)로 옳은 것은?

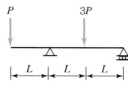

① 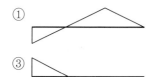   ②

③   ④

36 다음 그림과 같은 구조물에서 A지점의 반력 R_A는?

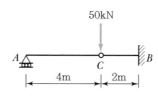

① 0   ② 16.67kN

③ 25kN   ④ 50kN

37 그림과 같은 겔버보에서 C점의 반력(R_C) 값으로 옳은 것은?

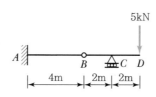

① 5kN   ② 10kN

③ 15kN   ④ 20kN

38 그림과 같은 겔버보에서 A지점의 수직반력은?

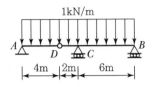

① 1.5kN   ② 2.0kN

③ 2.5kN   ④ 3.0kN

39 다음 그림에서 A점의 수직반력이 0이 되기 위해서 등분포하중의 크기를 얼마로 하면 되는가?

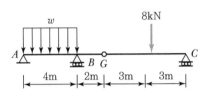

① 1kN/m   ② 2kN/m

③ 3kN/m   ④ 4kN/m

40 다음 겔버보에서 A점의 휨모멘트는?

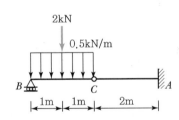

① 2.5kN · m   ② 3.0kN · m

③ 3.5kN · m   ④ 4.0kN · m

41 다음 그림과 같은 구조물에서 $R_A = 1.5\text{kN}$일 때 R_C, M_C의 값은?

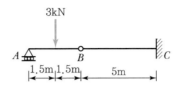

① $R_C = 0$, $M_C = 0$

② $R_C = 1.5\text{kN}$, $M_C = 7.5\text{kN} \cdot \text{m}$

③ $R_C = 0$, $M_C = 7.5\text{kN} \cdot \text{m}$

④ $R_C = 0$, $M_C = -7.5\text{kN} \cdot \text{m}$

42 그림과 같은 겔버보에서 최대 휨모멘트의 값은?

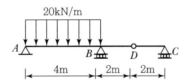

① $30\text{kN} \cdot \text{m}$ ② $40\text{kN} \cdot \text{m}$

③ $50\text{kN} \cdot \text{m}$ ④ $60\text{kN} \cdot \text{m}$

43 그림과 같은 겔버보(Gerber Beam)에서 A점의 휨모멘트는?

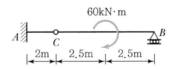

① $24\text{kN} \cdot \text{m}$ ② $28\text{kN} \cdot \text{m}$

③ $30\text{kN} \cdot \text{m}$ ④ $32\text{kN} \cdot \text{m}$

3장 연습문제

44 그림과 같은 겔버보에서 휨모멘트가 0인 점은 몇 개소인가?

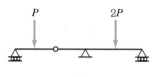

① 3   ② 4

③ 5   ④ 6

45 그림과 같은 겔버보의 휨모멘트도로서 옳은 것은?

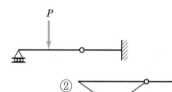

① 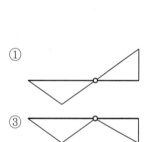   ②

③   ④

3장   풀이 및 해설

01 $\sum M_A = 0 : 40 \times 3 + 60 \times 7 - R_B \times 10 = 0$

$\therefore R_B = \dfrac{120 + 420}{10} = 54\text{kN}(\uparrow)$

02 $\sum M_B = 0 : R_A \times 5 - 5\sqrt{2} \cdot \sin 45° \times 2 = 0$

$\therefore R_A = 2\text{kN}(\uparrow)$

03 $\sum M_B = 0 : R_A \times 6 + 7 \times 1 = 0$

$\therefore R_A = -\dfrac{7}{6}\text{kN}(\downarrow)$

04 $\sum V = 0 : R_A - 6 = 0 \quad \therefore R_A = 6\text{kN}(\uparrow)$

$\sum M_B = 0 : 6 \times 6 - H_A \times 3 - 6 \times 3 = 0$

$\therefore H_A = 6\text{kN}(\rightarrow)$

05 $\sum M_A = 0 : \dfrac{1}{2} \times 2L \times 3\omega \times \dfrac{4L}{3} - R_B \times 2L = 0$

$\therefore R_B = 2\omega L(\uparrow)$

06 사다리꼴 분포하중을 2kN/m의 등분포하중과 기준하중 3kN/m인 등변분포하중으로 나누어 계산하면 편리

$\sum M_B = 0 : R_A \times 4 - 2 \times 4 \times 2 - \dfrac{1}{2} \times 3 \times 4 \times \dfrac{4}{3} = 0$

$\therefore R_A = 6\text{kN}(\uparrow)$

07 $\sum M_B = 0 : R_A \times 10 + 20 = 0$

$\therefore R_A = -2\text{kN}(\downarrow)$

08 $L = 5\cos 45° = 5 \times 0.7 = 3.5\,(\cos 45° = 0.7$로 계산$)$

$\sum M_B = 0 : R_A \times 3.5 - 15 = 0$

$\therefore R_A = 4.3\text{kN}(\uparrow)$

$\sum V = 0 : R_A + R_B = 0 \quad \therefore R_B = -R_A = -4.3\text{kN}(\downarrow)$

09 $\sum M_B = 0 : R_A \times 8 - 24 + 8 = 0$

$\therefore R_A = 2\text{kN}(\uparrow)$

10 $\sum M_B = 0 : R_A \times L + M_1 - M_2 = 0$

$\therefore R_A = \dfrac{M_2 - M_1}{L}(\uparrow)$

($M_1 > M_2$인 경우, R_A는 $(-)$값으로 되어 하향($\downarrow$)한다.)

11

$\sum M_A = 0 : 3 \times 1 + 3 \times 3 - R_B \times 6 = 0$

$\therefore R_B = 2\text{kN}(\uparrow)$

12 $\sum M_B = 0 : R_A \times 6 - 30 \times 4 + 30 \times 2 = 0$

$\therefore R_A = 10\text{kN}(\uparrow)$

(좌$\rightarrow$) $V_C = 10 - 30 = -20\text{kN}$

13 $\sum M_B = 0 : R_A \times 6 - \dfrac{1}{2} \times 30 \times 6 = 0$

$\therefore R_A = 30\text{kN}(\uparrow)$

(좌$\rightarrow$) $V_C = 30 - \dfrac{1}{2} \times 15 \times 3 = 7.5\text{kN}$

14 $\sum M_A = 0 : 2 \times 4 \times 2 - R_B \times 8 = 0$

$\therefore R_B = 2\text{kN}(\uparrow)$

(우$\rightarrow$) $M_C = -(-2 \times 4) = 8\text{kN} \cdot \text{m}$

15 $\sum M_B = 0 : R_A \times 4 - 40 \times 2 - 20 \times 4 \times 2 = 0$

$\therefore R_A = 60\text{kN}(\uparrow)$

$M_C = 60 \times 2 - 20 \times 2 \times 1 = 80\text{kN} \cdot \text{m}$

$\left(M_C = M_{\max} = \dfrac{Pl}{4} + \dfrac{\omega l^2}{8} = \dfrac{40 \times 4}{4} + \dfrac{20 \times 4^2}{8} = 80\text{kN} \cdot \text{m}\right)$

16 $M_{\max} = \dfrac{\omega L^2}{8} = \dfrac{40 \times L^2}{8} = 80\text{kN} \cdot \text{m}$ $\qquad\qquad \therefore L = 4\text{m}$

17 $\sum M_B = 0 : R_A \times 10 - 100 - 100 \times 5 + 100 = 0$

$\therefore R_A = 50\text{kN}(\uparrow)$

$M_C = 50 \times 5 - 100 = 150\text{kN} \cdot \text{m}$

18 $\sum M_B = 0 : R_A \times 10 - 100 \times 8 - 50 \times 6 - 80 \times 3 = 0$

$\therefore R_A = 134\text{kN} (\uparrow)$

$V_{A \sim C} = R_A = 134\text{kN}$

$V_{C \sim D} = R_A - 100 = 134 - 100 = 34\text{kN}$

$V_{D \sim E} = R_A - 100 - 50 = 134 - 150 = -16\text{kN}$

$V_{E \sim B} = R_A - 100 - 50 - 80 = 134 - 230 = -96\text{kN}$

19

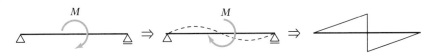

힌지(hinge), 롤러(roller)단 : 휨모멘트 $M = 0$

휨 변형의 방향 = 휨모멘트도(B.M.D)의 방향

20 모멘트 하중을 받는 경우를 제외한 임의의 위치에서의 휨모멘트 값은 그 위치에서 좌우측 한쪽의 전단력도 면적과 같다.

(좌 →) $M_C = 3 \times 35 = 105\text{kN} \cdot \text{m}$

(우 →) $M_C = 7 \times 15 = 105\text{kN} \cdot \text{m}$

21 $M_B = 1.5 \times 6 = 9\text{kN} \cdot \text{m}$

22 $\sum M_B = 0 : R_A \times 10 - 3 \times 8 - 2 \times 2 \times 4 = 0$

$\therefore R_A = 4\text{kN} (\uparrow)$

$\sum V = 0 : R_A + R_B - 3 - 2 \times 2 = 0$

$\therefore R_B = 3\text{kN} (\uparrow)$

전단력이 0이 되는 위치는

$V_x = 4 - 3 - 2x = 0 \quad \therefore x = 0.5\text{m} \rightarrow A$ 점부터 5.5m

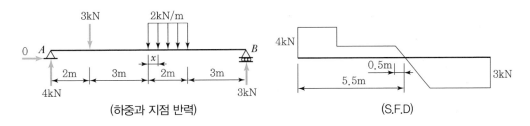

(하중과 지점 반력)　　　　　　　(S.F.D)

23 휨모멘트도가 일정한 값일 때 전단력도는 0이다. (전단력이 존재하지 않는다.)

24 지점 반력

$H_B = P \cdot \cos\theta (\rightarrow)$

$R_A = P \cdot \sin\theta (\uparrow)$

$M_A = PL \cdot \sin\theta (\curvearrowright)$

부재 AB의 축방향력 : $N_{AB} = P \cdot \cos\theta$ (인장)

25 $V_A = -\dfrac{1}{2} \times 30 \times 2 - 30 = -60 \text{kN}$

26 $M_C = -\dfrac{\omega l}{2} \times \dfrac{l}{4} = -\dfrac{\omega l^2}{8}$

$M_B = -\omega l \times \dfrac{l}{2} = -\dfrac{\omega l^2}{2}$

$\therefore M_C : M_B = 1 : 4$

27 $M_D = -\dfrac{1}{2} \times 3 \times 2 \times 5 - 3 \times 5 = -30 \text{kN} \cdot \text{m}$

28 $V_C = -\dfrac{1}{2} \times 6 \times 3 = -9 \text{kN}$

$M_D = -\dfrac{1}{2} \times 6 \times 3 \times 5 = -45 \text{kN} \cdot \text{m}$

29

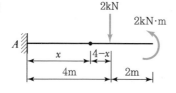

$(우 \rightarrow) M_x = -(2 \times (4-x) - 2) = 0 \qquad \therefore x = 3\text{m}$

30 $M_A = \dfrac{\omega L_1^2}{8}$

$M_B = -\omega L_2 \times \dfrac{L_2}{2} = -\dfrac{\omega L_2^2}{2}$

$|M_A| = |M_B| \rightarrow \dfrac{\omega L_1^2}{8} = \dfrac{\omega L_2^2}{2}$ 에서

$L_1^2 = 4L_2^2 \rightarrow \therefore L_1 = 2L_2$ (2배)

31 $\sum M_A = 0 : -20 \times 3 \times \dfrac{3}{2} + P \times 3 - R_C \times 8 = 0$

$R_C = 0$ 이므로 $\therefore P = 30 \text{kN}$

32 $\sum M_A = 0 : -W \times \dfrac{1}{2} + 3W \times x - 3W(=R_B) \times L + 2W \times \dfrac{3L}{2} = 0$

   $\therefore x = \dfrac{L}{6}$

33 $M_A = -20 \times 5 - 20 \times 5 \times \dfrac{5}{2} = -350\text{kN} \cdot \text{m}$

34 $\sum M_B = 0 : -60 \times 6 + R_A \times 4 = 0$ $\qquad\qquad \therefore R_A = 90\text{kN}(\uparrow)$

   $\sum V = 0 : R_A + R_B - 60 = 0$ $\qquad\qquad\quad \therefore R_B = -30\text{kN}(\downarrow)$

   $(우 \to)M_C = -(30 \times 2) = -60\text{kN} \cdot \text{m}$

   $[(좌 \to)M_C = -60 \times 4 + 90 \times 2 = -60\text{kN} \cdot \text{m}]$

35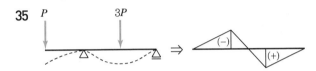

   휨변형의 방향과 휨모멘트도의 방향은 일치한다.

36 겔버보이므로 AC구간을 단순보로 간주하면 AC구간에는 작용하중이 없고, C점에만 수직하중 50kN이 작용하므로 A지점의 수직반력은 0이 된다.

37 힌지점 B의 우측 내민보 구간에서

   $\sum M_B = 0 : -R_C \times 2 + 5 \times 4 = 0$

   $\therefore R_C = 10\text{kN}(\uparrow)$

38 D점을 중심으로 AD 부재는 단순보 구간이므로

   $R_A = R_D = \dfrac{1 \times 4}{2} = 2\text{kN}(\uparrow)$

39 힌지점 G를 중심으로 나누면

   $\sum M_B = 0 : R_A \times 4 - \omega \times 4 \times 2 + 4 \times 2 = 0$에서

   $R_A = 0$이므로 $\omega = 1\text{kN/m}$

40 BC 구간을 단순보로 생략하여

$$R_B = R_C = \frac{2}{2} + \frac{0.5 \times 2}{2} = 1.5\text{kN}(\uparrow)\text{이므로}$$

힌지점 C에 수직하중 $P = 1.5\text{kN}(\downarrow)$이 작용하여 평형을 이루게 되므로

$$M_A = -1.5 \times 2 = -3\text{kN} \cdot \text{m}$$

41 AB 구간 : $R_A = R_B = 1.5\text{kN}(\uparrow)$

BC 구간 : $\sum V = 0 : -1.5 + R_C = 0$

$$\therefore R_C = 1.5\text{kN}(\uparrow)$$

$$M_C = -1.5 \times 5 = -7.5\text{kN} \cdot \text{m}$$

42 BC 구간에는 하중이 작용하지 않으므로 AB 구간은 내민보이나, 단순보로 간주한다.

$$M_{\max} = \frac{\omega l^2}{8} = \frac{20 \times 4^2}{8} = 40\text{kN} \cdot \text{m}$$

43 CB 구간

$$\sum M_B = 0 : -R_C \times 5 + 60 = 0 \quad \therefore R_C = 12\text{kN}(\downarrow)$$

$$\sum V = 0 : -R_C + R_B = 0$$

$$\therefore R_B = R_C = 12\text{kN}(\uparrow)$$

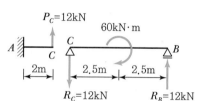

CA 구간의 A 점의 휨모멘트

$$M_A = -(-12 \times 2) = 24\text{kN} \cdot \text{m}$$

44

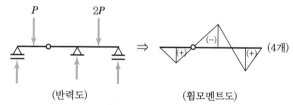

(반력도)   (휨모멘트도)

45

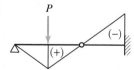

CHAPTER **04** 정정라멘

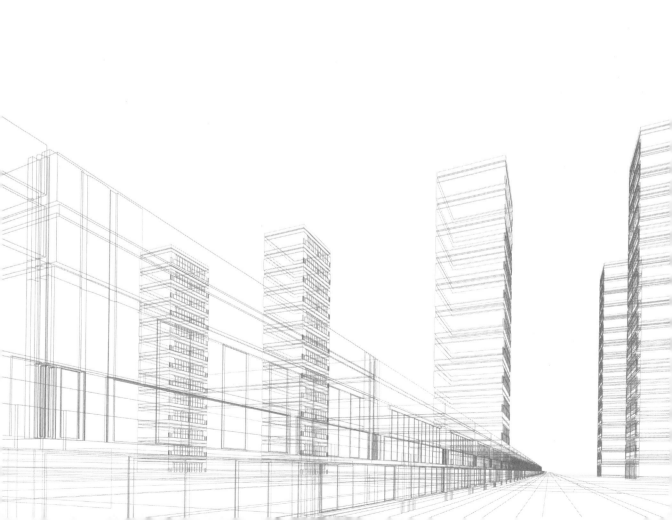

▼ 라멘(Rahmen)이란

2개 이상의 부재(보–기둥)가 강절점(rigid connection)으로 연결되어 서로 강하게 접합된 골조(frame)를 말한다.

부재(member) —— 강절점(rigid connection) —— 부재(member)

* 외력에 의해 부재 및 골조가 변형되어도 강절점의 부재각은 변하지 않는다.

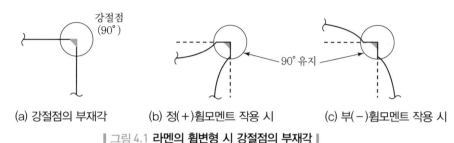

(a) 강절점의 부재각   (b) 정(+)휨모멘트 작용 시   (c) 부(−)휨모멘트 작용 시

▌그림 4.1 **라멘의 휨변형 시 강절점의 부재각** ▌

① 정정라멘(statically determinate rahmen)
  • 힘의 평형조건식만으로 해석가능
② 부정정라멘(statically indeterminate rahmen)
  • 힘의 평형조건식에 각 부재의 변형조건을 더하여야 해석가능
  • 다층다경간 골조로 구성된 대부분의 일반구조물에 해당

4.1   정정라멘의 종류

① 단순보형 라멘(1단 hinge, 타단 roller)

② 캔틸레버형 라멘(1단 fixed, 타단 free)

③ 3힌지(회전단) 라멘(양 지점, 중간 절점 모두 hinge)

④ 3이동지점 라멘(3개 지점 모두 roller)

⑤ 산형라멘(1단 hinge, 타단 roller)

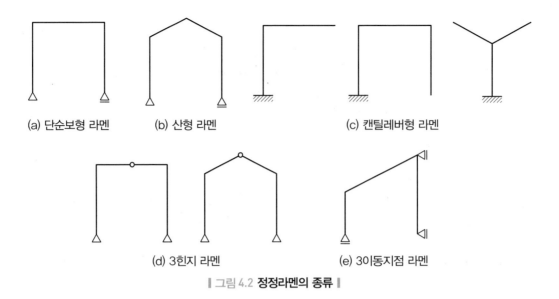

(a) 단순보형 라멘　　(b) 산형 라멘　　　　　　(c) 캔틸레버형 라멘

(d) 3힌지 라멘　　　　　(e) 3이동지점 라멘

┃ 그림 4.2 **정정라멘의 종류** ┃

4.2　정정라멘의 해석

4.2.1　정정라멘과 정정보의 관계

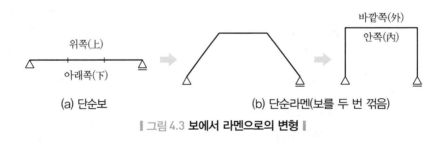

위쪽(上)

아래쪽(下)

(a) 단순보

바깥쪽(外)

안쪽(內)

(b) 단순라멘(보를 두 번 꺾음)

┃ 그림 4.3 **보에서 라멘으로의 변형** ┃

* 라멘의 단면력 방향(부호) 결정 시
  ┌ 라멘의 바깥쪽(외측) → 보의 위쪽(상부)에 해당
  └ 라멘의 안쪽(내측) → 보의 아래쪽(하부)에 해당

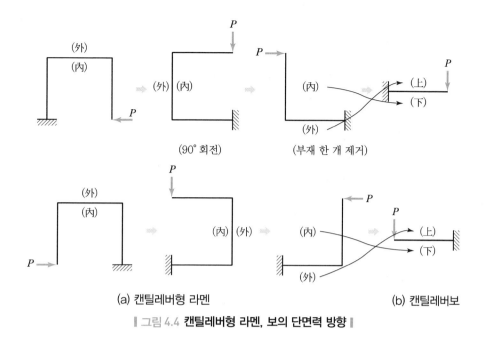

(90° 회전)　　　(부재 한 개 제거)

(a) 캔틸레버형 라멘　　　　　　　　(b) 캔틸레버보

┃ 그림 4.4 **캔틸레버형 라멘, 보의 단면력 방향** ┃

4.2.2 **단면력의 방향(부호) 및 도시**

> * 라멘에서는 작용하중, 전단력, 휨모멘트 모두 라멘의 안쪽에서 바깥쪽을 향하여 부호를 결정하고 계산한다.

(1) 하중 및 전단력

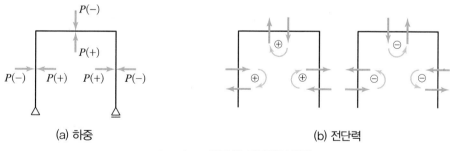

(a) 하중　　　　　　　　　　　　(b) 전단력

┃ 그림 4.5 **하중 및 전단력의 방향** ┃

(2) 휨모멘트

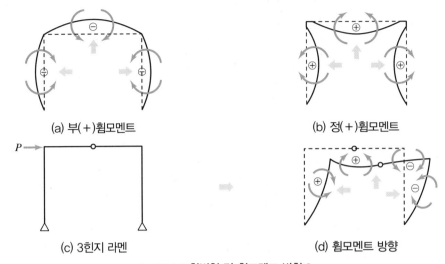

(a) 부(+)휨모멘트

(b) 정(+)휨모멘트

(c) 3힌지 라멘

(d) 휨모멘트 방향

∥ 그림 4.6 **휨변형 및 휨모멘트 방향** ∥

(3) 단면력도의 부호

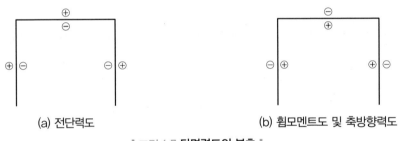

(a) 전단력도

(b) 휨모멘트도 및 축방향력도

∥ 그림 4.7 **단면력도의 부호** ∥

(4) 보와 기둥의 단면력 관계

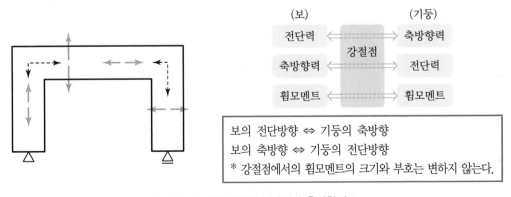

(보)		(기둥)
전단력	강절점	축방향력
축방향력		전단력
휨모멘트		휨모멘트

보의 전단방향 ⇔ 기둥의 축방향
보의 축방향 ⇔ 기둥의 전단방향
* 강절점에서의 휨모멘트의 크기와 부호는 변하지 않는다.

∥ 그림 4.8 **보와 기둥의 전단력과 축방향력** ∥

예제 4-1 그림과 같은 캔틸레버형 라멘의 단면력을 구하고 단면력도를 그리시오.

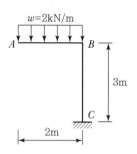

풀이 ① 반력

$$\sum V = 0 \; ; \; -2 \times 2 + R_C = 0$$
$$\therefore R_C = 4\text{kN}(\uparrow)$$
$$\sum M_C = 0 \; ; \; -2 \times 2 \times 1 + M_C = 0$$
$$\therefore M_C = 4\text{kN} \cdot \text{m}(\circlearrowleft)$$

② 전단력

그림(a)에서

i) $A \sim B$ 구간

$$V_x = -2x$$
$$V_A = V_{(x=0)} = 0$$
$$V_B = V_{(x=2)} = -2 \times 2 = -4\text{kN}$$

ii) $B \sim C$ 구간

$$V_{B \sim C} = 0$$

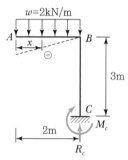

③ 휨모멘트

그림(b)에서

i) $A \sim B$ 구간

$$M_x = -2x \times \frac{x}{2} = -x^2$$
$$M_A = M_{(x=0)} = 0$$
$$M_B = M_{(x=2)} = -4\text{kN} \cdot \text{m}$$

ii) $B \sim C$ 구간

등분포하중이 수직부터 $\overline{BC}$와 평행하여 작용하고 있으므로

$$M_{B \sim C} = M_B = -4\text{kN} \cdot \text{m}$$

(a) 반력 가정(전단변형)

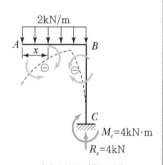

④ 축방향력

$$N_{A \sim B} = 0$$
$$N_{B \sim C} = -2 \times 2 = -4\text{kN}(압축)$$
$$(= -R_C)$$

(b) 외력도(휨변형)

> * 라멘에서 강절점을 지나는 휨모멘트의 크기와 방향은 항상 동일하며, 강절점을 중심으로 한 휨변형의 방향도 일치한다.

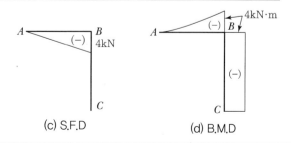

(c) S.F.D   (d) B.M.D   (e) A.F.D

풀이 ① 반력

$$\sum H = 0 \; ; \; 2 \times 3 - H_B = 0$$

$$\therefore \; H_B = 6\text{kN}(\leftarrow)$$

$$\sum M_B = 0 \; ; \; 2 \times 3 \times \frac{3}{2} - M_B = 0$$

$$\therefore \; M_B = 9\text{kN} \cdot \text{m}(\circlearrowleft)$$

② 전단력

i) $A \sim C$ 구간

$$V_x = -wx = -2x$$

$$V_A = V_{(x=0)} = 0$$

$$V_C = V_{(x=3)} = -2 \times 3 = -6\text{kN}$$

ii) $C \sim D$ 구간

$$V_{C \sim D} = 0$$

iii) $D \sim B$ 구간

$$V_{D \sim B} = -(-H_B) = +6\text{kN}$$

(B점부터 계산)

③ 휨모멘트

i) $A \sim C$ 구간

$$M_x = -wx \cdot \frac{x}{2} = -x^2$$

$$M_A = M_{(x=0)} = 0$$

$$M_C = M_{(x=3)} = -9\text{kN} \cdot \text{m}$$

ii) $C \sim D$ 구간

수평방향 등분포하중이 수평부재 $\overline{CD}$와
평행하여 작용하고 있으므로

$$M_{C \sim D} = M_C = -9\text{kN} \cdot \text{m}$$

iii) $D \sim B$ 구간

$$M_x = -(H_B x - M_B)$$

$$= -(6x - 9) = -6x + 9$$

$$M_B = M_{(x=0)} = 9\text{kN} \cdot \text{m}$$

$$M_D = M_{(x=3)} = -6 \times 3 + 9$$

$$= -9\text{kN} \cdot \text{m}$$

$$M_x = 0 \; ; \; -6x + 9 = 0$$

$$\therefore \; x = 1.5\text{m}(반곡점)$$

④ 축방향력

$$N_{A \sim C} = 0$$

$$N_{C \sim D} = -H_B = -6\text{kN}(압축)$$

$$N_{D \sim B} = 0$$

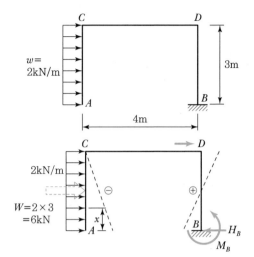

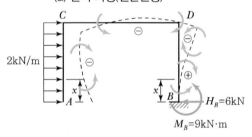

(a) 반력 가정(전단변형)

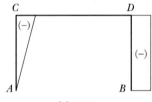

(b) 외력도(휨변형)

(c) S.F.D

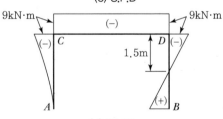

(d) B.M.D

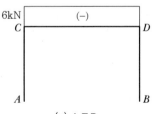

(e) A.F.D

예제 4-3 그림과 같은 캔틸레버형 라멘의 단면력을 구하고 단면력도를 그리시오.

풀이 ① 반력

$$\sum V = 0 \; ; \; -2 + R_D = 0$$
$$\therefore \; R_D = 2\text{kN}(\uparrow)$$
$$\sum M_D = 0 \; ; \; -2 \times 2 + M_D = 0$$
$$\therefore \; M_D = 4\text{kN} \cdot \text{m}(\circlearrowleft)$$

② 전단력

라멘을 캔틸레버보의 형태로 펼치면 지점 A는
보의 오른쪽이 되므로[그림(b)]

$$V_{A \sim B} = -(-2) = 2\text{kN}$$
$$V_{B \sim C} = 0$$
$$V_{C \sim D} = -P_C(= -R_D) = -2\text{kN}$$

③ 휨모멘트

　i) $A \sim B$구간
$$M_x = -2x$$
$$M_A = M_{(x=0)} = 0$$
$$M_B = M_{(x=2)} = -4\text{kN} \cdot \text{m}$$

　ii) $B \sim C$구간
　　작용 수직하중과 평행하는 구간이므로
$$M_{B \sim C} = M_B = -4\text{kN} \cdot \text{m}$$

　iii) $C \sim D$구간
$$M_x = M_D - R_D x$$
$$= 6 - 2x \,(\text{D점부터 계산})$$
$$M_D = M_{(x=0)} = 6\text{kN} \cdot \text{m}$$
$$M_E = M_{(x=3)} = 6 - 2 \times 3 = 0$$
$$M_C = M_{(x=5)} = 6 - 2 \times 5 = -4\text{kN} \cdot \text{m}$$

④ 축방향력
$$N_{A \sim B} = 0$$
$$N_{B \sim C} = -2\text{kN}(\text{압축})$$
$$N_{C \sim D} = 0$$

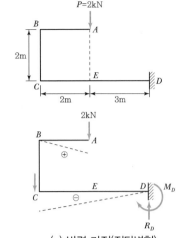

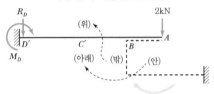

(a) 반력 가정(전단변형)

(b) 캔틸레버보로의 치환

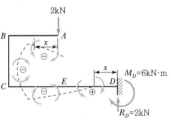

(c) 외력도(휨변형)

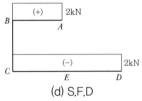

(d) S.F.D

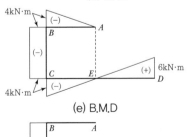

(e) B.M.D

(f) A.F.D

그림과 같은 단순보형 라멘의 단면력을 구하고 단면력도를 그리시오.

풀이 ① 반력

$$\sum H = 0 \; ; \; 4 - H_A = 0$$

$$\therefore \; H_A = 4\text{kN}(\leftarrow)$$

$$\sum M_B = 0 \; ; \; -R_A \times 4 + 4 \times 3 = 0$$

$$\therefore \; R_A = 3\text{kN}(\bigcirc)$$

> 가정한 방향대로

$$\sum V = 0 \; ; \; -R_A + R_B = 0$$

$$\therefore \; R_B = R_A = 3\text{kN}(\uparrow)$$

② 전단력

$$V_{A \sim C} = H_A = 4\text{kN}$$

$$V_{C \sim D} = -R_A = -3\text{kN}$$

$$V_{D \sim B} = 0$$

③ 휨모멘트

$$M_A = M_B = 0 (\text{hinge, roller})$$

$$M_C = H_A \times 3 = 4 \times 3 = 12\text{kN} \cdot \text{m}$$

$$M_D = H_A \times 3 - R_A \times 4$$

$$= 4 \times 3 - 3 \times 4 = 0$$

$$(D\text{점에는 휨모멘트 전달이 안됨})$$

$$(=-R_B \times 0 = 0)$$

④ 축방향력

$$N_{A \sim C} = R_A = 3\text{kN}(\text{인장})$$

$$N_{C \sim D} = -4 + H_A = -4 + 4 = 0$$

$$N_{D \sim B} = -R_B = -3\text{kN}(\text{압축})$$

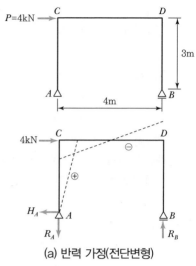

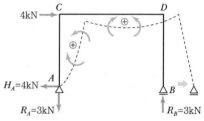

(a) 반력 가정(전단변형)

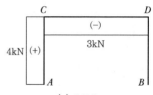

(b) 외력도(휨변형)

(c) S.F.D

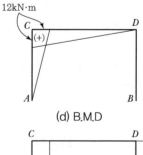

(d) B.M.D

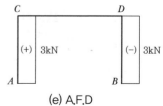

(e) A.F.D

그림과 같은 단순보형 라멘의 단면력을 구하고 단면력도를 그리시오.

풀이 ① 반력

$$\sum H = 0 \; ; \; 4 - H_A = 0$$

$$\therefore \; H_A = 4 \text{kN}(\leftarrow)$$

$$\sum M_B = 0 \; ; \; R_A \times 4 + 4 \times 3 - 3 \times 4 \times \frac{4}{2} = 0$$

$$\therefore \; R_A = \frac{24 - 12}{4} = 3 \text{kN}(\uparrow)$$

$$\sum V = 0 \; ; \; R_A + R_B - wl = 0$$

$$\therefore \; R_B = 3 \times 4 - 3 = 9 \text{kN}(\uparrow)$$

② 전단력

　i) $A \sim C$구간

$$V_{A \sim C} = H_A = 4 \text{kN}$$

　ii) $C \sim D$구간

$$V_x = R_A - wx = 3 - 3x$$

$$V_C = V_{(x=0)} = 3 \text{kN}$$

$$V_D = V_{(x=4)} = 3 - 3 \times 4 = -9 \text{kN}$$

$$V_x = 0 \; ; \; 3 - 3x = 0$$

$$\therefore \; x = 1\text{m} \rightarrow \text{휨모멘트 최대}$$

③ 휨모멘트

　i) $A \sim C$구간

$$M_x = H_A x = 4x$$

$$M_A = M_{(x=0)} = 0(\text{hinge})$$

$$M_C = M_{(x=3)} = 4 \times 3 = 12 \text{kN} \cdot \text{m}$$

　ii) $C \sim D$구간

$$M_x = R_A x + H_A \times 3 - \frac{w}{2} x^2$$

$$= 3x + 12 - \frac{3}{2} x^2$$

$$M_C = M_{(x=0)} = 12 \text{kN} \cdot \text{m}$$

$$M_D = M_{(x=4)} = 3 \times 4 + 12 - \frac{3}{2} \times 4^2 = 0$$

$$M_{\max} = M_{(x=1)}$$

$$= 3 \times 1 + 12 - \frac{3}{2} \times 1^2 = 13.5 \text{kN} \cdot \text{m}$$

　iii) $D \sim B$구간

$$M_B = 0(\because \text{roller})$$

④ 축방향력

$$N_{A \sim C} = -R_A = -3 \text{kN}$$

$$N_{C \sim D} = -P + H_A = -4 + 4 = 0$$

$$N_{D \sim B} = -R_B = -9 \text{kN}$$

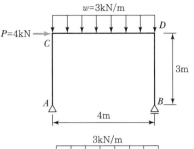

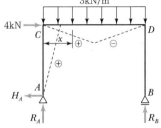

(a) 반력 가정(전단변형)

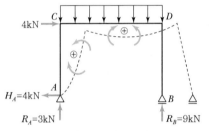

(b) 외력도(휨변형)

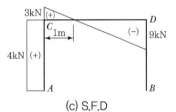

(c) S.F.D

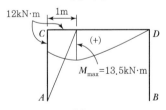

(d) B.M.D

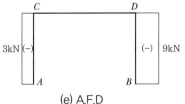

(e) A.F.D

그림과 같은 단순보형 라멘의 단면력을 구하고 단면력도를 그리시오.

풀이 ① 반력

$$\sum H = 0 \; ; \; 2 \times 4 - H_B = 0$$

$$\therefore \; H_B = 8\text{kN}(\leftarrow)$$

$$\sum M_B = 0 \; ; \; -R_A \times 4 + 2 \times 4 \times 2 = 0$$

$$\therefore \; R_A = 4\text{kN}(\text{⊙})$$

> 가정한 방향대로

$$\sum V = 0 \; ; \; -R_A + R_B = 0$$

$$\therefore \; R_B = R_A = 4\text{kN}(\uparrow)$$

② 전단력

  i) $A \sim C$ 구간

$$V_x = -wx = -2x$$

$$V_A = V_{(x=0)} = 0$$

$$V_C = V_{(x=4)} = -2 \times 4 = -8\text{kN}$$

  ii) $C \sim D$ 구간

$$V_{C \sim D} = -R_A = -4\text{kN}$$

  iii) $D \sim B$ 구간

$$V_{D \sim B} = -(-H_B) = 8\text{kN}$$

$$(B \text{점부터 계산})$$

③ 휨모멘트

  i) $A \sim C$ 구간

$$M_x = -\frac{w}{2}x^2 = -x^2$$

$$M_A = M_{(x=0)} = 0\,(\text{roller})$$

$$M_C = M_{(x=4)} = -16\text{kN} \cdot \text{m}$$

$$M_D = -2 \times 4 \times 2 - 4 \times 4 = -32\text{kN} \cdot \text{m}$$

$$(= -(H_B \times 4) = -8 \times 4)$$

$$M_B = 0\,(\because \text{hinge})$$

④ 축방향력

$$N_{A \sim C} = R_A = 4\text{kN}(\text{인장})$$

$$N_{C \sim D} = -H_B = -8\text{kN}(\text{압축})$$

$$N_{D \sim B} = -R_B = -4\text{kN}(\text{압축})$$

> * 축방향력은 작용하중의 형태와는 무관하게 부재의 전
> 길이에 걸쳐 일정한 값을 갖는다.

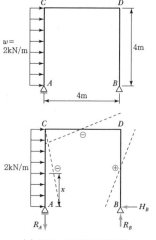

(a) 반력 가정(전단변형)

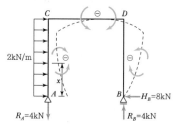

(b) 외력도(휨변형)

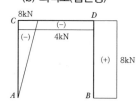

(c) S.F.D

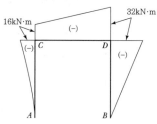

(d) B.M.D

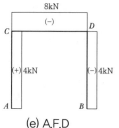

(e) A.F.D

그림과 같은 단순보형 라멘의 단면력을 구하고 단면력도를 그리시오.

풀이 ① 반력

$$\sum H = 0 \; ; \; 2 \times 4 - H_A = 0$$
$$\therefore \; H_A = 8\text{kN}(\leftarrow)$$
$$\sum M_B = 0 \; ; \; -R_A \times 4 + 2 \times 4 \times 2 = 0$$
$$\therefore \; R_A = 4\text{kN}(\bigcirc)$$

> 가정한 방향대로

$$\sum V = 0 \; ; \; -R_A + R_B = 0$$
$$\therefore \; R_B = R_A = 4\text{kN}(\uparrow)$$

② 전단력

i) $A \sim C$구간
$$V_x = H_A - wx = 8 - 2x$$
$$V_A = V_{(x=0)} = 8\text{kN}$$
$$V_C = V_{(x=4)} = 8 - 2 \times 4 = 0$$

ii) $C \sim D$구간
$$V_{C \sim D} = -R_A = -4\text{kN}$$

iii) $D \sim B$구간
$$V_{D \sim B} = 0$$

③ 휨모멘트

i) $A \sim C$구간

$$M_x = H_A x - \frac{w}{2} x^2 = 8x - x^2$$
$$M_A = M_{(x=0)} = 0(\text{hinge})$$
$$M_C = M_{(x=4)} = 8 \times 4 - 4^2 = 16\text{kN} \cdot \text{m}$$
$$M_D = 8 \times 4 - 2 \times 4 \times 2 - 4 \times 4 = 0$$
$$(= -(R_B \times 0) = 0)$$
$$M_B = 0(\because \text{roller})$$

④ 축방향력

$$N_{A \sim C} = R_A = 4\text{kN}(\text{인장})$$
$$N_{C \sim D} = H_A - wl = 8 - 2 \times 4 = 0$$
$$N_{D \sim B} = -R_B = -4\text{kN}(\text{압축})$$

> * 예제 4-4, 4-6, 4-7을 비교하면, 라멘에서는
> 작용하중의 형태가 변할 때보다 동일한 하중작용
> 시 지점 조건이 변할 때 단면력이 크게 변화한다.

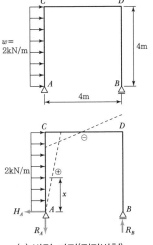

(a) 반력 가정(전단변형)

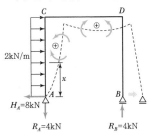

(b) 외력도(휨변형)

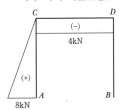

(c) S.F.D

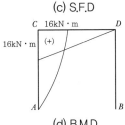

(d) B.M.D

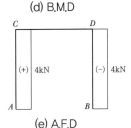

(e) A.F.D

예제 4-8 그림과 같은 단순보형 라멘의 단면력을 구하고 단면력도를 그리시오.

풀이 ① 반력

$$\sum M_B = 0 \; ; \; -R_A \times 4 + 4 = 0$$

$$\therefore \; R_A = 1\,\text{kN}(\downarrow)$$

가정한 방향대로

$$\sum V = 0 \; ; \; -R_A + R_B = 0$$

$$\therefore \; R_B = R_A = 1\,\text{kN}(\uparrow)$$

② 전단력

$$V_{A \sim C} = 0$$

$$V_{C \sim D} = -R_A = -1\,\text{kN}$$

$$V_{D \sim B} = 0$$

③ 휨모멘트

i) $A \sim C$구간

$$M_A = 0(\because \text{hinge})$$

$$M_C = R_A \times 0 = 0(\text{기둥 부분})$$

ii) $C \sim D$구간

$$M_x = -R_A x + 4 = -x + 4$$

$$M_C = M_{(x=0)} = 4\,\text{kN} \cdot \text{m}(\text{보 부분})$$

$$M_D = M_{(x=4)} = -4 + 4 = 0$$

iii) $D \sim B$구간

$$M_{D \sim B} = 0$$

④ 축방향력

$$N_{A \sim C} = R_A = 1\,\text{kN}(\text{인장})$$

$$N_{C \sim D} = 0$$

$$N_{D \sim B} = -R_B = -1\,\text{kN}(\text{압축})$$

> * 모멘트하중의 작용위치(화살표 머리부분)에 따라 휨모
> 멘트가 보 부재($\overline{CD}$)에만 작용하고 기둥 부재($\overline{AC}$)에
> 는 작용하지 않는다.

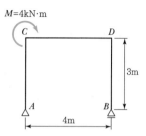

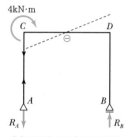

(a) 반력 가정(전단변형)

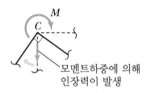

(b) 인장력의 발생

모멘트하중에 의해
인장력이 발생

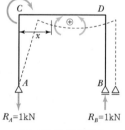

(c) 외력도(휨강도)

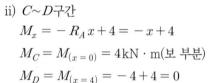

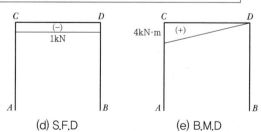

(d) S.F.D   (e) B.M.D   (f) A.F.D

예제 4-9 그림과 같은 3힌지 라멘의 단면력을 구하고 단면력도를 그리시오.

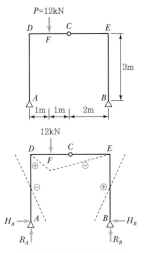

풀이 ① 반력

$$\sum M_B = 0 \;;\; R_A \times 4 - 12 \times 3 = 0$$
$$\therefore R_A = 9\text{kN}(\uparrow)$$

$$\sum V = 0 \;;\; R_A + R_B - 12 = 0$$
$$\therefore R_B = 12 - 9 = 3\text{kN}(\uparrow)$$

$$\sum M_C = 0 \;;\; C점의\ 좌측에서$$
$$R_A \times 2 - H_A \times 3 - 12 \times 1 = 0$$
$$\therefore H_A = \frac{9 \times 2 - 12}{3} = 2\text{kN}(\rightarrow)$$

$$\sum H = 0 \;;\; H_A - H_B = 0$$
$$\therefore H_B = H_A = 2\text{kN}(\leftarrow)$$

(a) 반력 가정(전단변형)

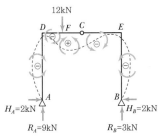

② 전단력

$$V_{A \sim D} = -H_A = -2\text{kN}$$
$$V_{D \sim F} = R_A = 9\text{kN}$$
$$V_{F \sim E} = R_A - P = 9 - 12 = -3\text{kN}$$
$$V_{E \sim B} = -(-H_B) = 2\text{kN}(\text{B점부터 계산})$$

> * 전단력의 크기와 방향은 작용하중이 변하지 않으면 힌지점(C점)을 지날 때도 변하지 않는다.
> $$\therefore V_{F \sim C} = V_{C \sim E} = V_{F \sim E}$$

(b) 외력도(휨변형)

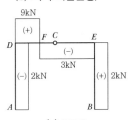

③ 휨모멘트

$$M_A = M_B = M_C = 0(\because \text{hinge})$$
$$M_D = -H_A \times 3 = -2 \times 3 = -6\text{kN} \cdot \text{m}$$
$$M_F = R_A \times 1 - H_A \times 3$$
$$= 9 \times 1 - 2 \times 3 = 3\text{kN} \cdot \text{m}$$
$$M_E = -(H_B \times 3)$$
$$= -(2 \times 3)$$
$$= -6\text{kN} \cdot \text{m}(\text{B점부터 계산})$$

(c) S.F.D

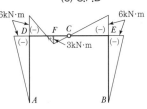

④ 축방향력

$$N_{A \sim D} = -R_A = -9\text{kN}(\text{압축})$$
$$N_{D \sim E} = -H_A = -2\text{kN}(\text{압축})$$
$$N_{E \sim B} = -R_B = -3\text{kN}(\text{압축})$$

(d) B.M.D

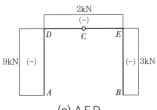

(e) A.F.D

예제 4-10 그림과 같은 3힌지 라멘의 단면력을 구하고 단면력도를 그리시오.

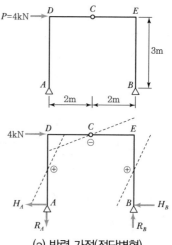

풀이 ① 반력

$$\sum M_B = 0 \; ; \; -R_A \times 4 + 4 \times 3 = 0$$

$$\therefore R_A = 3\text{kN}(\downarrow)$$

가정한 방향대로

$$\sum V = 0 \; ; \; -R_A + R_B = 0$$

$$\therefore R_B = R_A = 3\text{kN}(\uparrow)$$

$$\sum M_C = 0 \; ; \; C점의 좌측에서$$

$$-R_A \times 2 + H_A \times 3 = 0$$

$$\therefore H_A = 2\text{kN}(\leftarrow)$$

가정한 방향대로

$$\sum H = 0 \; ; \; 4 - H_A - H_B = 0$$

$$\therefore H_B = 4 - 2 = 2\text{kN}(\rightarrow)$$

(a) 반력 가정(전단변형)

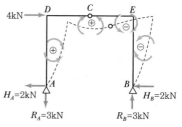

(b) 외력도(휨변형)

② 전단력

$$V_{A \sim D} = H_A = 2\text{kN}$$

$$V_{D \sim E} = -R_A = -3\text{kN}$$

$$V_{E \sim B} = -(-H_B) = 2\text{kN}(B점부터 계산)$$

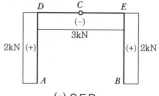

(c) S.F.D

③ 휨모멘트

$$M_A = M_B = M_C = 0(\because \text{hinge})$$

$$M_D = H_A \times 3 = 2 \times 3 = 6\text{kN} \cdot \text{m}$$

$$M_E = -(H_B \times 3) = -2 \times 3 = -6\text{kN} \cdot \text{m}$$

$$(B점부터 계산)$$

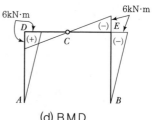

(d) B.M.D

④ 축방향력

$$N_{A \sim D} = R_A = 3\text{kN}(인장)$$

$$N_{D \sim E} = -P + H_A = -4 + 2 = -2\text{kN}$$

$$= (-H_B)(압축)$$

$$N_{E \sim B} = -R_B = -3\text{kN}(압축)$$

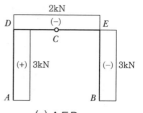

(e) A.F.D

예제 4-11 그림과 같은 3힌지 라멘의 단면력을 구하고 단면력도를 그리시오.

풀이 ① 반력

$$\sum M_B = 0 \; ; \; R_A \times 4 - 2 \times 4 \times 2 = 0$$

$$\therefore \; R_A = 4\text{kN}(\uparrow)$$

$$\sum V = 0 \; ; \; R_A + R_B - 2 \times 4 = 0$$

$$\therefore \; R_B = 8 - 4 = 4\text{kN}(\uparrow)$$

$$\sum M_C = 0 \; ; \; \text{C점의 좌측에서}$$

$$R_A \times 3 - H_A \times 3 - 2 \times 3 \times \frac{3}{2} = 0$$

$$\therefore \; H_A = \frac{4 \times 3 - 9}{3} = 1\text{kN}(\rightarrow)$$

$$\sum H = 0 \; ; \; H_A - H_B = 0$$

$$\therefore \; H_B = H_A = 1\text{kN}(\leftarrow)$$

② 전단력

i) $A \sim D$구간

$$V_{A \sim D} = -H_A = -1\text{kN}$$

ii) $D \sim E$구간

$$V_x = R_A - wx = 4 - 2x$$

$$V_D = V_{(x=0)} = 4\text{kN}$$

$$V_E = V_{(x=4)} = 4 - 2 \times 4 = -4\text{kN}$$

$$V_F = V_{(x=2)} = 4 - 2 \times 2 = 0 \rightarrow \text{휨모멘트 최대}$$

iii) $E \sim B$구간

$$V_{E \sim B} = -(-H_B) = 1\text{kN}(B\text{점부터 계산})$$

③ 휨모멘트

$$M_A = M_B = M_C = 0(\because \text{hinge})$$

$$M_D = -H_A \times 3 = -1 \times 3 = -3\text{kN} \cdot \text{m}(\text{기둥})$$

$$M_E = -(H_B \times 3) = -1 \times 3 = -3\text{kN} \cdot \text{m}(\text{기둥})$$

i) $D \sim E$구간

$$M_x = R_A x - H_A \times 3 - 2x \times \frac{x}{2} = 4x - 3 - x^2$$

$$M_D = M_{(x=0)} = -3\text{kN} \cdot \text{m}(\text{보})$$

$$M_E = M_{(x=4)} = 4 \times 4 - 3 - 4^2 = -3\text{kN} \cdot \text{m}(\text{보})$$

$$M_F = M_{(x=2)} = 4 \times 2 - 3 - 2^2 = 1\text{kN} \cdot \text{m}$$

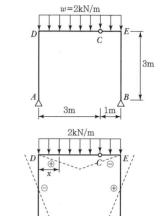

(a) 반력 가정(전단변형)

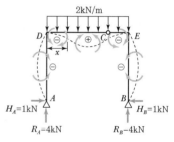

(b) 외력도(휨변형)

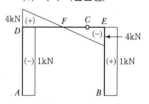

(c) S.F.D

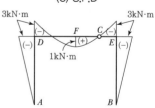

(d) B.M.D

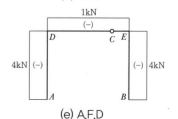

(e) A.F.D

④ 축방향력

$$N_{A \sim D} = -R_A = -4\text{kN}(압축)$$

$$N_{D \sim E} = -H_A = -1\text{kN}(압축)$$

$$N_{E \sim B} = -R_B = -4\text{kN}(압축)$$

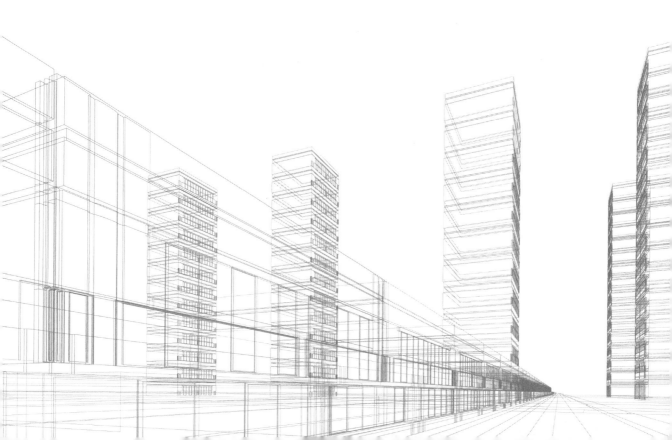

▼ 아치(arch) 구조

부재축이 원호, 포물선 등인 곡선재로 구성된 구조로 지점에 발생하는 수평반력에 의하여 수직하중으로 인한 휨모멘트를 크게 감소시키고 주로 축방향력에 저항하는 구조물을 말한다.

수직하중 → 지점에서의 수평반력 발생 → 수평반력에 의한 휨모멘트 →

수직하중에 의한 휨모멘트 감소 → 아치구조의 최대 휨모멘트 감소

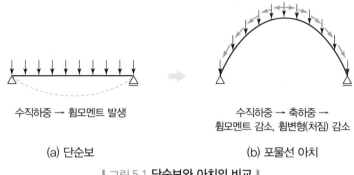

수직하중 → 휨모멘트 발생

수직하중 → 축하중 →
휨모멘트 감소, 휨변형(처짐) 감소

(a) 단순보   (b) 포물선 아치

┃ 그림 5.1 **단순보와 아치의 비교** ┃

5.1 　　아치의 종류

(1) 형태에 따른 구분

① 원호아치(반원아치 : semi-circular arch)
② 포물선 아치(parabolic arch)
③ 현수선 아치(catenary arch)

(2) 지지조건에 따른 구분

① 양단고정 아치
② 2힌지 아치
③ 3힌지 아치

(3) 정정아치(statically determinate arch)

① 캔틸레버형 아치
② 단순보형 아치
③ 3힌지 아치(3 hinged arch)

> * 아치의 축선을 합력선(압력선)과 일치시키면 모든 단면에는 압축력만 생기고 휨모멘트와 전단력은 생기지 않는다.

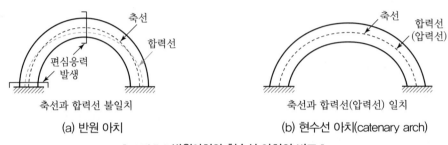

(a) 반원 아치　　　　　　　　(b) 현수선 아치(catenary arch)

┃ 그림 5.2 **반원아치와 현수선 아치의 비교** ┃

> * 합력선(resultant line) : 아치의 각 단면에 생기는 외력의 합력을 구하고 각 합력의 작용방향이 바뀌는 점을 연결한 선으로, 모든 합력이 압축력인 경우에는 압력선(pressure line)이라고 한다.

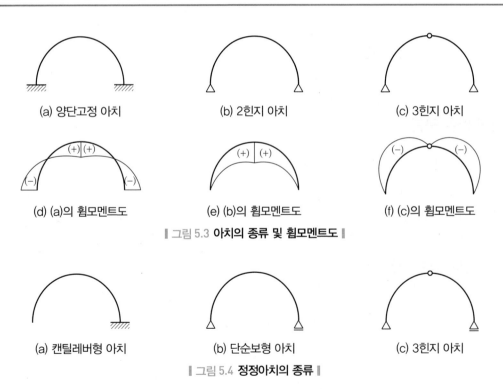

(a) 양단고정 아치　　　　　(b) 2힌지 아치　　　　　(c) 3힌지 아치

(d) (a)의 휨모멘트도　　　(e) (b)의 휨모멘트도　　　(f) (c)의 휨모멘트도

┃ 그림 5.3 **아치의 종류 및 휨모멘트도** ┃

(a) 캔틸레버형 아치　　　　(b) 단순보형 아치　　　　(c) 3힌지 아치

┃ 그림 5.4 **정정아치의 종류** ┃

5.2 　　정정아치의 해석

▼ **단면력 산정 시 핵심사항**

① 단면력의 해법은 정정라멘의 경우와 마찬가지로 행한다.

② 아치의 임의의 점에서의 축방향력은 그 점에서의 접선방향으로 작용하는 힘을 말하고, 임의의 점에서의 전단력은 그 점에서의 접선에 직각으로 작용하는 힘을 말한다.

③ 수평경간을 따라 등분포하중이 작용하는 포물선 아치에는 축방향력만 발생하고 휨모멘트와 전단력은 발생하지 않는다.

④ 자중을 받는 현수선 아치와 축선에 수직인 방향의 등분포하중을 받는 원호(반원) 아치에도 축방향력만 발생한다.

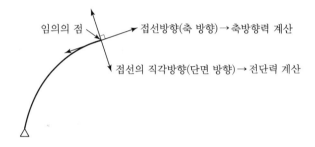

┃ 그림 5.5 **아치의 단면력 방향** ┃

예제 5-1 그림과 같은 캔틸레버형 반원아치의 단면력을 구하고 단면력도를 그리시오.

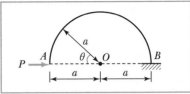

풀이 ① 반력

$$\sum H = 0 : P - H_B = 0$$
$$\therefore \ H_B = P(\leftarrow)$$

② 전단력

일반식 : $V_\theta = -P\cos\theta$

$$V_A = V_{(\theta=0)} = -P$$

$$V_{\left(\theta=\frac{\pi}{4}\right)} = -\frac{P}{\sqrt{2}}$$

$$V_{\left(\theta=\frac{\pi}{2}\right)} = 0$$

$$V_{\left(\theta=\frac{3\pi}{4}\right)} = \frac{P}{\sqrt{2}}$$

$$V_B = V_{(\theta=\pi)} = P$$

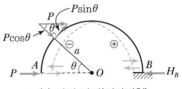

(a) 반력 가정(전단변형)

③ 휨모멘트

$$x = a - a\cos\theta = a(1-\cos\theta)$$
$$y = a\sin\theta$$

일반식 : $M_\theta = -Py = -Pa\sin\theta$

$$M_A = M_{(x=0)} = 0$$

$$M_{\left(\theta=\frac{\pi}{4}\right)} = -\frac{Pa}{\sqrt{2}}$$

$$M_{\left(\theta=\frac{\pi}{2}\right)} = -Pa$$

$$M_{\left(\theta=\frac{3\pi}{4}\right)} = -\frac{Pa}{\sqrt{2}}$$

$$M_{(\theta=\pi)} = 0$$

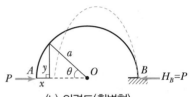

(b) 외력도(휨변형)

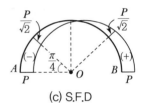

(c) S.F.D

④ 축방향력

일반식 : $N_\theta = -P\sin\theta$

$$N_A = N_{(\theta=0)} = 0$$

$$N_{\left(\theta=\frac{\pi}{4}\right)} = -\frac{P}{\sqrt{2}}\,(압축)$$

$$N_{\left(\theta=\frac{\pi}{2}\right)} = -P(압축)$$

$$N_{\left(\theta=\frac{3\pi}{4}\right)} = -\frac{P}{\sqrt{2}}\,(압축)$$

$$N_{(\theta=\pi)} = -P(압축)$$

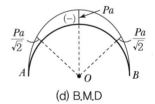

(d) B.M.D

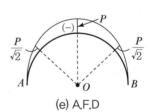

(e) A.F.D

예제 5-2 그림과 같은 단순보형 반원아치의 단면력을 구하고 단면력도를 그리시오.

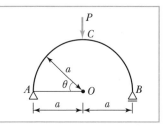

풀이 ① 반력

$$\sum H = 0 : H_A = 0$$

$$\sum M_B = 0 : R_A \times 2a - P \times a = 0$$

$$\therefore R_A = \frac{P}{2}(\uparrow)$$

$$\sum V = 0 : R_A + R_B - P = 0$$

$$\therefore R_B = P - \frac{P}{2} = \frac{P}{2}(\uparrow)$$

② 전단력

i) A~C 구간(A ≤ x < C)

일반식 : $V_\theta = R_A \sin\theta = \dfrac{P}{2}\sin\theta$

$$V_A = V_{(\theta=0)} = 0$$

$$V_{\left(\theta=\frac{\pi}{4}\right)} = \frac{P}{2\sqrt{2}}$$

$$(우 \to) \quad V_C = V_{\left(\theta=\frac{\pi}{2}\right)} = \frac{P}{2}$$

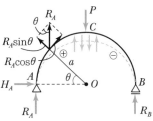

(a) 반력 가정(전단변형)

ii) C~B 구간(C ≤ x ≤ B)

일반식 : $V_\theta = \dfrac{P}{2}\sin\theta - P\sin\theta = -\dfrac{P}{2}\sin\theta$

$$(좌 \to) \quad V_C = V_{\left(\theta=\frac{\pi}{2}\right)} = -\frac{P}{2}$$

$$V_{\left(\theta=\frac{3\pi}{4}\right)} = -\frac{P}{2\sqrt{2}}$$

$$V_B = V_{(\theta=\pi)} = 0$$

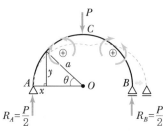

(b) 외력도(휨변형)

③ 휨모멘트

$$x = a(1-\cos\theta)$$
$$y = a\sin\theta$$

i) A~C 구간

일반식 : $M_\theta = \dfrac{P}{2}x = \dfrac{P}{2}a(1-\cos\theta)$

$$M_A = M_{(\theta=0)} = 0$$

$$M_{\left(\theta=\frac{\pi}{4}\right)} = \frac{P}{2}a\left(1-\frac{1}{\sqrt{2}}\right)$$

$$M_C = M_{\left(\theta=\frac{\pi}{2}\right)} = \frac{P}{2}a$$

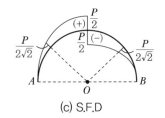

(c) S.F.D

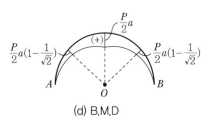

(d) B.M.D

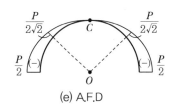

(e) A.F.D

ii) C~B 구간

일반식 : $M_\theta = -\left(-\dfrac{P}{2}x\right) = \dfrac{P}{2}a(1-\cos\theta)$

$$M_{\left(\theta = \frac{3\pi}{4}\right)} = \dfrac{P}{2}a\left(1-\dfrac{1}{\sqrt{2}}\right)$$

$$M_B = M_{(\theta = \pi)} = 0$$

④ 축방향력

일반식 : $N_\theta = -R_A\cos\theta = -\dfrac{P}{2}\cos\theta$

$$N_A = N_{(\theta = 0)} = -\dfrac{P}{2}$$

$$N_{\left(\theta = \frac{\pi}{4}\right)} = -\dfrac{P}{2\sqrt{2}}$$

$$N_C = N_{\left(\theta = \frac{\pi}{2}\right)} = 0$$

풀이 ① 반력

$$\sum M_B = 0 : R_A \times 2a - Pa = 0$$

$$\therefore R_A = \frac{P}{2}(\uparrow)$$

$$\sum V = 0 : R_A + R_B - P = 0$$

$$\therefore R_B = P - \frac{P}{2} = \frac{P}{2}(\uparrow)$$

$$\sum M_C = 0 : -H_A \times a + R_A \times a = 0$$

$$\therefore H_A = R_A = \frac{P}{2}(\rightarrow)$$

$$\sum H = 0 : H_A - H_B = 0$$

$$\therefore H_B = \frac{P}{2}(\leftarrow)$$

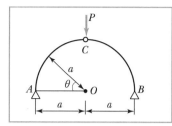

(a) 반력 가정(전단변형)

② 전단력

그림(b)와 같이 D점에서 외력의 수평, 수직분력을 더하면

i) A~C 구간

일반식 : $V_\theta = R_A \sin\theta - H_A \cos\theta$

$$= \frac{P}{2}(\sin\theta - \cos\theta)$$

$$V_A = V_{(\theta=0)} = -\frac{P}{2}$$

$$V_{\left(\theta = \frac{\pi}{4}\right)} = 0$$

$$V_C = V_{\left(\theta = \frac{\pi}{2}\right)} = \frac{P}{2}$$

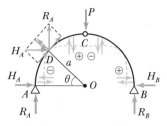

(b) 외력의 수평, 수직분력

ii) C~B 구간

일반식 : $V_\theta = -\left(R_B \sin\theta - H_B \cos\theta\right)$

$$= -\frac{P}{2}(\sin\theta - \cos\theta)\,(\text{B점부터 계산})$$

$$V_B = V_{(\theta=0)} = \frac{P}{2}$$

$$V_{\left(\theta = \frac{3\pi}{4}\right)} = 0$$

$$V_C = V_{\left(\theta = \frac{\pi}{2}\right)} = -\frac{P}{2}$$

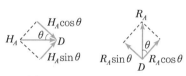

(c) 외력도(휨변형)

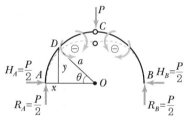

(d) S.F.D

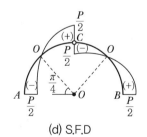

(e) B.M.D

③ 휨모멘트

$$x = a(1 - \cos\theta)$$

$$y = a\sin\theta$$

i) A~C 구간

일반식 : $M_\theta = R_A x - H_A y$

$$= \frac{P}{2}a(1 - \cos\theta) - \frac{P}{2}a\sin\theta$$

$$= \frac{P}{2}a(1 - \sin\theta - \cos\theta)$$

$$M_A = M_{(\theta = 0)} = 0$$

$$M_{\left(\theta = \frac{\pi}{4}\right)} = \frac{P}{2}a(1 - \sqrt{2})$$

$$M_C = M_{\left(\theta = \frac{\pi}{2}\right)} = 0$$

ii) C~B 구간

일반식 : $M_\theta = -(-R_B x + H_B y)$

$$= \frac{P}{2}a(1 - \cos\theta) - \frac{P}{2}a\sin\theta$$

$$= \frac{P}{2}a(1 - \sin\theta - \cos\theta)\,(\text{B점부터 계산})$$

∴ A~C 구간과 동일한 값

④ 축방향력

i) A~C 구간

일반식 : $N_\theta = -(R_A\cos\theta + H_A\sin\theta)$

$$= -\frac{P}{2}(\sin\theta + \cos\theta)$$

$$N_A = N_{(\theta = 0)} = -\frac{P}{2}$$

$$N_{\left(\theta = \frac{\pi}{4}\right)} = -\frac{P}{\sqrt{2}}$$

$$N_C = N_{\left(\theta = \frac{\pi}{2}\right)} = -\frac{P}{2}$$

ii) C~B 구간

A~C 구간과 대칭부재, 대칭하중이 작용하므로 동일한 값

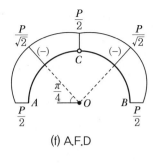

(f) A.F.D

예제 5-4 그림과 같이 등분포하중을 받는 3힌지 아치의 단면력을 구하시오.

풀이 ① 반력

대칭구조에 대칭수직하중이 작용하므로

$$R_A = R_B = \frac{wl}{2} (\uparrow)$$

C점의 좌측에서

$$\sum M_C = 0 : R_A \times \frac{l}{2} - H_A \times h - \frac{wl}{2} \times \frac{l}{4} = 0$$

$$\therefore H_A = \frac{\dfrac{wl^2}{4} - \dfrac{wl^2}{8}}{h} = \frac{wl^2}{8h} (\rightarrow)$$

$$\sum H = 0 \quad : H_A - H_B = 0$$

$$\therefore H_B = \frac{wl^2}{8h} (\leftarrow)$$

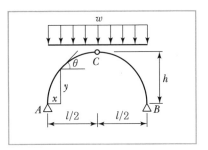

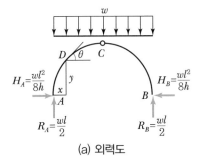

(a) 외력도

② 전단력

D점에서의 전단력의 일반식은 그림(b)에서

$$V_D = (R_A - wx)\cos\theta - H_A \sin\theta$$

$$= \left(\frac{wl}{2} - wx\right)\cos\theta - \frac{wl^2}{8h}\sin\theta$$

$$= \left\{ w\left(\frac{l}{2} - x\right) - \frac{wl^2}{8h}\tan\theta \right\}\cos\theta \quad \cdots\cdots\cdots\cdots(1)$$

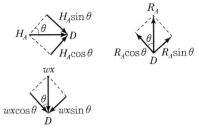

(b) 외력의 수평, 수직분력

포물선의 방정식을 이용하여

$$y = \frac{4h}{l^2}(lx - x^2) \quad \cdots\cdots\cdots\cdots\cdots\cdots\cdots\cdots(2)$$

$$\tan\theta = \frac{dy}{dx} = \frac{8h}{l^2}\left(\frac{l}{2} - x\right) \quad \cdots\cdots\cdots\cdots\cdots\cdots(3)$$

$$\frac{wl^2}{8h}\tan\theta = w\left(\frac{l}{2} - x\right) \quad \cdots\cdots\cdots\cdots\cdots\cdots\cdots(4)$$

(4)식을 (1)식에 대입하면

$$\therefore V_D = \left\{ w\left(\frac{l}{2} - x\right) - w\left(\frac{l}{2} - x\right) \right\}\cos\theta = 0$$

③ 휨모멘트

D점에서의 휨모멘트의 일반식은

$$M_D = R_A \times x - wx \times \frac{x}{2} - H_A \times y$$

$$= \frac{wl}{2}x - \frac{wx^2}{2} - \frac{wl^2}{8h}y$$

$$= \frac{w}{2}(lx - x^2) - \frac{wl^2}{8h}y \quad \cdots\cdots\cdots\cdots\cdots\cdots\cdots\cdots\cdots\cdots\cdots\cdots\cdots\cdots (5)$$

(4)식을 (5)식에 대입하면

$$\therefore M_D = \frac{w}{2}(lx - x^2) - \frac{wl^2}{8h}\frac{4h}{l^2}(lx - x^2) = 0$$

④ 축방향력

D점에서의 축방향력의 일반식은

$$N_D = -(R_A - wx)\sin\theta - H_A\cos\theta$$

$$= -\left(\frac{wl}{2} - wx\right)\sin\theta - \frac{wl^2}{8h}\cos\theta$$

$$= -\left\{w\left(\frac{l}{2} - x\right)\sin\theta + \frac{wl^2}{8h}\cos\theta\right\} \quad \cdots\cdots\cdots\cdots\cdots (6)$$

(3)식을 수평반력 H_A 에 곱하면

$$H_A\tan\theta = \frac{wl^2}{8h}\frac{8h}{l^2}\left(\frac{l}{2} - x\right) = w\left(\frac{l}{2} - x\right) \quad \cdots\cdots\cdots\cdots\cdots (7)$$

(7)식을 (6)식에 대입하면

$$\therefore N_D = -(H_A\tan\theta\sin\theta + H_A\cos\theta)$$

$$= -H_A\left(\frac{\sin^2\theta + \cos^2\theta}{\cos\theta}\right) = -H_A\sec\theta$$

* 위와 같이 등분포하중을 받는 3힌지 포물선 아치에는 전단력이나 휨모멘트는 발생하지 않고 축방향력만 발생한다. 포물선 아치가 아닌 반원아치 등에 등분포하중이 작용할 경우에는 휨모멘트와 전단력이 발생하지만 단순보에 비해 작은 값이 발생한다.

01 그림과 같은 정정라멘 A지점의 수평반력은?

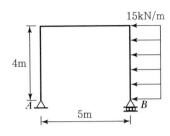

① 0

② 15kN

③ 30kN

④ 60kN

02 그림과 같은 구조물의 반력은?

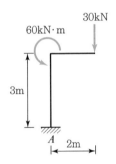

① $H_A = 30$kN, $V_A = 0$, $M_A = 60$kN · m

② $H_A = 0$kN, $V_A = 30$kN, $M_A = 60$kN · m

③ $H_A = 30$kN, $V_A = 0$, $M_A = 0$

④ $H_A = 0$, $V_A = 30$kN, $M_A = 0$

03 그림에서 A지점의 반력 R_A의 값으로 옳은 것은?

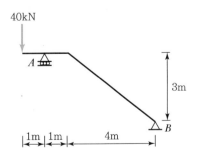

① 40kN   ② 44kN

③ 48kN   ④ 52kN

04 그림과 같은 3회전단 구조물의 반력은?

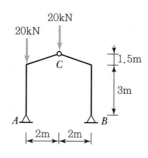

① $H_A = 4.44$kN, $V_A = 30$kN,

   $H_B = -4.44$kN, $V_B = 10$kN

② $H_A = 0$, $V_A = 30$kN,

   $H_B = 0$, $V_B = 10$kN

③ $H_A = -4.44$kN, $V_A = 30$kN,

   $H_B = 4.44$kN, $V_B = 10$kN

④ $H_A = 4.44$kN, $V_A = 50$kN,

   $H_B = -4.44$kN, $V_B = -10$kN

05 그림과 같은 정정라멘에서 BD 부재의 축방향력으로 옳은 것은?(단, + : 인장력, − : 압축력)

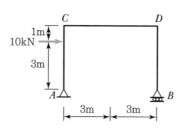

① 5kN   ② −5kN

③ 10kN   ④ −10kN

06 다음 구조물에서 A점의 휨모멘트 M_A의 크기는?

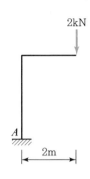

① $2\text{kN} \cdot \text{m}$
② $4\text{kN} \cdot \text{m}$
③ $6\text{kN} \cdot \text{m}$
④ $8\text{kN} \cdot \text{m}$

07 그림과 같이 E점에 4kN의 집중하중이 45° 경사지게 작용했을 때 AD 부재의 축방향력은?(단, $+$: 인장, $-$: 압축)

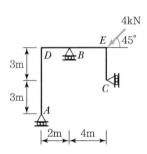

① $-\sqrt{2}\ \text{kN}$
② $+\sqrt{2}\ \text{kN}$
③ $-2\sqrt{2}\ \text{kN}$
④ $+2\sqrt{2}\ \text{kN}$

08 그림과 같은 구조물에서 AE 구간과 EB 구간의 전단력 차이는?

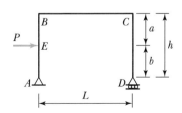

① $\dfrac{Pa}{L}$ ② $\dfrac{Pb}{L}$

③ P ④ 0

09 그림과 같은 구조물의 지점 A의 휨모멘트는?

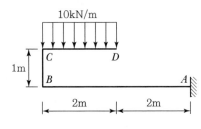

① $-20\text{kN} \cdot \text{m}$ ② $-40\text{kN} \cdot \text{m}$

③ $-60\text{kN} \cdot \text{m}$ ④ $-80\text{kN} \cdot \text{m}$

10 그림과 같은 구조물에서 고정단 휨모멘트(M_D)로 옳은 것은?

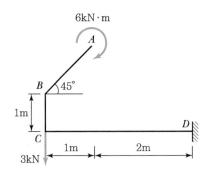

① $-15.0\text{kN} \cdot \text{m}$ ② $-9.0\text{kN} \cdot \text{m}$

③ $-6.0\text{kN} \cdot \text{m}$ ④ $-3.0\text{kN} \cdot \text{m}$

11 그림과 같은 라멘의 A점의 휨모멘트는?

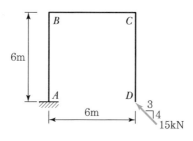

① 42kN · m

② 52kN · m

③ 62kN · m

④ 72kN · m

12 그림과 같은 정정구조의 CD 부재에서 C, D점의 휨모멘트값 중 옳은 것은?

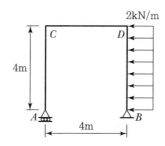

① (C) 0kN · m, (D) 16kN · m

② (C) 16kN · m, (D) 16kN · m

③ (C) 0kN · m, (D) 32kN · m

④ (C) 32kN · m, (D) 32kN · m

13 그림과 같은 구조물의 A점의 휨모멘트는?

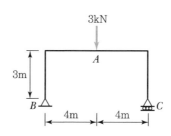

① 3kN · m

② 4kN · m

③ 5kN · m

④ 6kN · m

14 그림과 같은 구조물에서 휨모멘트가 작용하지 않는 부재($M=0$)는?

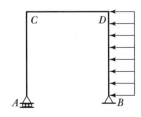

① 없음   ② CD 부재

③ BD 부재   ④ AC 부재

15 그림에서 E점의 휨모멘트는?

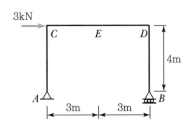

① 12kN · m   ② 6kN · m

③ 4kN · m   ④ 3kN · m

16 그림과 같은 정정라멘에서 F점의 휨모멘트는?

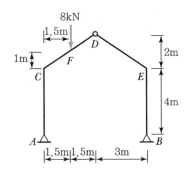

① 4kN · m   ② 3kN · m

③ 2kN · m   ④ 1kN · m

17 그림과 같은 라멘에서 B점에 모멘트하중 M이 작용할 때 C점에서의 휨모멘트는?

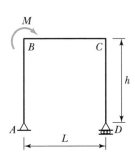

① 0

② M

③ $2M$

④ $\dfrac{M}{L} \cdot h$

18 그림과 같은 구조물의 휨모멘트도로 맞는 것은?

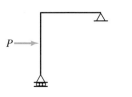

①

②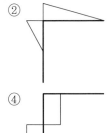

③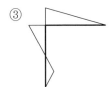

④

19 다음 구조물의 a, b점에서의 휨모멘트는?

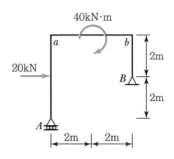

① $M_a = 20\text{kN} \cdot \text{m}, \ M_b = 40\text{kN} \cdot \text{m}$

② $M_a = 40\text{kN} \cdot \text{m}, \ M_b = 20\text{kN} \cdot \text{m}$

③ $M_a = 20\text{kN} \cdot \text{m}, \ M_b = 20\text{kN} \cdot \text{m}$

④ $M_a = 40\text{kN} \cdot \text{m}, \ M_b = 40\text{kN} \cdot \text{m}$

20 그림과 같은 단순보형 라멘에 대한 휨모멘트도(BMD)로 옳은 것은?

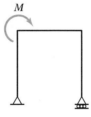

① ② ③ ④

21 그림과 같이 힘 P가 작용할 때 휨모멘트가 0이 되는 곳은 몇 개나 되는가?

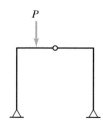

① 2   ② 3

③ 4   ④ 5

22 그림과 같이 외력이 작용할 때 휨모멘트도는?

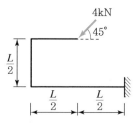

①   ②

③   ④

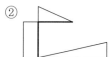

23 다음 구조물의 개략적인 휨모멘트도로 옳은 것은?

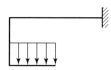

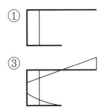

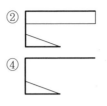

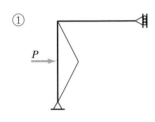

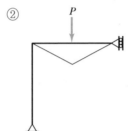

24 다음 그림에서 휨모멘트도가 옳지 않은 것은?

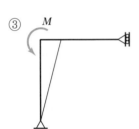

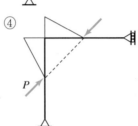

25 그림과 같은 3 – Hinge 원호형 아치의 정점에 40kN의 집중하중이 작용했을 때 A 지점의 수평반력은?

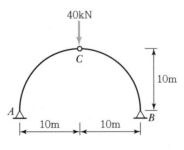

① 20kN
② 30kN
③ 40kN
④ 50kN

26 그림과 같은 3-Hinge 원호형 아치에서 A지점의 수평반력은?

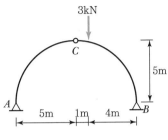

① 1.2kN

② 1.5kN

③ 1.8kN

④ 2.0kN

27 집중하중을 받는 단순보형 아치에 발생하는 최대 휨모멘트는 얼마인가?

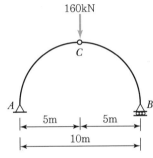

① 100kN · m

② 200kN · m

③ 300kN · m

④ 400kN · m

28 그림의 포물선 아치에서 중앙 C점의 휨모멘트의 값은?

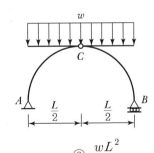

① $\dfrac{wL^2}{16}$

② $\dfrac{wL^2}{8}$

③ $\dfrac{wL^2}{4}$

④ 0

29 등분포하중을 받는 그림과 같은 3회전단 아치에서 C점의 전단력을 구하면?

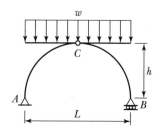

① 0

② $\dfrac{wL}{2}$

③ $\dfrac{wh}{4}$

④ $\dfrac{wL}{8}$

30 그림과 같은 캔틸레버형 아치에서 전단력값이 최소인 곳은?

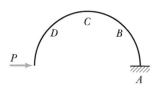

① A점

② B점

③ C점

④ D점

31 그림과 같은 3회전단의 포물선 아치가 등분포하중을 받을 때 단면력에 관한 설명으로 옳은 것은?

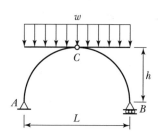

① 축방향력만 존재한다.

② 축방향력과 휨모멘트가 존재한다.

③ 전단력과 축방향력이 존재한다.

④ 축방향력, 전단력, 휨모멘트가 모두 존재한다.

32 그림과 같은 캔틸레버형 아치의 휨모멘트도(BMD)는?

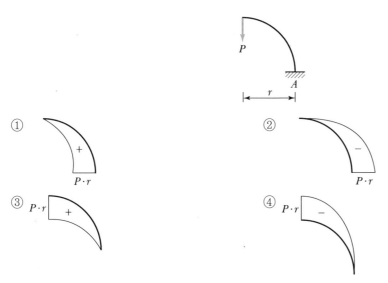

33 다음과 같은 3힌지 아치의 전단력도(SFD)는?(단, 전단력도의 +, − 도시 위치는 무관)

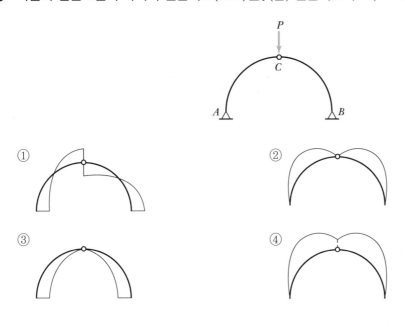

4, 5장   풀이 및 해설

01 $\sum H = 0 : H_A - 15 \times 4 = 0$

      $\therefore H_A = 60\text{kN} (\rightarrow)$

02 $\sum H = 0 : H_A = 0$

      $\sum V = 0 : R_A - 30 = 0$

      $\therefore R_A = 30\text{kN} (\uparrow)$

      $\sum M_A = 0 : 30 \times 2 - 60 - M_A = 0$

      $\therefore M_A = 0$

03 $\sum M_B = 0 : -40 \times 6 + R_A \times 5 = 0$

      $\therefore R_A = 48\text{kN} (\uparrow)$

04 $\sum M_B = 0 : R_A \times 4 - 20 \times 4 - 20 \times 2 = 0$

      $\therefore R_A = 30\text{kN} (\uparrow) = V_A$

      $\sum V = 0 : R_A + R_B - 20 - 20 = 0$

      $\therefore R_B = 10\text{kN} (\uparrow) = V_B$

      $\sum H = 0 : H_A - H_B = 0$

      $\therefore H_A = H_B$

      $\sum M_C = 0 : R_A \times 2 - H_A \times 4.5 - 20 \times 2 = 0$

      $\therefore H_A = \dfrac{60 - 40}{4.5} = 4.44\text{kN} (\rightarrow)$

      $\therefore H_B = H_A = 4.44\text{kN} (\leftarrow) : \rightarrow$ 기준으로는 $H_B = -4.44\text{kN}$

05 $\sum M_B = 0 : R_A \times 6 + 10 \times 3 = 0$

      $\therefore R_A = -5\text{kN} (\downarrow)$

      $\sum V = 0 : R_A + R_B = 0$

      $\therefore R_B = -R_A = 5\text{kN} (\uparrow)$

      따라서 BD 부재의 축방향력 $N_{BD} = -5\text{kN}$ (압축)

06 AB 부재, BC 부재 모두 $(-)$모멘트가 생기며
하중 2kN의 작용점 C는 라멘의 오른쪽 단부에 해당하므로
$M_A = -(2 \times 2) = -4 \text{kN} \cdot \text{m}$

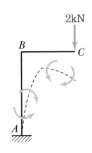

07 $\sum H = 0 : H_C - 4 \cdot \cos 45° = 0$

$\therefore H_C = 2\sqrt{2} \text{kN} (\rightarrow)$

$\sum M_B = 0 :$

$\quad R_A \times 2 + 4 \cdot \sin 45° \times 4 - 2\sqrt{2} \times 3 = 0$

$\therefore R_A = -\sqrt{2} \text{kN} (\downarrow)$

AD 부재의 축방향력 $N_{AD} = +\sqrt{2} \text{kN} (\text{인장})$

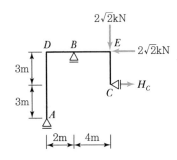

08 $\sum H = 0 : -H_A + P = 0$

$\therefore H_A = P(\leftarrow)$

$V_{E \sim C} = P - P = 0$

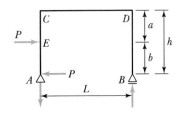

09 $M_A = -10 \times 2 \times 3 = -60 \text{kN} \cdot \text{m}$

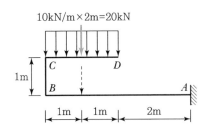

10 $M_D = -3 \times 3 + 6 = -3 \text{kN} \cdot \text{m}$

11 $M_A = -\left(-15 \times \dfrac{4}{5} \times 6\right) = 72\text{kN} \cdot \text{m}$

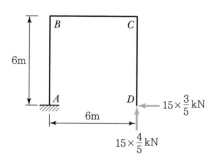

12 $\sum H = 0 : H_B - 2 \times 4 = 0$

$\therefore H_B = 8\text{kN}(\rightarrow)$

$\sum M_B = 0 : R_A \times 4 - 8 \times 2 = 0$

$\therefore R_A = 4\text{kN}(\uparrow)$

$M_C = 0$

$M_D = -(-8 \times 4 + 8 \times 2) = 16\text{kN} \cdot \text{m}$

[∵ B점이 라멘의 우측 하단이므로 좌측부터 계산 순서의
반대인 ($-$)로 시작함]

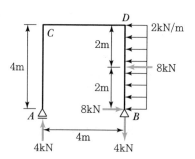

13 대칭라멘에 대칭하중이 작용하므로

$R_B = R_C = \dfrac{3}{2} = 1.5\text{kN}(\uparrow)$

$M_A = 1.5 \times 4 = 6\text{kN} \cdot \text{m}$

14

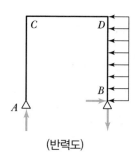

(반력도)   (휨모멘트도)

15 $\sum M_A = 0 : 3 \times 4 - R_B \times 6 = 0$

$\therefore R_B = 2\text{kN}(\uparrow)$

$M_E = -(-2 \times 3) = 6\text{kN} \cdot \text{m}$

16 $\sum M_B = 0 : R_A \times 6 - 8 \times 4.5 = 0$

$\therefore R_A = 6\text{kN}(\uparrow)$

$\sum M_D = 0 : R_A \times 3 - H_A \times 6 - 8 \times 1.5 = 0$

$\therefore H_A = 1\text{kN}(\rightarrow)$

$M_F = 6 \times 1.5 - 1 \times 5 = 4\text{kN} \cdot \text{m}$

17 이동지점인 D점에서는 수평반력이 존재하지 않으므로
CD구간에는 수평하중에 의한 휨모멘트가 발생하지 않는다.
절점 B의 보 구간에 작용하는 모멘트하중 M도 AB구간에는
전달되지 않는다.

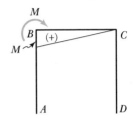

18

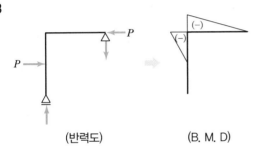

(반력도)　　　　　(B. M. D)

19 $\sum M_B = 0 : R_A \times 4 + 40 = 0$

$\therefore R_A = -10\text{kN}(\downarrow)$

$\sum V = 0 : R_A + R_B = 0$

$\therefore R_B = -(-10) = 10\text{kN}(\uparrow)$

$M_a = -20 \times 2 = -40\text{kN} \cdot \text{m}$

$M_b = -(20 \times 2) = -40\text{kN} \cdot \text{m}$

20 17번 문제 해설 참고

21

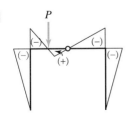

22 하중작용점과 하중의 작용선이
지나는 점에서는 휨모멘트가 0이 된다.

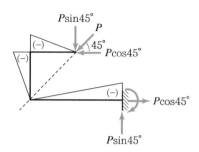

23

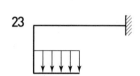

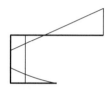

등분포하중이
작용하는 캔틸레버보

보의 등분포하중과 기둥이
평행하므로 기둥의 휨모멘트는
일정하게 된다.

기둥의 휨모멘트(재단모멘트)는
보에 그대로 전달된다.

24

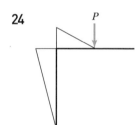

25 하중과 경간이 대칭이므로

$R_A = 20\text{kN}(\uparrow)$

$\sum M_C = 0 : R_A \times 10 - H_A \times 10 = 0$

$\therefore H_A = 20\text{kN}(\rightarrow)$

26 $\sum M_B = 0 : R_A \times 10 - 3 \times 4 = 0$

$\therefore R_A = 1.2\text{kN}(\uparrow)$

$\sum M_C = 0 : 1.2 \times 5 - H_A \times 5 = 0$

$\therefore H_A = 1.2\text{kN}(\rightarrow)$

27 하중과 경간이 대칭이므로

$$R_A = 80\text{kN}(\uparrow)$$

A 점의 수평반력은 0이므로

$$M_{\max} = M_C = 80 \times 5 = 400\text{kN} \cdot \text{m}$$

* 단순보형 아치에서는 단순보와 같이 수직하중 작용 시 하중작용점에서 휨모멘트가 최대로 된다.

28 하중과 경간이 대칭이므로

$$R_A = \frac{\omega L}{2}(\uparrow)$$

$$M_C = \frac{\omega L}{2} \times \frac{L}{2} - \frac{\omega L}{2} \times \frac{L}{4} = \frac{\omega L^2}{8}$$

29 하중과 경간이 대칭이므로

$$R_A = \frac{\omega L}{2}(\uparrow)$$

$$V_C = \frac{\omega L}{2} - \omega \times \frac{L}{2} = 0$$

30 C점에서는 하중 P가 축방향력으로 작용하므로 전단력은 생기지 않는다.
반면, 하중 P의 작용점(자유단)과 지점 A에서는 전단력이 가장 크게 된다.

31 3회전단(힌지) 아치가 등분포하중을 받게 되면, 부재력으로는 전단력과 휨모멘트가 발생하지 않고 축방향력만 발생하게 된다.

32 캔틸레버형 아치에 수직하중이 작용할 경우
휨모멘트는 자유단에서는 0이고
지점(고정단)에서 최대가 된다.

33

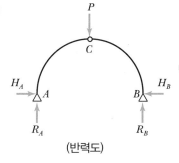

(반력도)

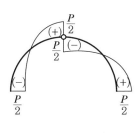

(S. F. D)

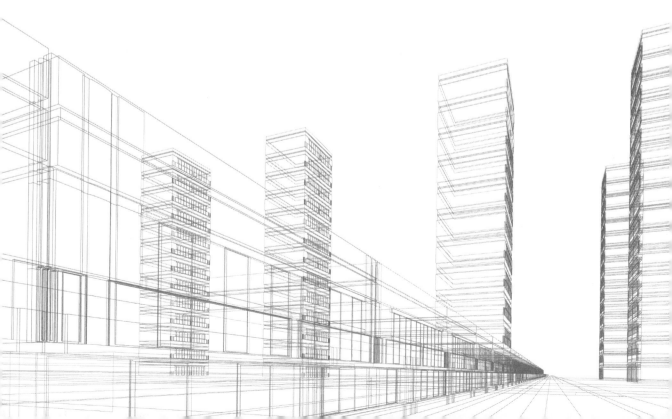

▼ 트러스(truss)

2개 이상의 직선부재를 힌지(hinge)로만 결합시켜 삼각형의 단위형태를 구성하고 이들을 다양하게 조합한 구조물을 말하며, 일반적으로 부재는 축방향력에만 저항하도록 한다.

* 트러스의 각 부재와 작용하는 외력이 한 평면 내에 있는 트러스를 평면트러스(plane truss)라 하고, 각 부재와 외력이 평면 내에 있지 않은 트러스를 입체트러스(space truss)라 한다.

6.1 트러스의 구성과 종류

6.1.1 트러스 각 부분의 명칭

① 현재(弦材, chord member) : 트러스의 외곽을 형성하고 있는 부재로, 상현재와 하현재로 나눔
  - 상현재(上弦材, upper chord member) : 위쪽의 현재로 그림에서 $U_1 \sim U_4$에 해당
  - 하현재(下弦材, lower chord member) : 아래쪽의 현재로 $L_1 \sim L_6$에 해당

② 복재(腹材, web member) : 트러스의 내부에 있는 부재로, 수직재와 경사재로 나눔
  - 수직재(vertical member) : 수직으로 놓인 복재로 $V_1 \sim V_5$에 해당
  - 경사재(diagonal member) : 경사지게 놓인 복재로 사재라고도 함, $D_1 \sim D_4$에 해당

③ 단주(端柱, end post) : 좌우 양단에 놓인 부재로 U_0, U_5에 해당, 경우에 따라 상현재 또는 하현재에 포함시키기도 함

④ 절점 또는 격점(panel point) : 부재와 부재의 접합점으로, A~L에 해당

⑤ 격간(格間, panel) : 한 개의 수평부재 끝에 있는 절점과 절점 사이로, A와 H 사이 또는 C와 D 사이 등

⑥ 격간거리(格間距離, panel length) : 격간의 길이로, a로 표시되어 있는 것

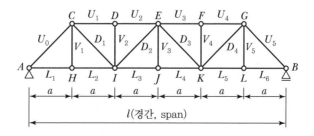

┃그림 6.1 **트러스 각 부분의 명칭** ┃

6.1.2 트러스의 종류

트러스는 현재의 형상, 복재의 배치형식 등에 따라 다양한 종류가 있다.

(1) 프랫트러스(pratt truss)

사재가 양단에서 중앙부를 향하여 하향하는 형태의 트러스로 상현재는 압축력, 하현재는 인장력, 사재는
주로 인장력, 수직재는 주로 압축력을 받는다. 강교 등 철골트러스에 적합하다.

압축재
인장재

┃ 그림 6.2 **프랫트러스** ┃

(2) 하우트러스(howe truss)

사재가 양단에서 중앙부를 향하여 상향하는 형태의 트러스로, 상현재는 압축력, 하현재는 인장력, 사재는
주로 압축력, 수직재는 주로 인장력을 받는다. 목재트러스에 적합하다.

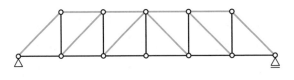

┃ 그림 6.3 **하우트러스** ┃

(3) 와렌트러스(warren truss)

사재가 상향과 하향을 교대로 하고 수직재가 없는 트러스로, 트러스의 중앙을 향하여 상향의 사재는 주로
압축력, 하향의 사재는 주로 인장력을 받는다. 다른 트러스에 비해 부재수가 적고 구조가 간단하나 현재의
길이가 길어 강성을 감소시키므로 수직재를 설치하는 경우가 있다.

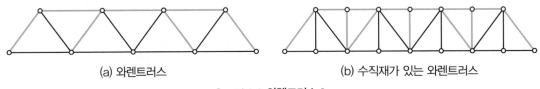

(a) 와렌트러스   (b) 수직재가 있는 와렌트러스

┃ 그림 6.4 **와렌트러스** ┃

(4) 왕대공트러스(king post truss)

중앙에 왕대공이 있고 사재가 양단에서 중앙부를 향하여 하향하는 형태의 트러스로, 사재는 주로 압축력, 수직재는 주로 인장력을 받는다. 보통 양식 목조지붕틀에 쓰인다.

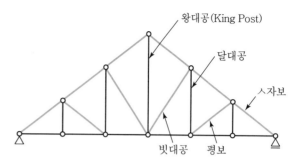

┃그림 6.5 **왕대공트러스**┃

(5) 핑크트러스(fink truss)

철골 지붕틀구조의 일종으로 산형트러스 형태이며, 연직하중 시 압축재가 짧은 것이 특징이다.

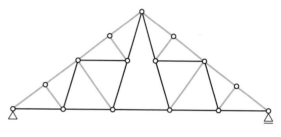

┃그림 6.6 **핑크트러스**┃

(6) 지점 조건에 따른 종류

① 단순 트러스
② 연속 트러스
③ 캔틸레버 트러스

6.1.3 트러스의 해석 기본가정

▼ 트러스 해석의 기본가정

> ① 각 부재의 절점은 마찰이 전혀 없는 완전한 힌지(hinge)로 생각한다.
> ② 평면트러스의 경우, 트러스의 부재와 작용하는 외력은 같은 평면 내에 있다.
> ③ 모든 하중은 절점에만 집중하여 작용한다.
> ④ 모든 부재는 직선이고, 각 부재축은 양단의 절점을 연결한 선과 일치한다.
> ⑤ 하중이 작용하여도 절점의 위치는 변하지 않는 것으로 가정한다.
> ⑥ 부재의 응력은 재료의 탄성한계 이내에 있다.

6.2 트러스의 해법

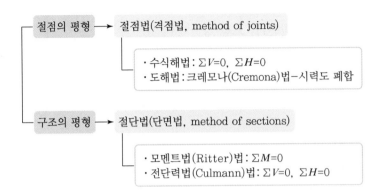

6.2.1 절점법

트러스의 한 절점에 작용하는 외력(하중과 반력)과 2개 이하의 미지의 부재력을 힘의 평형조건식 $\sum V = 0$, $\sum H = 0$을 사용하여 구하는 방법

▼ **수식해법 순서**

① 트러스 전체를 하나의 보로 생각하고 지점반력을 구한다.(단, 캔틸레버 트러스는 예외)
② 절점에서 절단된 미지의 부재력은 항상 인장력(절점을 끌어당기는 힘)으로 가정한다.
  • 절점으로부터 멀어지는 방향 → 인장(+)
  • 절점으로부터 가까워지는 방향 → 압축(−)
③ 각 절점에서 작용하는 모든 힘(하중, 지점반력)을 $\sum V = 0$, $\sum H = 0$의 조건식으로 미지의 부재력을 구한다. 이때 미지의 부재력이 2개 이하인 절점부터 순차로 계산한다.

▼ 표 6.1 **부재력의 표기방법**

부재	외력과 부재력의 평형	부재력의 표기방법	부호
인장재	$P \leftarrow \; \xrightarrow{N} \; \xleftarrow{N} \; \rightarrow P$	○→ ←○	(+)
압축재	$P \rightarrow \; \xleftarrow{N} \; \xrightarrow{N} \; \leftarrow P$	○← →○	(−)

예제 6-1 그림과 같은 트러스의 부재력을 절점법을 사용하여 구하시오.

풀이 ① 반력

대칭구조에 대칭하중이 작용하므로

$$R_A = R_B = \frac{P}{2} = \frac{100}{2} = 50\text{kN}(\uparrow)$$

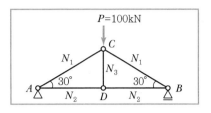

② 부재력

i) 그림(a)와 같이 절점 A를 중심으로 2개의 부재를 ⓐ~ ⓐ선으로 절단하고 N_1, N_2를 인장력으로 가정한다.

ii) 그림(b)와 같이 부재력 N_1을 수평, 수직분력으로 분해한다.

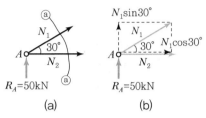

(a)   (b)

iii) 절점 A에서

$$\sum V = 0 : N_1 \sin 30° + 50 = 0$$

$$\therefore N_1 = -\frac{50}{\sin 30°} = -100\text{kN}(압축)$$

> * 계산된 결과값이 (−)이므로 가정한 방향과 반대인 압축력이다.

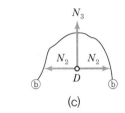

(c)

$$\sum H = 0 : N_1 \cos 30° + N_2 = 0$$

$$\therefore N_2 = -N_1 \cos 30°$$

$$= -(-100) \times \frac{\sqrt{3}}{2}$$

$$= 50\sqrt{3} \text{ kN}(인장)$$

> * 계산된 결과값이 (+)이므로 가정한 방향과 일치하는 인장력이다.

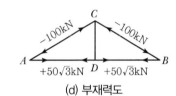

(d) 부재력도

iv) 절점 D에서 ⓑ~ⓑ선으로 절단하여

$$\sum V = 0 : N_3 = 0$$

$$\therefore N_3 = 0$$

예제 6-2   **그림과 같은 트러스의 부재력을 절점법을 사용하여 구하시오.**

풀이 ① 반력

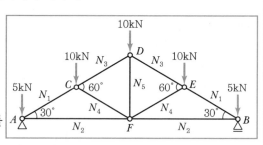

대칭구조에 대칭하중이 작용하므로

$$R_A = R_B = \frac{\sum P}{2} = \frac{40}{2} = 20\text{kN}(\uparrow)$$

② 부재력

  i) 그림(a)와 같이 절점 A를 중심으로 2개의 부재를
     절단하고 N_1, N_2를 인장력으로 가정한다.

  ii) 부재력 N_1을 수평, 수직분력으로 분해한다.

  iii) 절점 A에서 ⓐ~ⓐ선으로 절단하여

$$\sum V = 0 : R_A - 5 + N_1\sin30° = 0$$
$$20 - 5 + N_1\sin30° = 0$$
$$\therefore N_1 = -\frac{15}{\sin30°} = -30\text{kN}(압축)$$

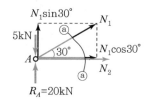

(a) 절점 A

$$\sum H = 0 : N_1\cos30° + N_2 = 0$$
$$\therefore N_2 = -(-30) \times \frac{\sqrt{3}}{2} = 15\sqrt{3}\,\text{kN}(인장)$$

  iv) 절점 C에서 ⓑ~ⓑ선으로 절단하여

$$\sum V = 0 : N_1\sin30° - 10\text{kN}$$
$$+ N_3\sin30° - N_4\sin30° = 0$$
$$30 \times \frac{1}{2} - 10 + N_3 \times \frac{1}{2} - N_4 \times \frac{1}{2} = 0$$
$$N_3 - N_4 + 10 = 0 \quad\cdots\cdots\cdots\cdots\cdots (1)$$
$$\sum H = 0 : N_1\cos30° + N_3\cos30°$$
$$+ N_4\cos30° = 0$$
$$N_3 + N_4 + 30 = 0 \quad\cdots\cdots\cdots\cdots\cdots (2)$$

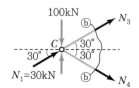

(b) 절점 C

  (1)식과 (2)식을 연립방정식으로 풀면
$$\therefore N_3 = -20\text{kN}(압축)$$
$$N_4 = -10\text{kN}(압축)$$

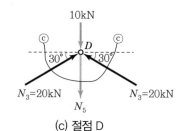

(c) 절점 D

  v) 절점 D에서 ⓒ~ⓒ선으로 절단하여
$$\sum V = 0 : 2N_3\sin30° - 10 - N_5 = 0$$
$$2 \times 200 \times \frac{1}{2} - 10 - N_5 = 0$$
$$\therefore N_5 = 10\text{kN}(인장)$$

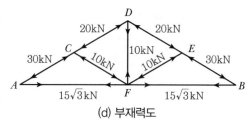

(d) 부재력도

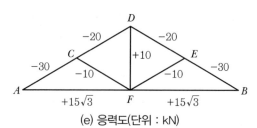

(e) 응력도(단위 : kN)

6.2.2 도해법(도식 절점법)

하나의 절점에 작용하는 모든 힘(하중, 지점반력, 미지의 부재력)에 평형조건, 즉 시력도가 폐합되어야 하는 조건을 적용하여 미지의 부재력을 구한다. 크레모나(Cremona)법이라고도 한다.

▼ **힘의 표기법(Bow의 기호법)**

> 힘을 표시할 때 그 힘으로 구분된 2개 구간의 기호를 절점을 중심으로 시계방향에 따라 표기하기로 한다.
> 예를 들면, 그림 6.7과 같이 외력(하중과 반력)과 부재로 나누어지는 구간의 기호를 숫자와 부호(1, 2, 3, …, A, B, C, …)로 표시한다.

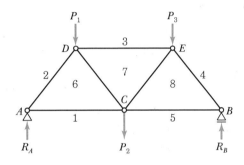

‖ 그림 6.7 **Bow의 기호법** ‖

① 외력표시 : $R_A = 1-2$, $R_B = 4-5$, $P_1 = 2-3$, $P_2 = 5-1$, $P_3 = 3-4$로 표기

② 부재표시 : 절점 A에서 $\overline{AD} = N_{26}$, $\overline{AC} = N_{61}$로 표기

　　　　　　절점 D에서 $\overline{DA} = N_{62}$, $\overline{DC} = N_{76}$, $\overline{DE} = N_{37}$로 표기

▼ **도해 순서**

> ① Bow의 기호법에 따라 외력과 부재로 구분된 각 구간에 기호를 붙인다.
> ② 미지의 부재력이 2개 이하인 절점부터 시력도를 순차적으로 그린다.
> ③ 크기와 방향을 알고 있는 한 힘을 우선 그린 후에 절점에 모이는 각 힘을 차례로 시력도가 닫히도록 그린다.
> ④ 부재력의 방향(인장(+), 압축(−))과 크기를 결정한다.
> ⑤ 각 부재력의 작용방향을 표시한다.

그림과 같은 트러스의 부재력을 도해법으로 구하시오.

풀이 ① 도해준비

ⅰ) 반력

대칭하중이므로

$$R_A = R_B = \frac{40\text{kN}}{2} = 20\text{kN}(\uparrow)$$

ⅱ) 그림(a)와 같이 각 구간에 기호를 기입한다.

ⅲ) 힘의 축척을 정한다.

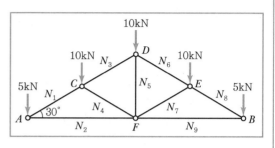

② 절점 A에서

ⅰ) $R_A(=20\text{kN})$의 크기와 방향을 알고 있으므로 그림(c)와 같이 상향으로 20kN이 되도록 $\overline{12}$를 그리고, 2에서 하향으로 하중 5kN을 그린 후 그 끝을 3으로 한다.

ⅱ) 하중 5kN의 끝점 3에서 부재 $\overline{AC}$에 평행한 선을 긋고 R_A의 시발점 1에서도 부재 $\overline{AF}$와 평행한 선을 그어 그 교점을 5로 한다.

ⅲ) 화살표의 방향은 1 → 2 → 3 → 5 → 1이 되고 힘의 다각형은 폐합한다. 화살표의 방향을 절점 A로 옮기면 N_1은 절점 A로 향하므로 압축력이 되고, N_2는 절점 A에서 멀어지므로 인장력이 된다.

ⅳ) 그림(c)에서 힘의 축척으로 재면 $N_1 = 30\text{kN}$, $N_2 = 26\text{kN}$이 구해진다.

③ 절점 C에서

ⅰ) 알고 있는 $N_1 = 30\text{kN}$을 그림(d)에서 5~3으로 그리고 3에서 하향으로 하중 10kN을 그린 후 끝점을 4로 한다.

ⅱ) 4에서 부재 $\overline{CD}$에 평행한 선을 긋고 N_1의 시발점 5에서도 부재 $\overline{CF}$와 평행한 선을 그어 교점을 6으로 한다.

ⅲ) 화살표 방향은 5 → 3 → 4 → 6 → 5가 되고 힘의 다각형은 폐합한다. 화살표의 방향을 절점 C로 옮기면 N_3와 N_4는 절점 C로 향하므로 모두 압축력이 된다.

ⅳ) 그림(d)에서 힘의 축척으로 재면 $N_3 = 20\text{kN}$, $N_4 = 10\text{kN}$이 구해진다.

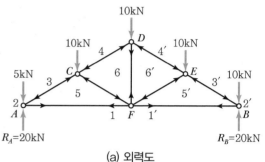

(a) 외력도

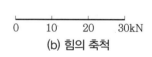

(b) 힘의 축척

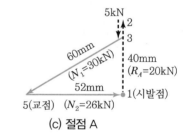

(c) 절점 A

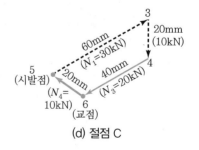

(d) 절점 C

④ 절점 D에서

  ⅰ) 알고 있는 $N_3 = 20$kN을 그림(e)에서 6~4로 그리고 4에서 하향으로 하중 10kN을 그린 후 끝점을 4′로 한다.

  ⅱ) 4′에 부재 $\overline{DE}$에 평행한 선을 긋고 N_3의 시발점 6에서도 부재 $\overline{DF}$와 평행한 선을 그어 교점을 6′로 한다.

  ⅲ) 화살표 방향은 $6 \rightarrow 4 \rightarrow 4' \rightarrow 6' \rightarrow 6$이 되고 힘의 다각형은 폐합한다. 화살표의 방향을 절점 D로 옮기면 N_6는 절점 D로 향하므로 압축력이 되고, N_5는 절점 D에서 멀어지므로 인장력이 된다.

  ⅳ) 그림(e)에서 힘의 축척으로 재면
    $N_5 = 10$kN, $N_6 = 20$kN이
    구해진다.

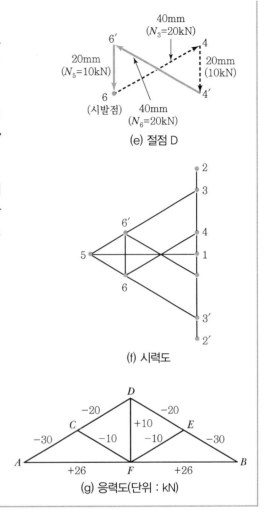

(e) 절점 D

(f) 시력도

(g) 응력도(단위 : kN)

6.2.3 절단법(단면법)

트러스를 임의의 가상 단면으로 절단하여 잘려지는 부재들의 부재력과 어느 한쪽 구조면의 외력(하중과 반력)에서 힘의 평형조건식을 이용하여 절단된 부재의 부재력을 구하는 방법으로, 단면법이라고도 하며 해법상 모멘트법과 전단력법으로 나누기도 한다.

(1) 모멘트법(Ritter법)

① 절단된 가상단면의 부재력과 한쪽 구조면의 외력에 대하여 $\sum M = 0$만을 적용하여 부재력을 구하는 방법
② 주로 상현재, 하현재의 부재력 계산 시 사용된다.

(2) 전단력법(Culmann법)

① 절단된 가상단면의 부재력과 한쪽 구조면의 외력에 대하여 $\sum V = 0$, $\sum H = 0$을 적용하여 부재력을 구하는 방법
② 주로 수직재, 사재의 부재력 계산 시 사용된다.

(3) 수식해법 순서

① 트러스 전체를 하나의 보로 생각하여 힘의 평형조건식을 사용, 지점 반력을 구한다.
② 부재력을 구하고자 하는 부재를 포함하여 미지의 부재가 3개 이하가 되도록 가상단면을 절단한다.
③ 절단된 부재의 부재력을 가정하되, 가정하는 방향은 언제나 인장력(절점을 끌어당기는 방향)으로 한다.
④ 절단된 구조면의 어느 한쪽의 외력(하중과 반력)과 미지의 부재력에 대하여 힘의 평형조건식($\sum M = 0$, $\sum V = 0$, $\sum H = 0$)을 적용하여 부재력을 구한다.
⑤ 이때 계산결과의 부호가 정($+$)이면 가정이 맞으므로 인장력이고, 부($-$)이면 가정이 반대이므로 압축력으로 판정한다.

예제 6-4 그림과 같은 트러스의 부재력 U_2, L_2, D_1, D_2를 절단법으로 구하시오.

풀이 ① 반력

$$R_A = R_B = \frac{\text{전체하중}}{2} = \frac{60}{2} = 30\text{kN}(\uparrow)$$

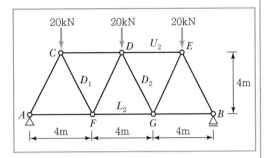

② 부재력

i) 그림(a)와 같이 절단 후 부재력 D_1을 인장으로 가정하고 전단력법으로 풀이한다.

$$\sum V = 0 : 30 - 20 - D_1\sin\theta = 0$$

$$\therefore D_1 = \frac{10}{\sin\theta} = \frac{10}{\dfrac{2}{\sqrt{5}}}$$

$$= 5\sqrt{5}\,\text{kN}(인장)$$

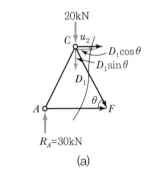

(a)

ii) 그림(b)와 같이 절단 후 부재력 U_2, L_2를 인장으로 가정하고 모멘트법으로 풀이한다. 부재력 U_2를 구하기 위하여 다른 부재력 D_2, L_2 작용선의 교점 G에 모멘트의 중심을 잡고

$$\sum M_G = 0 : 30 \times 8 - 20 \times 6$$
$$- 20 \times 2 + U_2 \times 4 = 0$$

$$\therefore U_2 = -\frac{(240 - 120 - 40)}{4}$$

$$= -20\text{kN}(압축)$$

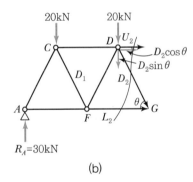

(b)

iii) 부재력 L_2를 구하기 위하여 다른 부재력 U_2, D_2 작용선의 교점 D에 모멘트의 중심을 잡고

$$\sum M_D = 0 : 30 \times 6 - 20 \times 4 - L_2 \times 4 = 0$$

$$\therefore L_2 = \frac{180 - 80}{4} = 25\text{kN}(인장)$$

iv) 부재력 D_2를 구하기 위하여 그림(b)에서와 같이 D_2를 인장으로 가정하고 힘을 분해하여 전단력법으로 풀이한다.

$$\sum V = 0 : 30 - 20 - 20 - D_2\sin\theta = 0$$

$$\therefore D_2 = -\frac{10}{\sin\theta} = -\frac{10}{\dfrac{2}{\sqrt{5}}} = -5\sqrt{5}\,\text{kN}(압축)$$

> * 부재력 D_1과 D_2가 크기는 같지만 부호가 반대인 것처럼 와렌트러스에서 사재의 경우, 중앙을 향하여 상향하는 부재는 압축력을, 하향하는 부재는 인장력을 주로 받게 된다.

그림과 같은 트러스의 부재력 U_2, L_2, V_2, D_2 를 절단법으로 구하시오.

풀이 ① 반력

$$R_A = R_B = \frac{전체하중}{2}$$

$$= \frac{80}{2} = 40\text{kN}(\uparrow)$$

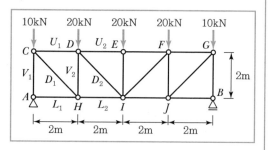

② 부재력

그림(a)와 같이 절단 후 부재력 U_2, L_2를 인장력으로 가정하고 모멘트법으로 풀이한다.

 i) 부재력 U_2를 구하기 위하여 다른 부재력 D_2, L_2 작용선의 교점 I에 모멘트의 중심을 잡고

$$\sum M_I = 0 : 40 \times 4 - 10 \times 4 - 20$$
$$\times 2 + U_2 \times 2 = 0$$

$$\therefore U_2 = -\frac{(160 - 40 - 40)}{2}$$

$$= -40\text{kN}(압축)$$

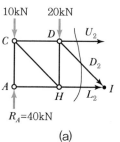

(a)

 ii) 부재력 L_2를 구하기 위하여 다른 부재력 U_2, D_2 작용선의 교점 D에 모멘트의 중심을 잡고

$$\sum M_D = 0 : 40 \times 2 - 10 \times 2$$
$$- L_2 \times 2 = 0$$

$$\therefore L_2 = \frac{80 - 20}{2} = 30\text{kN}(인장)$$

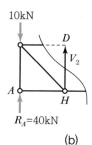

(b)

 iii) 부재력 V_2를 구하기 위하여 그림(b)와 같이 절단 후 V_2의 방향을 인장으로 가정하고 전단력법으로 풀이한다.

$$\sum V = 0 : 40 - 10 + V_2 = 0$$
$$\therefore V_2 = -30\text{kN}(압축)$$

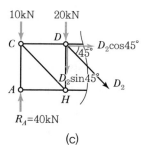

(c)

 iv) 부재력 D_2를 구하기 위하여 그림(c)와 같이 절단 후 D_2의 방향을 인장으로 가정하고 힘을 분해하여 전단력법으로 풀이한다.

$$\sum V = 0 : 40 - 10 - 20 - D_2 \sin 45° = 0$$

$$\therefore D_2 = \frac{10}{\frac{1}{\sqrt{2}}} = 10\sqrt{2}\,\text{kN}(인장)$$

6.2.4 부재력에 관한 성질

▼ **부재력이 0인 부재를 설치하는 이유**

트러스의 구성에서 구조적인 안정성 확보, 시공성 향상, 연결부재와의 관계, 변형방지 등을 위하여 부재력이 0이 되는 부재를 설치하기도 한다.

(1) 한 절점에 2개의 부재가 존재하는 경우

① 같은 직선상에 있지 않은 2개의 부재가 연결되는 한 절점에 외력이 작용하지 않을 때는 이 2개 부재의 부재력은 모두 0이다.

② 같은 직선상에 있지 않은 2개의 부재가 연결되는 한 절점에 어느 한 부재와 같은 방향으로 외력이 작용할 때는 그 부재의 부재력은 작용하는 외력과 같고 다른 부재의 부재력은 0이다.

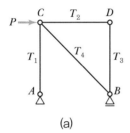 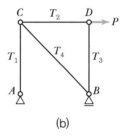

(a)   (b)

┃ 그림 6.8 **한 절점에 2개의 부재가 존재하는 경우** ┃

그림 6.8(a)의 트러스를 고려하여 절점 D에서의 힘의 평형을 생각하면

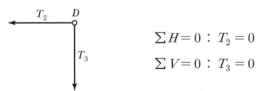

$$\sum H = 0 \ : \ T_2 = 0$$

$$\sum V = 0 \ : \ T_3 = 0$$

같은 방법으로 그림 6.8(b)의 트러스를 고려하면 절점 D에서

$$\sum H = 0 \ : \ -T_2 + P = 0$$

$$\therefore \ T_2 = P(\text{인장})$$

$$\sum V = 0 \ : \ T_3 = 0$$

(2) 한 절점에 3개의 부재가 존재하는 경우

① 한 절점에 3개의 부재가 연결되고 그 중 2개가 동일 직선상에 있을 때, 이 절점에 외력이 작용하지 않으면 동일 직선상에 있는 2개 부재의 부재력은 서로 같고 다른 한 부재의 부재력은 0이다.

② 한 절점에 3개의 부재가 연결되고 그 중 2개가 동일 직선상에 있을 때, 이 절점에 동일 직선상에 있지 않은 1개의 부재와 같은 방향으로 외력이 작용하면 그 부재의 부재력은 작용하는 외력과 같고 동일 직선상에 있는 2개 부재의 부재력은 서로 같다.

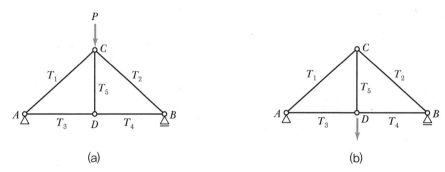

(a)   (b)

┃ 그림 6.9 **한 절점에 3개의 부재가 존재하는 경우** ┃

그림 6.9(a)의 트러스를 고려하여 절점 D에서의 힘의 평형을 생각하면

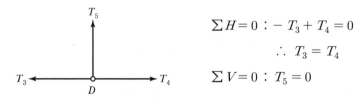

$$\sum H = 0 : -T_3 + T_4 = 0$$
$$\therefore T_3 = T_4$$
$$\sum V = 0 : T_5 = 0$$

같은 방법으로 그림 6.9(b)의 트러스를 고려하면 절점 D에서

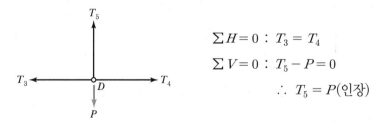

$$\sum H = 0 : T_3 = T_4$$
$$\sum V = 0 : T_5 - P = 0$$
$$\therefore T_5 = P(\text{인장})$$

예제 6-6 그림과 같은 트러스에 수직하중이 작용할 때 부재력이 0인 부재수를 구하시오.

풀이 ① 절점 A와 B는 각각 한 점에 2개의 부재가 있지만 반력 $R_A = \dfrac{P}{2}(\uparrow)$, $R_B = \dfrac{P}{2}(\uparrow)$가 작용하므로 이들 부재의 부재력은 0이 아니다.

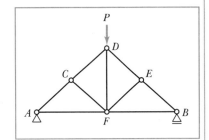

② 절점 C에 모인 3개의 부재 $\overline{AC}$, $\overline{CD}$, $\overline{FC}$ 중에서 2개의 부재 $\overline{AC}$, $\overline{CD}$가 동일 직선상에 있고 절점 C에 외력이 작용하지 않으므로 동일 직선상에 있지 않은 부재 $\overline{FC}$의 부재력은 0이 된다.

③ 절점 E에 모인 3개의 부재 $\overline{BE}$, $\overline{ED}$, $\overline{FE}$ 중에서 2개의 부재 $\overline{BE}$, $\overline{ED}$가 동일 직선상에 있고 절점 E에 외력이 작용하지 않으므로 동일 직선상에 있지 않은 부재 $\overline{FE}$의 부재력은 0이 된다.

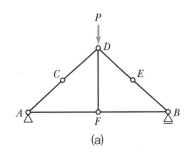

(a)

④ 그림(a)와 같이 ②, ③에서 계산된 부재력이 0인 부재 $\overline{CF}$, $\overline{EF}$가 없다고 생각하면 3개의 부재 $\overline{AF}$, $\overline{FB}$, $\overline{FD}$가 모인 절점 C에 외력이 작용하지 않으므로 부재 $\overline{FD}$의 부재력도 0이 된다.

∴ 부재력이 0인 부재는 $\overline{FC}$, $\overline{FE}$, $\overline{FD}$로 총 3개이다.

예제 6-7 그림과 같은 트러스에 수직하중이 작용할 때 부재력이 0인 부재수를 구하시오.

풀이 ① 절점 F에 모인 3개의 부재 $\overline{EF}$, $\overline{FG}$, $\overline{FB}$ 중에서 2개의 부재 $\overline{EF}$, $\overline{FG}$가 동일 직선상에 있고 절점 F에 외력이 작용하지 않으므로 동일 직선상에 있지 않은 부재 $\overline{FB}$의 부재력은 0이다.

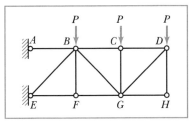

② 같은 직선상에 있지 않은 2개의 부재가 모인 절점 H에 외력이 작용하지 않으므로 부재 $\overline{DH}$와 $\overline{GH}$의 부재력은 0이다.

∴ 부재력이 0인 부재는 $\overline{FB}$, $\overline{DH}$, $\overline{GH}$로 총 3개이다.

01 그림의 트러스는 다음 중 어느 것에 해당하는가?

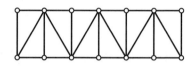

① 핑크 트러스
② 와렌 트러스
③ 프랫 트러스
④ 하우 트러스

02 트러스의 기본가정 및 해석에 관한 설명 중 옳지 않은 것은?

① 트러스의 각 절점은 고정단이며, 트러스에 작용하는 하중은 절점에 집중하중으로 작용한다.
② 절점을 연결하는 직선은 부재의 중심축과 일치하고 편심모멘트가 발생하지 않는다.
③ 같은 직선상에 있지 않은 2개의 부재가 모인 절점에서 그 절점에 하중이 작용하지 않으면 부재력은 0이다.
④ 3개의 부재가 모인 절점에서 두 부재축이 일직선으로 이루어진 두 부재의 부재력은 같다.

03 그림과 같은 트러스에서 힌지 지점인 A지점의 반력(수평반력과 수직반력의 조합)의 크기는?

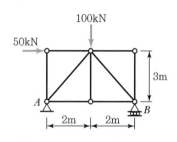

① 32.8kN
② 48.4kN
③ 51.5kN
④ 62.1kN

04 그림과 같은 캔틸레버형 트러스에서 CE부재의 부재력 값으로 맞는 것은?(단, 트러스 자체의 무게는 무시한다.)

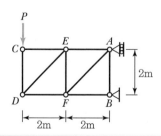

정답 01 ② 02 ① 03 ③ 04 ①

① 0

② $\frac{1}{2}P$

③ $\frac{1}{\sqrt{2}}$

④ $\frac{\sqrt{2}}{2}P$

05 그림과 같은 트러스의 V_1 부재력을 구하면 얼마인가?

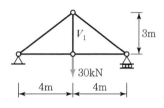

① 20kN

② 30kN

③ 40kN

④ 50kN

06 그림과 같은 트러스에서 V 부재의 부재력은?

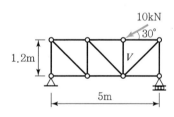

① 5kN

② 10kN

③ 15kN

④ 20kN

07 그림과 같은 구조물의 부재 C에 작용하는 압축력은?

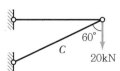

① 10kN

② 20kN

③ 30kN

④ 40kN

08 그림과 같은 트러스 구조에서 AC 부재의 부재력은?(단, 인장력은 $+$, 압축력은 $-$)

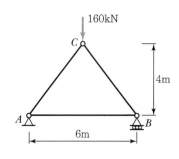

① $+80\text{kN}$

② -80kN

③ $+100\text{kN}$

④ -100kN

09 그림과 같은 트러스에서 AB 부재 부재력의 크기는?(단, $+$는 인장, $-$는 압축)

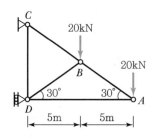

① $+20\text{kN}$

② -20kN

③ $+40\text{kN}$

④ -40kN

10 그림과 같은 트러스의 S 부재의 응력 크기는?

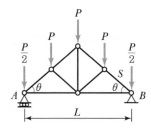

① $\dfrac{1}{2}P \cdot \sin\theta$

② $\dfrac{3}{2}P \cdot \cos\theta$

③ $\dfrac{3}{2}P \cdot \sin\theta$

④ $\dfrac{3}{2}P \cdot \csc\theta$

11 그림과 같은 왕대공 트러스(Truss)에서 C점에 P가 작용할 때 부재력이 생기지 않는 부재는 몇 개인가?(단, 트러스 자중은 무시함)

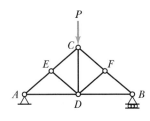

① 0   ② 1개

③ 2개   ④ 3개

12 다음과 같은 트러스에서 부재력이 0이 되는 부재수는?

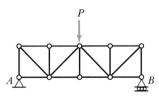

① 2개   ② 3개

③ 4개   ④ 5개

13 그림과 같은 트러스에서 V_3부재의 부재력은?(단, 압축 $-$, 인장 $+$)

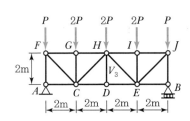

① $-P$ ② $+P$

③ $-2P$ ④ $+2P$

14 그림의 트러스에서 a부재의 부재력은?(단, 트러스를 구성하는 삼각형은 정삼각형)

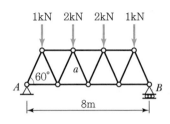

① 0

② 2kN

③ $2\sqrt{2}$ kN

④ $\sqrt{3}$ kN

15 그림과 같은 트러스의 D부재의 부재력은?

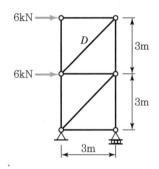

① 3kN

② $3\sqrt{2}$ kN

③ 6kN

④ $6\sqrt{2}$ kN

16 그림과 같은 트러스에서 C부재의 부재력은?(단, 보기의 +는 인장, −는 압축)

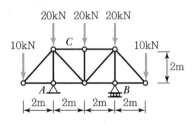

① 0

② +20kN

③ −40kN

④ +80kN

17 그림과 같은 트러스에서 T부재의 부재력을 구하면?

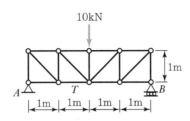

① 10kN(인장)
② −10kN(압축)
③ 5kN(인장)
④ −5kN(압축)

18 그림과 같은 트러스에서 L부재의 부재력은?

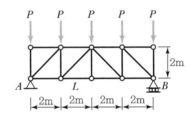

① 0
② P
③ $2P$
④ $3P$

19 그림과 같이 연직하중을 받는 트러스에서 T부재의 부재력으로 옳은 것은?

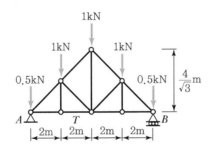

① $1.5\sqrt{3}$ kN
② $-1.5\sqrt{3}$ kN
③ 3kN
④ −3kN

20 그림과 같은 트러스의 U_1, V_2, L_2의 부재력은 각각 몇 kN인가?(단, −는 압축력, +는 인장력)

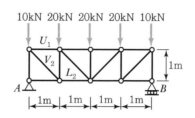

① $U_1 = -30\text{kN}$, $L_2 = +30\text{kN}$, $V_2 = -30\text{kN}$

② $U_1 = +30\text{kN}$, $L_2 = -30\text{kN}$, $V_2 = -30\text{kN}$

③ $U_1 = +30\text{kN}$, $L_2 = -30\text{kN}$, $V_2 = +30\text{kN}$

④ $U_1 = -30\text{kN}$, $L_2 = -30\text{kN}$, $V_2 = +30\text{kN}$

21 그림과 같은 트러스에서 압축재의 수는 몇 개인가?

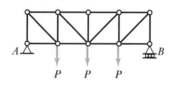

① 8개 ② 9개

③ 7개 ④ 10개

22 그림의 트러스에 관한 설명 중 옳지 않은 것은?

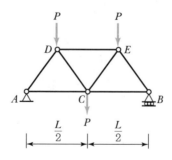

① AD 재는 압축재이다. ② AC 재는 인장재이다.

③ DE 재는 인장재이다. ④ CD 재는 인장재이다.

6장 풀이 및 해설

01 와렌(warren)은 독일어로 산을 뜻하며, 주로 수직재가 없는 트러스로 사재의 방향이 오른쪽, 왼쪽으로 변한다.
② 수직재 보강 와렌트러스

02 트러스의 각 부재를 연결하는 절점은 활절점(hinge, pin)으로 간주한다.

03 $\sum H = 0 : -H_A + 50 = 0$

$\therefore H_A = 50\text{kN}(\leftarrow)$

$\sum M_B = 0 : R_A \times 4 + 50 \times 3 - 100 \times 2 = 0$

$\therefore R_A = \dfrac{200-150}{4} = 12.5\text{kN}(\uparrow)$

반력의 조합 : $R'_A = \sqrt{R_A{}^2 + H_A{}^2} = \sqrt{(12.5)^2 + (50)^2} \fallingdotseq 51.54\text{kN}$

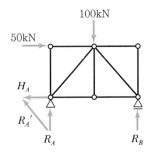

04 절점 C에서 $\sum H = 0 : N_{CE} = 0$

$\sum V = 0 : -P - N_{CD} = 0$

$\therefore N_{CD} = -P(압축)$

05 하중 작용 절점에서

$\sum V = 0 : -30 + N_{V1} = 0$

$\therefore N_{V1} = 30\text{kN}(인장)$

06 하중 작용 절점을 중심으로

$$\sum V = 0 : -10 \cdot \sin 30° - N_V = 0$$

$$\therefore N_V = -5\text{kN (압축)}$$

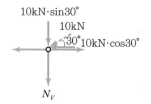

07 하중 작용 절점을 중심으로

$$\sum V = 0 : -N_C \cdot \cos 60° - 20 = 0$$

$$\therefore N_C = -20 \times 2 = -40\text{kN (압축)}$$

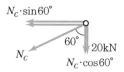

08 절점 A를 중심으로

$$\sum V = 0 : 80 + N_{AC} \cdot \sin\theta = 0$$

$$\therefore N_{AC} = -80 \times \frac{5}{4} = -100\text{kN (압축)}$$

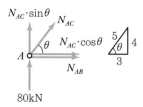

09 절점 A를 중심으로

$$\sum V = 0 : N_{AB} \cdot \sin 30° - 20 = 0$$

$$\therefore N_{AB} = 40\text{kN (인장)}$$

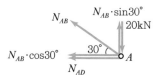

10 절점 B를 중심으로

$$\sum V = 0 : 2P - P + N_S \cdot \sin\theta = 0$$

$$\therefore N_S = -\frac{3}{2}P \cdot \text{cosec}\theta \text{ (압축)}$$

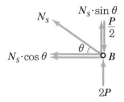

11

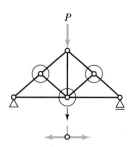

12

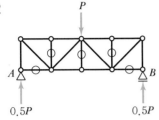

13 하중과 경간이 좌우 대칭이므로

$$R_A = 4P(\uparrow)$$

V_3 부재를 중심으로 그림과 같이 절단하여

$$\sum V = 0 : R_A - P - 2P + N_{V3} = 0$$

$$\therefore N_{V3} = 3P - 4P = -P(압축)$$

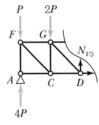

14 하중과 경간이 좌우 대칭이므로

$$R_A = 3\text{kN}$$

a부재를 중심으로 그림과 같이 절단하여

$$\sum V = 0 : 3 - 1 - 2 - N_a \cdot \sin 60° = 0$$

$$\therefore N_a = 0$$

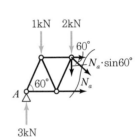

15 D부재를 중심으로 그림과 같이 절단하여
위쪽을 고려하면

$$\sum V = 0 : 6 - N_D \cdot \cos 45° = 0$$

$$\therefore N_D = 6\sqrt{2}\,\text{kN (인장)}$$

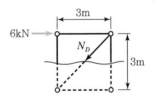

16 하중과 경간이 좌우 대칭이므로

$$R_A = 40\text{kN}(\uparrow)$$

절점 D를 중심으로 휨모멘트를 계산하면

$$\sum M_D = -10 \times 4 - 20 \times 2 + 40 \times 2 + N_C \times 2 = 0$$

$$\therefore N_C = 0(부재력이 발생하지 않는다.)$$

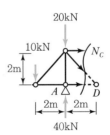

17 하중과 경간이 좌우 대칭이므로

$$R_A = 5\text{kN}$$

T부재를 지나도록 그림과 같이 절단하여 절점 D를 중심으로 휨모멘트를 계산하면

$$\sum M_D = 0 : 5 \times 1 - N_T \times 1 = 0$$

$$\therefore N_T = 5\text{kN (인장)}$$

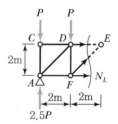

18 하중과 경간이 좌우 대칭이므로

$$R_A = 2.5\text{kN}(\uparrow)$$

L부재를 지나도록 그림과 같이 절단하여 절점 E를 중심으로 휨모멘트를 계산하면

$$\sum M_E = 0 :$$

$$2.5P \times 4 - P \times 4 - P \times 2 - N_L \times 2 = 0$$

$$\therefore N_L = 2P\text{(인장)}$$

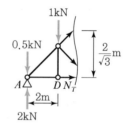

19 하중과 경간이 좌우 대칭이므로

$$R_A = 2\text{kN}(\uparrow)$$

절점 C를 중심으로 휨모멘트를 계산하면

$$\sum M_C = 2 \times 2 - 0.5 \times 2 - N_T \times \frac{2}{\sqrt{3}} = 0$$

$$\therefore N_T = 1.5\sqrt{3}\,\text{kN (인장)}$$

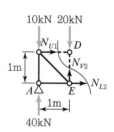

20 하중과 경간이 좌우 대칭이므로

$$R_A = 40\text{kN}(\uparrow)$$

① 절점 E를 중심으로 휨모멘트를 계산하면

$$\sum M_E = 40 \times 1 - 10 \times 1 + N_{U1} \times 1 = 0$$

$$\therefore N_{U1} = -30\text{kN (압축)}$$

② 절점 D를 중심으로 휨모멘트를 계산하면

$$\sum M_D = 40 \times 1 - 10 \times 1 - N_{L2} \times 1 = 0$$

$$\therefore N_{L2} = 30\text{kN (인장)}$$

③ 절단한 좌측의 하중 평형조건에 의하여

$$\sum V = 0 : 40 - 10 + N_{V2} = 0$$

$$\therefore N_{V2} = -30\text{kN (압축)}$$

21 프랫 트러스(pratt truss)의 경우
상현재와 수직재는 주로 압축력을 받는다.
단, 중앙부의 수직재와 지점 A, B에 연결된
하현재에는 부재력이 생기지 않으므로
압축재의 수는 $9 - 1 = 8$개

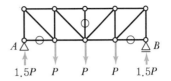

22 ① 절점 A를 중심으로 수직하중의 합은 0이므로

$$\sum V_A = 0 : 1.5P + N_{AD} \cdot \sin\theta = 0$$

$$N_{AD} = -1.5P \cdot \mathrm{cosec}\,\theta\,(\text{압축})$$

② 절점 D를 중심으로 휨모멘트를 계산하면

$$\sum M_D = 0 : 1.5P \times \frac{L}{4} - N_{AC} \times \frac{L}{2} = 0$$

$$\therefore N_{AC} = 0.75P\,(\text{인장})$$

③ 절점 C를 중심으로 휨모멘트를 계산하면

$$\sum M_C = 0 : 1.5P \times \frac{L}{2} - P \times \frac{L}{4} + N_{DE} \times \frac{L}{2} = 0$$

$$\therefore N_{DE} = -P\,(\text{압축})$$

④ 절점 D를 중심으로 수직하중의 합이 0이므로

$$\sum V_D = 0 : 1.5P - P - N_{DC} \cdot \sin\theta = 0$$

$$\therefore N_{DC} = 0.5P \cdot \mathrm{cosec}\,\theta\,(\text{인장})$$

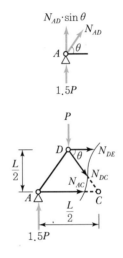

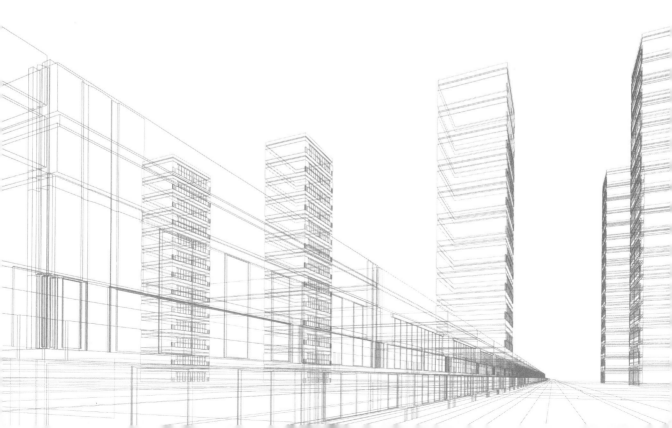

7.1 단면1차모멘트와 도심

단면1차모멘트(statical moment)

단면을 세분한 미소면적 dA에서 축까지의 거리(x 또는 y)를 곱한 것을 전단면에 걸쳐 합한 값

도심(centroid)

단면의 면적중심으로, 단면1차모멘트가 영(0)이 되는 직교좌표축(x축, y축)의 교점

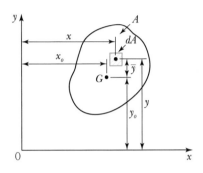

▌그림 7.1 **단면1차모멘트** ▌

▼ **단면1차모멘트**

$$S_x = \int_A y\,dA = Ay_0 \qquad \cdots\cdots\cdots\cdots (7.1a)$$

$$S_y = \int_A x\,dA = Ax_0 \qquad \cdots\cdots\cdots\cdots (7.1b)$$

여기서, S_x, S_y : x축, y축에 대한 단면1차모멘트(mm^3, cm^3 등)

x_0 : y축에서 도심까지의 거리

y_0 : x축에서 도심까지의 거리

(x_0, y_0) : 도심 G의 위치

A : 전체 단면적

그림 7.1과 같이 x축에 대한 단면1차모멘트는

$$S_x = \int_A y\,dA = \int_A \left(y_0 + \bar{y}\right)dA$$

$$= y_0\int_A dA + \int_A \bar{y}\,dA = y_0 A \left(\because \int_A dA = A, \ \int_A \bar{y}\,dA = 0\right)$$

같은 방법으로 $S_y = x_0 A$

▼ 도심(G)의 위치

$$G(x_0, y_0) : x_0 = \frac{S_y}{A}, \ y_0 = \frac{S_x}{A}$$

.... (7.2)

(1) 집합도형의 단면1차모멘트와 도심

$$S_x = A_1 y_1 + A_2 y_2$$ .... (7.3a)

$$S_y = A_1 x_1 + A_2 x_2$$ .... (7.3b)

$$x_0 = \frac{S_y}{A} = \frac{A_1 x_1 + A_2 x_2}{A_1 + A_2}$$ .... (7.4a)

$$y_0 = \frac{S_x}{A} = \frac{A_1 y_1 + A_2 y_2}{A_1 + A_2}$$ .... (7.4b)

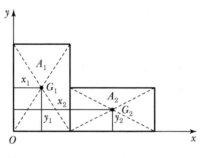

┃ 그림 7.2 **집합도형** ┃

(2) 중공단면 도형의 단면1차모멘트와 도심

$$S_x = A_1 y_1 - A_2 y_2 = (A_1 - A_2) y_0 \ (\because \ y_1 = y_2)$$ .... (7.5a)

$$S_y = A_1 x_1 - A_2 x_2 = (A_1 - A_2) x_0 \ (\because \ x_1 = x_2)$$ .... (7.5b)

$$x_0 = \frac{S_y}{A} = \frac{A_1 x_1 - A_2 x_2}{A_1 - A_2} = \frac{(A_1 - A_2) x_0}{A_1 - A_2}$$ .... (7.6a)

$$y_0 = \frac{S_x}{A} = \frac{A_1 y_1 - A_2 y_2}{A_1 - A_2} = \frac{(A_1 - A_2) y_0}{A_1 - A_2}$$ .... (7.6b)

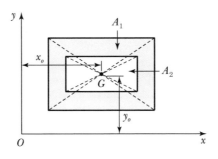

∥ 그림 7.3 중공단면도형 ∥

예제 7-1 　그림과 같은 직사각형 단면의 x축에 대한 단면1차모멘트를 구하시오.

풀이 　$dA = bdy$이므로

$$S_x = \int_A ydA = \int_0^h ybdy$$

$$= b\left[\frac{1}{2}y^2\right]_0^h = \frac{bh^2}{2}$$

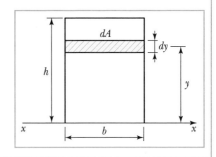

예제 7-2 　그림과 같은 삼각형 단면의 x축에 대한 단면1차모멘트를 구하시오.

풀이 　$x : b = h - y : h$에서

$$x = \frac{b}{h}(h - y), \ dA = xdy$$이므로

$$S_x = \int_A ydA = \int_0^h yxdy$$

$$= \int_0^h y\frac{b}{h}(h - y)dy = \frac{b}{h}\int_0^h (hy - y^2)dy$$

$$= \frac{b}{h}\left[\frac{hy^2}{2} - \frac{y^3}{3}\right]_0^h = \frac{bh^2}{6}$$

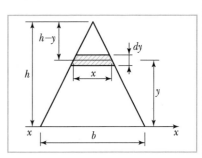

예제 7-3 그림과 같은 단면에서 x축과 y축에 대한 각각의 단면1차모멘트 값을 구하시오.

풀이 그림(a)와 같이 단면을 A_1, A_2로 나누어 풀이하면

$$S_x = A_1 y_1 + A_2 y_2$$
$$= (10 \times 20) \times 10 + (20 \times 10) \times 5 = 3,000\,\text{cm}^3$$

$$S_y = A_1 x_1 + A_2 x_2$$
$$= (10 \times 20) \times 5 + (20 \times 10) \times 20 = 5,000\,\text{cm}^3$$

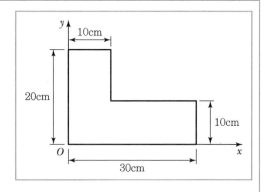

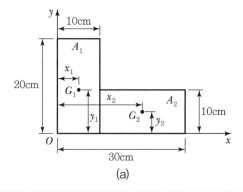

(a)

예제 7-4 예제 7-3의 그림과 같은 단면의 도심 $G(x_0, y_0)$를 구하시오.

풀이 단면 A_1에서

$$A_1 = 10 \times 20 = 200\,\text{cm}^2,\ x_1 = 5\,\text{cm},\ y_1 = 10\,\text{cm}$$

단면 A_2에서

$$A_2 = 20 \times 10 = 200\,\text{cm}^2,\ x_2 = 10 + 10 = 20\,\text{cm},\ y_2 = 5\,\text{cm}$$

도심 G의 위치 x_0, y_0는

$$x_0 = \frac{A_1 x_1 + A_2 x_2}{A_1 + A_2} = \frac{200 \times 5 + 200 \times 20}{200 + 200} = \frac{5,000}{400} = 12.5\,\text{cm}$$

$$y_0 = \frac{A_1 y_1 + A_2 y_2}{A_1 + A_2} = \frac{200 \times 10 + 200 \times 5}{200 + 200} = \frac{3,000}{400} = 7.5\,\text{cm}$$

$$\therefore\ x_0 = 12.5\,\text{cm},\ y_0 = 7.5\,\text{cm}$$

예제 7-5 그림과 같은 사다리꼴 도형의 밑면에서 도심 G까지의 수직거리 y_0를 구하시오.

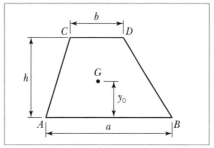

풀이 그림(a)와 같이 삼각형 ACD와 ABD로 나누어 풀이하면

① 삼각형 ACD에서

$$A_1 = \frac{bh}{2}, \ y_1 = \frac{2h}{3}$$

② 삼각형 ABD에서

$$A_2 = \frac{ah}{2}, \ y_2 = \frac{h}{3}$$

③ 사다리꼴 ABDC의 밑면 AB로부터 도심 G까지의 수직거리 y_0는

$$y_0 = \frac{A_1 y_1 + A_2 y_2}{A_1 + A_2}$$

$$= \frac{\dfrac{bh}{2} \times \dfrac{2h}{3} + \dfrac{ah}{2} \times \dfrac{h}{3}}{\dfrac{bh}{2} + \dfrac{ah}{2}} = \frac{h}{3}\left(\frac{a+2b}{a+b}\right)$$

$$\therefore \ y_0 = \frac{h}{3}\left(\frac{a+2b}{a+b}\right)$$

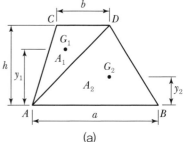

(a)

예제 7-6 그림과 같은 L형 단면의 도심 $G(x_0, y_0)$를 구하시오.

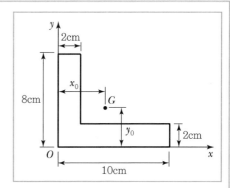

풀이 그림(a)와 같이 단면 A_1과 A_2로 나누어 풀이하면

① 단면 A_1에서

$$A_1 = 2 \times 8 = 16 \mathrm{cm}^2, \ x_1 = 1 \mathrm{cm}, \ y_1 = 4 \mathrm{cm}$$

② 단면 A_2에서

$$A_2 = 8 \times 2 = 16 \mathrm{cm}^2,$$

$$x_2 = 2 + \frac{8}{2} = 6 \mathrm{cm}, \ y_2 = 1 \mathrm{cm}$$

③ 도심 G의 위치 x_0, y_0는

$$x_0 = \frac{A_1 x_1 + A_2 x_2}{A_1 + A_2} = \frac{16 \times 1 + 16 \times 6}{16 + 16}$$

$$= \frac{112}{32} = 3.5 \mathrm{cm}$$

$$y_0 = \frac{A_1 y_1 + A_2 y_2}{A_1 + A_2} = \frac{16 \times 4 + 16 \times 1}{16 + 16}$$

$$= \frac{80}{32} = 2.5 \mathrm{cm}$$

$$\therefore \ x_0 = 3.5 \mathrm{cm}, \ y_0 = 2.5 \mathrm{cm}$$

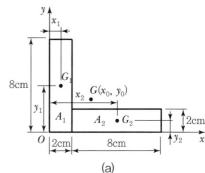

(a)

7.2   단면2차모멘트

단면2차모멘트(moment of inertia)

단면 각 부분의 미소면적 dA에 기준축까지의 거리 x 또는 y의 제곱을 곱하여 전단면에 걸쳐 적분한(합한) 값

휨저항 성능의 기본

단면계수 : $Z = \dfrac{I}{y}$

단면2차반경 : $i = \sqrt{\dfrac{I}{A}}$

강도(剛度) : $K = \dfrac{I}{l}$

휨강성 : EI

휨응력도 : $\sigma_b = \dfrac{M}{l} y$

좌굴하중 : $P_k = \dfrac{\pi^2 EI}{l_k^2}$

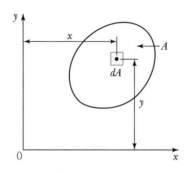

∥ 그림 7.4 단면2차모멘트 ∥

▼ 단면2차모멘트

$$I_x = \int_A y^2 dA$$ .... (7.7a)

$$I_y = \int_A x^2 dA$$ .... (7.7b)

여기서, I_x, I_y : x축, y축에 대한 단면2차모멘트(mm^4, cm^4 등)

(1) 좌표축의 평행이동

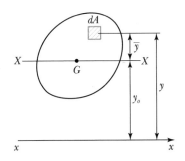

┃그림 7.5 **좌표축의 평행이동** ┃

그림 7.5와 같이 도심을 지나지 않는 x축에 대한 단면2차모멘트는

$$I_x = \int_A y^2 dA$$

$$= \int_A \left(\overline{y} + y_0\right)^2 dA$$

$$= \int_A \overline{y}^2 dA + 2y_0 \int_A \overline{y} dA + y_0{}^2 \int_A dA$$

$$= I_X + 2y_0 S_X + y_0{}^2 A$$

$$= I_0 + y_0{}^2 A \left(\because I_X = I_0, \ S_X = 0\right)$$

① 단면2차모멘트 평행축의 정리

임의의 축에 대한 단면2차모멘트는 이에 평행한 도심축에 대한 단면2차모멘트 값에 두 축 사이의 거리의 제곱에 단면적을 곱한 값을 더한 값과 같다.

$$I_x = I_0 + y_0{}^2 A$$ ·························· (7.8a)

$$I_0 = I_x - y_0{}^2 A$$ ·························· (7.8b)

단면2차모멘트가 최소인 축 → 도심축 → 단면의 휨감성(EI), 단면계수(Z)가 최소가 됨

(2) 대칭단면

① 정사각형, 원형, 정다각형 등 대칭인 단면의 도심축에 대한 단면2차모멘트 값은 항상 일정하다.

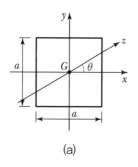

(a)

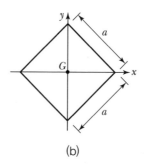

(b)

┃ 그림 7.6 **대칭단면** ┃

$$I_x = I_y = I_z = \frac{a^4}{12} \qquad \cdots\cdots\cdots\cdots\cdots\cdots (7.9)$$

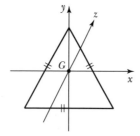

$$I_x = I_y = I_z$$

┃ 그림 7.7 **대칭단면** ┃

② x축에 대한 상·하 대칭단면인 경우

x축에 대한 단면2차모멘트＝바깥 단면의 단면2차모멘트－안쪽 단면의 단면2차모멘트

$$I_x = \frac{BH^3}{12} - \frac{bh^3}{12} \qquad \cdots\cdots\cdots\cdots\cdots\cdots (7.10)$$

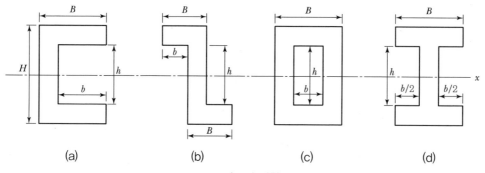

(a)   (b)   (c)   (d)

┃ 그림 7.8 **상·하 대칭단면** ┃

예제 7-7 그림과 같은 직사각형 단면의 도심축과 밑변에 대한 단면2차모멘트를 구하시오.

풀이 ① 도심축에 대한 단면2차모멘트 I_0

그림(a)에서 미소면적 $dA = bdy$이므로

$$I_0 = \int_A y^2 dA = \int_{-\frac{h}{2}}^{\frac{h}{2}} y^2 (bdy)$$

$$= 2b \int_0^{\frac{h}{2}} y^2 dy = 2b \left[\frac{y^3}{3} \right]_0^{\frac{h}{2}} = \frac{bh^3}{12}$$

② 밑변 x축에 대한 단면2차모멘트 I_x

$$I_x = \int_0^h y^2 dA = \int_0^h y^2 (bdy)$$

$$= b \int_0^h y^2 dy = \frac{b}{3} \left[y^3 \right]_0^h = \frac{bh^3}{3}$$

또는, 평행축의 정리를 이용하여

$A = bh$, $y_0 = \dfrac{h}{2}$이므로

$$I_x = I_0 + y_0^2 A = \frac{bh^3}{12} + \left(\frac{h}{2} \right)^2 \times (bh) = \frac{bh^3}{12} + \frac{bh^3}{4} = \frac{bh^3}{3}$$

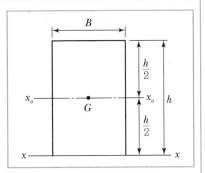

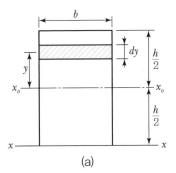

(a)

예제 7-8 그림과 같은 삼각형 단면의 밑변과 도심축에 대한 단면2차모멘트를 구하시오.

풀이 ① 밑변 x축에 대한 단면2차모멘트 I_x

삼각형의 닮은비에서

$$b : h = x : h - y$$

$$\therefore x = \frac{b}{h}(h - y)$$

그림 (a)에서 $dA = xdy = \dfrac{b}{h}(h - y)dy$이므로

$$I_x = \int_A y^2 dA = \int_0^h y^2 \frac{b}{h}(h - y)dy$$

$$= \frac{b}{h} \int_0^h (hy^2 - y^3)dy$$

$$= \frac{b}{h} \left[\frac{hy^3}{3} - \frac{y^4}{4} \right]_0^h = \frac{bh^3}{12}$$

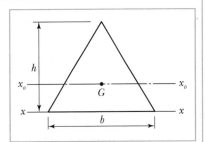

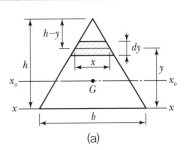

(a)

예제 7-9 그림과 같은 반지름 r인 원형 단면의 도심축에 대한 단면2차모멘트를 구하시오.

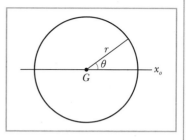

풀이 그림(a)에서

$x = r\cos\theta$, $y = r\sin\theta$

$b = 2x = 2r\cos\theta$

$dy = r\cos\theta\, d\theta$이므로

$\therefore dA = bdy = 2r\cos\theta \cdot r\cos\theta\, d\theta$
$\qquad = 2r^2\cos^2\theta\, d\theta$

도심 G를 지나는 x_0축에 대한 단면2차모멘트 I_{x_0}

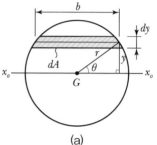

$$I_{x_0} = \int_A y^2 dA = \int_{-\frac{\pi}{2}}^{\frac{\pi}{2}} y^2 dA = 2\int_0^{\frac{\pi}{2}} y^2 dA$$

(a)

$$= 2\int_0^{\frac{\pi}{2}} (r\sin\theta)^2 (2r^2\cos^2\theta\, d\theta)$$

$$= r^4 \int_0^{\frac{\pi}{2}} 4\sin^2\theta\cos^2\theta\, d\theta = r^4\int_0^{\frac{\pi}{2}} (2\sin\theta\cos\theta)^2 d\theta$$

$$= r^4\int_0^{\frac{\pi}{2}} \sin^2 2\theta\, d\theta = r^4\int_0^{\frac{\pi}{2}} \frac{1}{2}(1-\cos 4\theta)d\theta$$

$$= \frac{r^4}{2}\left[\theta - \frac{\sin 4\theta}{4}\right]_0^{\frac{\pi}{2}} = \frac{r^4}{2}\cdot\frac{\pi}{2} = \frac{\pi r^4}{4}$$

지름을 D라고 하면 $r = \dfrac{D}{2}$이므로

$$\therefore I_{x_0} = \frac{\pi r^4}{4} = \frac{\pi}{4}\left(\frac{D}{2}\right)^4 = \frac{\pi D^4}{64}$$

예제 7-10 그림과 같은 단면의 도심을 지나는 x축, y축에 대한 단면2차모멘트를 구하시오.

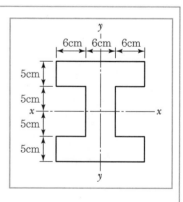

풀이 ① x축에 대한 단면2차모멘트 I_x

$$I_x = \frac{18\times 20^3}{12} - \frac{6\times 10^3}{12}\times 2 = 11,000\,\text{cm}^4$$

② y축에 대한 단면2차모멘트 I_y

$$I_y = 2\times\frac{5\times 18^3}{12} + \frac{10\times 6^3}{12} = 5,040\,\text{cm}^4$$

$$\therefore I_x = 11,000\,\text{cm}^4,\ I_y = 5,040\,\text{cm}^4$$

$$\boxed{I_x > I_y \rightarrow x\text{축 : 강축},\ y\text{축 : 약축}}$$

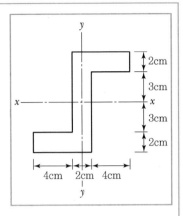

예제 7-11 그림과 같은 단면의 도심을 지나는 x축, y축에 대한 단면2차모멘트를 구하시오.

풀이 ① x축에 대한 단면2차모멘트 I_x

그림(a)와 같이 단면 ③을 x축에 대하여 평행이동시키면 x축에 대하여 상·하 대칭단면이 되므로 식 7.10에 의하여

$$I_x = \frac{BH^3}{12} - \frac{bh^3}{12}$$

$$= \frac{6 \times 10^3}{12} - \frac{4 \times 6^3}{12}$$

$$= 500 - 72 = 428\,\mathrm{cm}^4$$

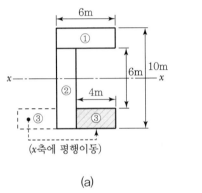

(a)

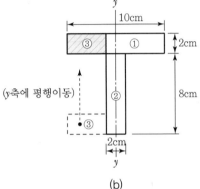

(b)

② y축에 대한 단면2차모멘트 I_y

그림(b)와 같이 단면 ③을 y축에 대하여 평행이동시키면 y축에 대하여 좌·우 대칭단면이 되므로

$I_y =$ ①, ③ 부분의 $I_y +$ ② 부분의 I_y

$$= \frac{2 \times 10^3}{12} + \frac{8 \times 2^3}{12}$$

$$= \frac{1}{6}(1,000 + 32) = 172\,\mathrm{cm}^4$$

$$\therefore\ I_x = 428\,\mathrm{cm}^{4,}\ I_y = 172\,\mathrm{cm}^4$$

7.3   단면계수와 단면2차반경

(1) 단면계수(section modulus)

단면의 도심축에 대한 단면2차모멘트를 그 도심축으로부터 가장 먼 연단거리로 나눈 값

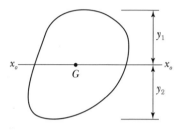

▮ 그림 7.9 **단면계수** ▮

▼ **단면계수**

$$Z_1 = \frac{I_{x_0}}{y_1}, \ Z_2 = \frac{I_{x_0}}{y_2}$$

.............................(7.11)

여기서, I_{x_0} : 도심축(x_0축)에 대한 단면2차모멘트

Z_1 : 단면의 상단에 대한 단면계수(mm^3, cm^3 등)

Z_2 : 단면의 하단에 대한 단면계수(mm^3, cm^3 등)

y_1 : 도심축으로부터 단면의 최상단까지의 거리

y_2 : 도심축으로부터 단면의 최하단까지의 거리

---

* 단면계수는 보와 같이 휨모멘트를 받는 휨재의 단면설계에 쓰이는 휨저항계수로서 단면계수가 클수록 부재의 휨에 대한 저항력이 커진다.

▼ 기본도형의 단면2차모멘트와 단면계수

기본도형	단면2차모멘트	도심축에서 연단부 까지의 거리	단면계수	단면 형상
직사각형	$I_{x_0} = \dfrac{bh^3}{12}$	(상단) $y_1 = \dfrac{h}{2}$ (하단) $y_2 = \dfrac{h}{2}$	(상단) $Z_1 = \dfrac{bh^2}{6}$ (하단) $Z_2 = \dfrac{bh^2}{6}$	
삼각형	$I_{x_0} = \dfrac{bh^3}{36}$	(상단) $y_1 = \dfrac{2h}{3}$ (하단) $y_2 = \dfrac{h}{3}$	(상단) $Z_1 = \dfrac{bh^2}{24}$ (하단) $Z_2 = \dfrac{bh^2}{12}$	
원형	$I_{x_0} = \dfrac{\pi D^4}{64}$	(상단) $y_1 = \dfrac{D}{2}$ (하단) $y_2 = \dfrac{D}{2}$	(상단) $Z_1 = \dfrac{\pi d^3}{32}$ (하단) $Z_2 = \dfrac{\pi d^3}{32}$	

(2) 단면2차반경(radius of gyration)

주로 기둥과 같이 압축력을 받는 부재의 단면설계에 쓰이는 좌굴저항계수로서 도심축에 대한 단면2차모멘트를 그 단면적으로 나눈 값의 제곱근이며, 그 값이 클수록 좌굴에 대한 저항력이 커진다.

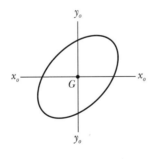

‖ 그림 7.10 ‖

▼ 단면2차반경

$$i_{x_0} = \sqrt{\frac{I_{x_0}}{A}} \ , \ i_{y_0} = \sqrt{\frac{I_{y_0}}{A}}$$

························· (7.12)

여기서, i_{x_0} : 도심축 x_0에 대한 단면2차반경(mm, cm 등)

i_{y_0} : 도심축 y_0에 대한 단면2차반경(mm, cm 등)

I_{x_0} : 도심축 x_0에 대한 단면2차모멘트

I_{y_0} : 도심축 y_0에 대한 단면2차모멘트

A : 단면적

① 직사각형

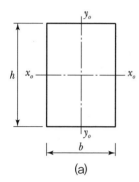

(a)

$$x_0축(강축) : i_{x_0} = \sqrt{\frac{I_{x_0}}{A}} = \sqrt{\frac{bh^3/12}{bh}} = \frac{h}{2\sqrt{3}}$$

$$y_0축(약축) : i_{y_0} = \sqrt{\frac{I_{y_0}}{A}} = \sqrt{\frac{hb^3/12}{bh}} = \frac{b}{2\sqrt{3}}$$

② 삼각형

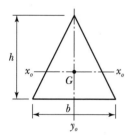

$$도심축 \ x_0 : i_{x_0} = \sqrt{\frac{I_{x_0}}{A}} = \sqrt{\frac{bh^3/36}{bh/2}} = \sqrt{\frac{h^2}{18}} = \frac{h}{3\sqrt{2}}$$

③ 원형

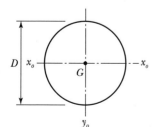

$$도심축 : i = \sqrt{\frac{I_{x_0}}{A}} = \sqrt{\frac{\pi D^4/64}{\pi D^2/4}} = \sqrt{\frac{D^2}{16}} = \frac{D}{4}$$

예제 7-12 그림과 같은 직사각형 단면의 x축, y축에 대한 단면계수 및 단면2차반경을 구하시오.

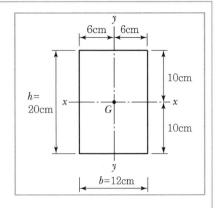

풀이 ① 단면2차모멘트 구하면

$$I_x = \frac{bh^3}{12} = \frac{12 \times 20^3}{12} = 8,000\,\text{cm}^4$$

$$I_y = \frac{hb^3}{12} = \frac{20 \times 12^3}{12} = 2,880\,\text{cm}^4$$

② 단면계수

$$Z_x = \frac{I_x}{y} = \frac{8,000}{10} = 800\,\text{cm}^3$$

$$Z_y = \frac{I_y}{x} = \frac{2,880}{6} = 480\,\text{cm}^3$$

한편, 직사각형 단면의 단면계수는 $\dfrac{bh^2}{6}$ 이므로

$$Z_x = \frac{bh^2}{6} = \frac{12 \times 20^2}{6} = 800\,\text{cm}^3$$

$$Z_y = \frac{hb^2}{6} = \frac{20 \times 12^2}{6} = 480\,\text{cm}^3$$

③ 단면2차반경

$$i_x = \sqrt{\frac{I_x}{A}} = \sqrt{\frac{8,000}{12 \times 20}} = \frac{10}{3}\sqrt{3} = 5.77\,\text{cm}$$

$$i_y = \sqrt{\frac{I_y}{A}} = \sqrt{\frac{2,880}{12 \times 20}} = 2\sqrt{3} = 3.46\,\text{cm}$$

한편, 직사각형 단면의 단면2차반경은 $\dfrac{h}{2\sqrt{3}}$ 이므로

$$i_x = \frac{h}{2\sqrt{3}} = \frac{20}{2\sqrt{3}} = \frac{10}{3}\sqrt{3} = 5.77\,\text{cm}$$

$$i_y = \frac{b}{2\sqrt{3}} = \frac{12}{2\sqrt{3}} = 2\sqrt{3} = 3.46\,\text{cm}$$

∴ 단면계수 : $Z_x = 800\,\text{cm}^3$, $Z_y = 480\,\text{cm}^3$

단면2차반경 : $i_x = 5.77\,\text{cm}$, $i_y = 3.46\,\text{cm}$

예제 7-13 그림과 같은 단면에서 도심을 지나는 x축에 대한 단면계수와 단면2차반경을 구하시오.

풀이 ① x축에 대한 단면2차모멘트

$$I_x = \frac{BH^3}{12} - \frac{bh^3}{12} \times 2$$

$$= \frac{12 \times 10^3}{12} - \frac{5 \times 6^3}{12} \times 2$$

$$= 1,000 - 180 = 820 \, \text{cm}^4$$

② 단면계수

$$Z_x = \frac{I_x}{y} = \frac{820}{5} = 164 \, \text{cm}^3$$

③ 단면2차반경

$$i_x = \sqrt{\frac{I_x}{A}} = \sqrt{\frac{820}{60}} = 2\sqrt{3} \fallingdotseq 3.46 \, \text{cm}$$

∴ 단면계수 : $Z_x = 164 \, \text{cm}^2$, 단면2차반경 : $i_x \fallingdotseq 3.46 \, \text{cm}$

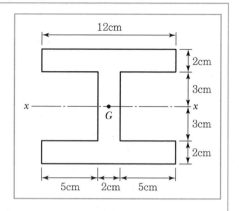

7.4 단면극2차모멘트

(1) 단면극2차모멘트(polar moment of inertia)

① 단면 각 부분의 미소면적 dA에 좌표 원점에서 dA까지의 거리 r의 제곱을 곱하여 전 단면에 걸쳐 적분한(합한) 값

② 극관성모멘트라고도 하며, 비틀림과 관련된 부재의 전단응력도 산정, 고력볼트 및 용접 접합부 설계 등에 사용된다.

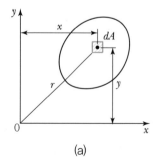
(a)

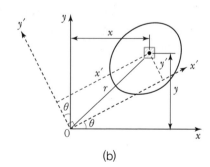
(b)

┃ 그림 7.11 **단면극2차모멘트** ┃

▼ 단면극2차모멘트

$$I_P = \int_A r^2 dA$$

.... (7.13)

• 단면2차모멘트와의 관계

$$I_P = I_x + I_y$$

.... (7.14)

• 좌표의 회전

$$I_P = I_x + I_y = I_x{}' + I_y{}'$$

.... (7.15)

여기서, I_P : 단면극2차모멘트(mm^4, cm^4 등)

I_x, I_y : x축, y축에 대한 단면2차모멘트

$I_x{}'$, $I_y{}'$: x축, y축에서 θ만큼 회전한 축에 대한 단면2차모멘트

$$I_P = \int_A r^2 dA = \int_A (x^2 + y^2) dA \ (\because \ r^2 = x^2 + y^2)$$

$$= \int_A x^2 dA + \int_A y^2 dA = I_x + I_y$$

> 단면극2차모멘트 → 직교축에 대한 단면2차모멘트의 합

예제 7-14 그림과 같은 원형 단면의 도심에 대한 단면극2차모멘트를 구하시오.

풀이 그림(a)에서

미소면적 $dA = 2\pi r dr$이므로

$$I_P = \int_A r^2 dA$$

$$= \int_A r^2 (2\pi r dr) = 2\pi \int_0^{\frac{D}{2}} r^3 dr$$

$$= 2\pi \left[\frac{r^4}{4}\right]_0^{\frac{D}{2}} = \frac{\pi}{2} \left[r^4\right]_0^{\frac{D}{2}} = \frac{\pi}{2} \times \frac{D^4}{16} = \frac{\pi D^4}{32}$$

한편, 식 7.14로부터

$$I_P = I_x + I_y = \frac{\pi D^4}{64} + \frac{\pi D^4}{64} = \frac{\pi D^4}{32}$$

$$\therefore \ I_P = \frac{\pi D^4}{32}$$

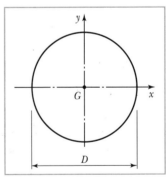

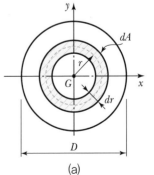

(a)

7.5 단면상승모멘트

(1) 단면상승모멘트(product of inertia)

① 단면 각 부분의 미소면적 dA에 직교축까지의 거리 x, y를 곱하여 전 단면에 걸쳐 적분한(합한) 값
② 기둥 등 압축재의 설계를 위한 단면의 주축 및 주단면2차모멘트 계산에 사용된다.

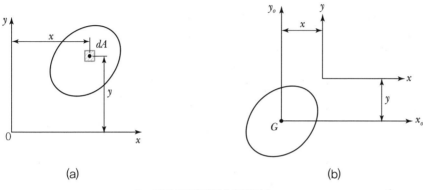

(a)   (b)

┃ 그림 7.12 **단면상승모멘트** ┃

▼ **단면상승모멘트**

$$I_{xy} = \int xy\,dA \qquad\qquad\qquad \cdots\cdots\cdots (7.16)$$

• 직교축의 이동

$$I_{xy} = I_{x_0 y_0} + Axy \qquad\qquad \cdots\cdots\cdots (7.17)$$

여기서, I_{xy} : x, y축에 대한 단면상승모멘트(mm^4, cm^4 등)

  x : 도심축 y_0에서 평행이동한 y축까지의 거리(그림 (b))

  y : 도심축 x_0에서 평행이동한 x축까지의 거리(그림 (b))

  x_0, y_0 : 도형의 도심축

- 단면이 대칭도형이고 x_0축, y_0축의 어느 한쪽이 대칭축일 때
    $I_{x_0 y_0} = 0$ (그림 7.13) $\cdots\cdots\cdots\cdots\cdots\cdots\cdots\cdots$ (7.18)

    $I_{xy} = Axy$

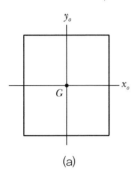
(a)

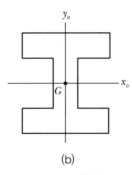
(b)

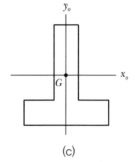
(c)

┃ 그림 7.13 대칭단면 ┃

예제 7-15 그림과 같은 단면의 도심 G를 지나는 직교축에 대한 단면상승모멘트를 구하시오.

풀이 ① 그림(a)와 같이 단면을 대칭도형인 A_1, A_2, A_3로 나누어 식 7.18을 적용하면

$A_1 = 4\text{cm} \times 2\text{cm} = 8\text{cm}^2$

$\quad x_1 = 3\text{cm}, \; y_1 = 4\text{cm}$

$A_2 = 2\text{cm} \times 6\text{cm} = 12\text{cm}^2$

$\quad x_2 = 0, \; y_2 = 0 (\because \text{도심축})$

$A_3 = 4\text{cm} \times 2\text{cm} = 8\text{cm}^2$

$\quad x_3 = -3\text{cm}, \; y_3 = -4\text{cm}$

② 단면상승모멘트

$I_{xy} = A_1 x_1 y_1 + A_2 x_2 y_2 + A_3 x_3 y_3$

$\quad = 8 \times 3 \times 4 + 12 \times 0 \times 0 + 8 \times (-3) \times (-4)$

$\quad = 192\text{cm}^4$

$\therefore \; I_{xy} = 192\text{cm}^4$

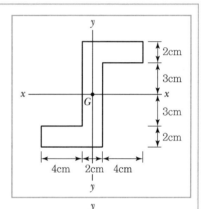

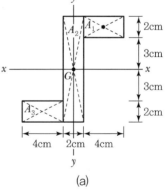
(a)

01 다음 도형의 x축에 대한 단면1차모멘트는?

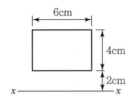

① 48cm³

② 72cm³

③ 96cm³

④ 144cm³

02 직사각형 단면의 x축에 대한 단면1차모멘트 $G_x = 72{,}000\text{cm}^3$일 경우 폭 b는 얼마인가?

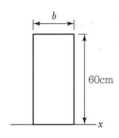

① 25cm

② 30cm

③ 35cm

④ 40cm

03 그림과 같은 단면의 x축에 대한 단면1차모멘트는?

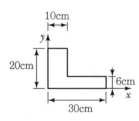

① 2,160cm³

② 2,260cm³

③ 2,360cm³

④ 2,460cm³

04 그림과 같이 음영된 부분의 밑변을 지나는 x축에 대한 단면1차모멘트의 값으로 맞는 것은?

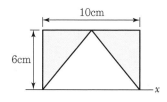

① 30cm^3 ② 60cm^3

③ 120cm^3 ④ 180cm^3

05 그림과 같은 T형 단면의 x축에 대한 단면1차모멘트는?

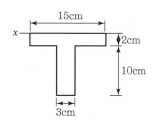

① 200cm^3 ② 220cm^3

③ 240cm^3 ④ 260cm^3

06 그림과 같은 도형의 x, y축에 대한 단면1차모멘트는?

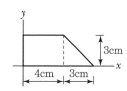

① $G_x = 20.5\text{cm}^3$, $G_y = 44.5\text{cm}^3$ ② $G_x = 22.5\text{cm}^3$, $G_y = 46.5\text{cm}^3$

③ $G_x = 22.5\text{cm}^3$, $G_y = 44.5\text{cm}^3$ ④ $G_x = 20.5\text{cm}^3$, $G_y = 46.5\text{cm}^3$

정답 04 ③ 05 ③ 06 ②

07 그림과 같은 도형의 도심위치는 밑변으로부터 얼마인가?

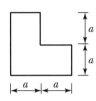

① $\dfrac{5}{6}a$

② $\dfrac{5}{8}a$

③ $\dfrac{3}{6}a$

④ $\dfrac{3}{8}a$

08 다음과 같은 단면에서 $x - x$축으로부터의 도심의 위치를 구하면?

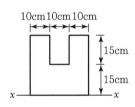

① 13.0cm

② 13.5cm

③ 14.0cm

④ 14.5cm

09 그림과 같은 L형 단면의 도심 위치 $\bar{y}$는?

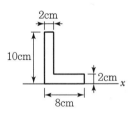

① 2.6cm

② 3.5cm

③ 4.2cm

④ 5.8cm

10 그림과 같은 도형의 도심의 위치 x_o의 값으로 옳은 것은?

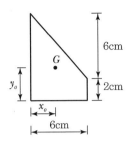

① 2.4cm   ② 2.5cm

③ 2.6cm   ④ 2.7cm

11 그림과 같은 단면의 밑면에서 도심까지의 거리 $\overline{y}$는?

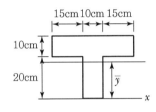

① 25cm   ② 20cm

③ 18cm   ④ 15cm

12 그림과 같은 도형의 도심위치 $\overline{y}$의 값은?

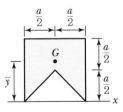

① $\dfrac{11}{12}a$ ② $\dfrac{11}{14}a$

③ $\dfrac{11}{16}a$ ④ $\dfrac{11}{18}a$

13 그림과 같이 색칠된 BOX형 단면의 x축에 대한 단면2차모멘트는?(단, 단면의 두께 t는 2cm로 4변 모두 일정하다.)

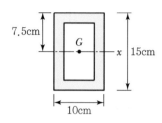

① 2,095cm⁴

② 2,147cm⁴

③ 2,264cm⁴

④ 2,336cm⁴

14 그림과 같이 빗금친 부분의 단면에서 $x-x$축에 대한 단면2차모멘트로 맞는 것은?

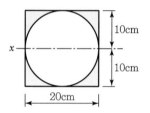

① 21,183cm⁴

② 13,333cm⁴

③ 7,850cm⁴

④ 5,480cm⁴

15 그림과 같은 단면의 도심 G를 지나고 밑변에 나란한 x축에 대한 단면2차모멘트의 값은?

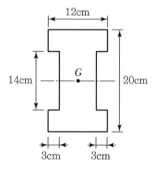

① 5,608cm⁴

② 6,608cm⁴

③ 5,628cm⁴

④ 6,628cm⁴

16 다음과 같은 단면에서 x축에 대한 단면2차모멘트는?

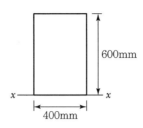

① $72 \times 10^8 \text{mm}^4$ ② $144 \times 10^8 \text{mm}^4$

③ $216 \times 10^8 \text{mm}^4$ ④ $288 \times 10^8 \text{mm}^4$

17 그림과 같은 단면의 x축에 대한 단면2차모멘트는?

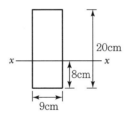

① $6,000 \text{cm}^4$ ② $6,270 \text{cm}^4$

③ $6,720 \text{cm}^4$ ④ $7,260 \text{cm}^4$

18 그림과 같은 단면의 x축에 대한 단면2차모멘트 값은?

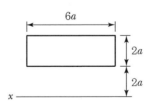

① $94a^4$ ② $104a^4$

③ $112a^4$ ④ $120a^4$

정답   **16** ④   **17** ③   **18** ③

19 그림과 같은 삼각형의 밑변을 지나는 x축에 대한 단면2차모멘트는?

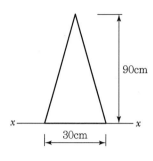

① 607,500cm⁴

② 1,215,000cm⁴

③ 1,822,500cm⁴

④ 3,645,000cm⁴

20 그림과 같은 원형 단면의 x축에 대한 단면2차모멘트 값은?

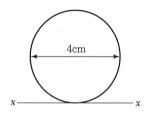

① 20πcm⁴

② 30πcm⁴

③ 40πcm⁴

④ 50πcm⁴

21 그림에서 y축에 대한 단면2차모멘트는?

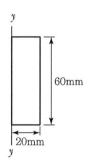

① 60,000mm⁴

② 90,000mm⁴

③ 160,000mm⁴

④ 200,000mm⁴

22 단면2차모멘트를 적용하여 구하는 것이 아닌 것은?

① 단면계수와 단면2차반경의 계산　　　② 단면의 도심 계산
③ 휨응력도　　　　　　　　　　　　　④ 처짐량 계산

23 단면 각 부분의 미소면적 dA에 직교좌표 원점까지의 거리 r의 제곱을 곱한 합계를 그 좌표에 대한 무엇이라 하는가?

① 단면극2차모멘트　　　　　　　　　② 단면2차모멘트
③ 단면2차반경　　　　　　　　　　　④ 단면상승모멘트

24 그림과 같은 직사각형 단면의 x, y축에 대한 단면상승모멘트 값으로 맞는 것은?

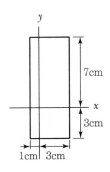

① 40cm^4
② 80cm^4
③ 120cm^4
④ 160cm^4

25 단면의 성질에 관한 설명 중 틀린 것은?

① 도심을 지나는 축에 대한 단면1차모멘트는 반드시 0이다.
② 도심을 지나는 축에 대한 단면2차모멘트 중 최대값과 최소값을 갖는 2개의 축은 반드시 직교한다.
③ 도심에서 직교하는 2개의 축에 대한 단면상승모멘트는 반드시 0이다.
④ 도심에서 직교하는 2개의 축에 대한 단면2차모멘트의 합은 일정하다.

정답　**22** ②　**23** ①　**24** ②　**25** ③

7장 연습문제

26 단면계수 및 단면2차반지름에 관한 설명 중 틀린 것은?

① 단면2차반지름은 도심축에 대한 단면2차모멘트를 단면적으로 나눈 값의 제곱근이다.

② 단면계수가 큰 단면이 휨에 대한 저항성이 작다.

③ 단면계수의 단위는 cm³, m³이며 부호는 항상 (＋)이다.

④ 단면2차반지름은 좌굴에 대한 저항값을 나타낸다.

27 그림과 같은 단면의 x축에 대한 단면계수 Z_x는?

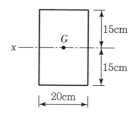

① 300cm²

② 300cm³

③ 3,000cm²

④ 3,000cm³

28 그림과 같은 단면의 단면계수는 얼마인가?

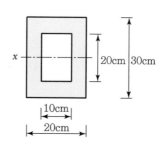

① 2,333cm³

② 2,555cm³

③ 38,333cm³

④ 45,000cm³

29 그림과 같은 삼각형의 밑변을 축으로 하는 단면계수는?

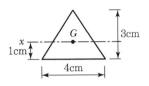

① 3cm^3

② 4cm^3

③ 5cm^3

④ 6cm^3

30 다음 그림과 같은 중공형 단면의 단면계수를 구하면?

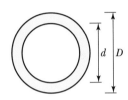

① $\dfrac{\pi d^3}{32}$

② $\dfrac{\pi D^3}{32}$

③ $\dfrac{\pi(D^4+d^4)}{32}$

④ $\dfrac{\pi(D^4-d^4)}{32D}$

31 그림과 같은 단면에서 두 부재의 휨에 대한 강도의 비($A : B$)로 가장 적당한 것은?

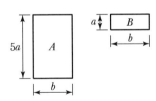

① $1 : 1$

② $5 : 1$

③ $25 : 1$

④ $125 : 1$

32 그림과 같은 장방형 보에서 x축에 대한 단면2차반경은?

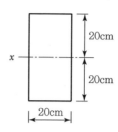

① $\dfrac{20}{\sqrt{3}}$cm

② $\dfrac{30}{\sqrt{3}}$cm

③ $\dfrac{\sqrt{3}}{30}$cm

④ $\dfrac{\sqrt{3}}{20}$cm

33 그림과 같은 삼각형 단면에서 도심축 x에 대한 단면2차반경은?

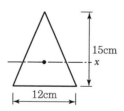

① 3.54cm

② 4.67cm

③ 5.86cm

④ 6.52cm

34 그림과 같은 중공형 단면에서 도심축에 대한 단면2차반지름은?

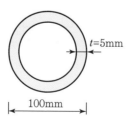

① 27.4mm

② 33.6mm

③ 45.2mm

④ 52.6mm

7장   풀이 및 해설

01 $S_x = A \cdot \overline{y} = 6 \times 4 \times \left(2 + \dfrac{4}{2}\right) = 96\text{cm}^3$

02 $S_x = A \cdot \overline{y} = b \times 60 \times 30 = 72{,}000\text{cm}^3$ 에서

$\therefore \ b = 40\text{cm}$

03 $S_x = 10 \times 20 \times 10 + 20 \times 6 \times 3$

$= 2{,}360\text{cm}^3$

04 $S_x = A_1 \cdot \overline{y_1} - A_2 \cdot \overline{y_2}$

$= 10 \times 6 \times 3 - \dfrac{1}{2} \times 10 \times 6 \times 2 = 120\text{cm}^3$

05 $S_x = 15 \times 2 \times 1 + 3 \times 10 \times 7 = 240\text{cm}^3$

06 $S_x = A_1 \cdot \overline{y_1} + A_2 \cdot \overline{y_2}$

$= 4 \times 3 \times 1.5 + \dfrac{1}{2} \times 3 \times 3 \times 1 = 22.5\text{cm}^3$

$S_y = A_1 \cdot \overline{x_1} + A_2 \cdot \overline{x_2}$

$= 4 \times 3 \times 2 + \dfrac{1}{2} \times 3 \times 3 \times 5 = 46.5\text{cm}^3$

07 $\overline{y} = \dfrac{\sum S_x}{\sum A} = \dfrac{S_{x1} + S_{x2}}{A_1 + A_2} = \dfrac{A_1 y_1 + A_2 y_2}{A_1 + A_2}$

$= \dfrac{a \times 2a \times a + a \times a \times \dfrac{a}{2}}{a \times 2a + a \times a} = \dfrac{5}{6}a$

08 $\overline{y} = \dfrac{\sum S_x}{\sum A} = \dfrac{S_{x1} - S_{x2}}{A_1 - A_2} = \dfrac{A_1 y_1 - A_2 y_2}{A_1 - A_2}$

$= \dfrac{30 \times 30 \times 15 - 10 \times 15 \times \left(15 + \dfrac{15}{2}\right)}{30 \times 30 - 10 \times 15} = 13.5\text{cm}$

09 $\bar{y} = \dfrac{\sum S_x}{\sum A} = \dfrac{S_{x1} + S_{x2}}{A_1 + A_2} = \dfrac{A_1 y_1 + A_2 y_2}{A_1 + A_2}$

$\qquad = \dfrac{2 \times 10 \times 5 + 6 \times 2 \times 1}{2 \times 10 + 6 \times 2} = 3.5 \text{cm}$

10 $x_o = \dfrac{\sum S_y}{\sum A} = \dfrac{A_1 x_1 + A_2 x_2}{A_1 + A_2}$

$\qquad = \dfrac{6 \times 2 \times 3 + \dfrac{1}{2} \times 6 \times 6 \times 2}{6 \times 2 + \dfrac{1}{2} \times 6 \times 6} = 2.4 \text{cm}$

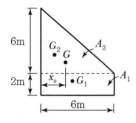

11 $\bar{y} = \dfrac{\sum S_x}{\sum A} = \dfrac{A_1 y_1 + A_2 y_2}{A_1 + A_2}$

$\qquad = \dfrac{40 \times 10 \times 25 + 10 \times 20 \times 10}{40 \times 10 + 10 \times 20} = 20 \text{cm}$

12 $\bar{y} = \dfrac{\sum S_x}{\sum A} = \dfrac{A_1 y_1 - A_2 y_2}{A_1 - A_2}$

$\qquad = \dfrac{a \times a \times \dfrac{a}{2} - \dfrac{1}{2} \times a \times \dfrac{a}{2} \times \dfrac{a}{6}}{a \times a - \dfrac{1}{2} \times a \times \dfrac{a}{2}} = \dfrac{11}{18} a$

13 $I_x = \dfrac{BH^3}{12} - \dfrac{bh^3}{12}$

$\qquad = \dfrac{10 \times 15^3}{12} - \dfrac{(10-4) \times (15-4)^2}{12}$

$\qquad = 2,147 \text{cm}^4$

14 $I_x = \dfrac{D^4}{12} - \dfrac{\pi D^4}{64} = \dfrac{20^4}{12} - \dfrac{3.14 \times 20^4}{64}$

$\qquad = 5,479.6 \text{cm}^4$

15 $I_x = \dfrac{12 \times 20^3}{12} - \dfrac{3 \times 14^3}{12} \times 2$

$\quad = 6,628 \mathrm{cm}^4$

16 $I_x = I_o + y_o{}^2 \cdot A$

$\quad = \dfrac{400 \times 600^3}{12} + 300^2 \times (400 \times 600)$

$\quad = 288 \times 10^8 \mathrm{mm}^4$

17 $I_x = I_o + y_o{}^2 \cdot A = \dfrac{9 \times 20^3}{12} + 2^2 \times (9 \times 20)$

$\quad = 6,720 \mathrm{cm}^4$

18 $I_x = I_o + y_o{}^2 \cdot A = \dfrac{6a \times (2a)^3}{12} + (2a + a)^2 \times (6a \times 2a)$

$\quad = 112a^4$

19 $I_x = I_o + y_o^2 \cdot A = \dfrac{30 \times 90^3}{36} + 30^2 \times \left(\dfrac{1}{2} \times 30 \times 90\right)$

$\quad = 1,822,500 \mathrm{cm}^4$

(또는, 삼각형의 밑변 x축에 대한 단면2차모멘트식을 사용하면

$I_x = \dfrac{bh^3}{12} = \dfrac{30 \times 90^3}{12} = 1,822,500 \mathrm{cm}^4$

20 $I_x = I_o + y_o{}^2 \cdot A$

$\quad = \dfrac{\pi \times 4^4}{64} + \dfrac{\pi \times 4^2}{4} \times 2^2$

$\quad = 20\pi \mathrm{cm}^4$

21 $I_y = \dfrac{60 \times 20^3}{12} + (60 \times 20) \times 10^2$

$\quad = 160,000 \mathrm{mm}^4$

22 단면의 도심 계산에는 단면1차모멘트를 적용하여 구한다.

도심 : $G(x_o, \ y_o) \Rightarrow x_o = \dfrac{S_y}{A}, \ y_o = \dfrac{S_x}{A}$

23 단면극2차모멘트 : $I_P = \displaystyle\int r^2 dA$

r : 좌표의 원점에서 미소면적의 중심(극점)까지의 거리

24 $I_{xy} = \int xy\, dA = A \cdot \overline{x} \cdot \overline{y} = (4 \times 10) \times (2-1) \times (5-3) = 80\text{cm}^4$

$\overline{x}$: 도심축에서 평행 이동한 y축까지의 거리

$\overline{y}$: 도심축에서 평행 이동한 x축까지의 거리

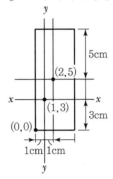

25 ③ 도심에서 직교하는 2개의 축에 대한 단면상승모멘트가 0일 경우는 대칭단면일 때이다.

26 ② 단면계수가 큰 단면일수록 휨에 대한 저항성능이 크다.

27 $Z_x = \dfrac{bh^2}{6} = \dfrac{20 \times 30^2}{6} = 3,000\text{cm}^3$

28 $Z_x = \dfrac{I_x}{y} = \left(\dfrac{20 \times 30^3}{12} - \dfrac{10 \times 20^3}{12} \right) \Big/ 15$

$\qquad = 2,555.6\text{cm}^3$

29 $Z = \dfrac{I_x}{y_t} = \dfrac{bh^3/36}{h/3} = \dfrac{bh^2}{12} = \dfrac{4 \times 3^2}{12} = 3\text{cm}^3$

30 $Z = \dfrac{I}{y} = \dfrac{\dfrac{\pi}{64}(D^4 - d^4)}{\dfrac{D}{2}} = \dfrac{\pi(D^4 - d^4)}{32D}$

31 휨에 대한 강도의 비는 단면계수의 비와 같으므로

$Z_A = \dfrac{bh^2}{6} = \dfrac{b \times (5a)^2}{6} = \dfrac{25ba^2}{6}$

$Z_B = \dfrac{ba^2}{6}$

$\therefore Z_A : Z_B = 25 : 1$

32 $i_x = \sqrt{\dfrac{I_x}{A}} = \sqrt{\dfrac{\dfrac{20 \times 40^3}{12}}{20 \times 40}} = \dfrac{40}{\sqrt{12}} = \dfrac{20}{\sqrt{3}}\,\text{cm}$

33 $i_x = \sqrt{\dfrac{I_x}{A}} = \sqrt{\dfrac{\dfrac{12 \times 15^3}{36}}{\dfrac{1}{2} \times 12 \times 15}} = 3.54\,\text{cm}$

34 $i = \sqrt{\dfrac{I}{A}} = \sqrt{\dfrac{\dfrac{\pi}{64}(D^4 - d^4)}{\dfrac{\pi}{4}(D^2 - d^2)}}$

$\quad\ = \sqrt{\dfrac{D^2 + d^2}{16}} = \sqrt{\dfrac{100^2 + 90^2}{16}} = 33.6\,\text{mm}$

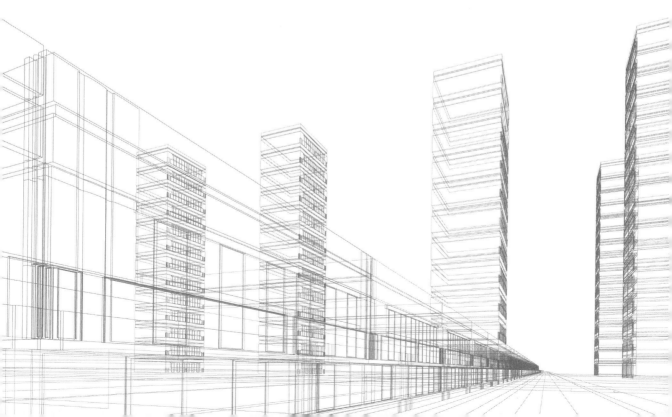

8.1 응력도와 변형도

8.1.1 수직응력도

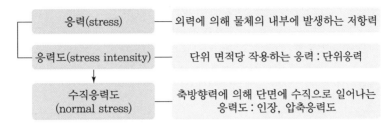

응력(stress) ——— 외력에 의해 물체의 내부에 발생하는 저항력

응력도(stress intensity) ——— 단위 면적당 작용하는 응력 : 단위응력

수직응력도
(normal stress) ——— 축방향력에 의해 단면에 수직으로 일어나는
응력도 : 인장, 압축응력도

* 일반적으로 교재마다 응력도를 응력으로 혼용하기도 하며 응력도를 stress로 표기하기도 하지만, 엄밀히 응력은 부재가 견디는 힘, 즉 내력(耐力)이고 응력도는 재료가 힘을 받을 수 있는 능력으로, 최대 응력도는 부재를 구성하는 재료의 강도가 된다.

예 ① 동일한 재료

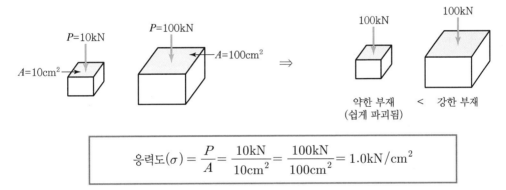

$$응력도(\sigma) = \frac{P}{A} = \frac{10\text{kN}}{10\text{cm}^2} = \frac{100\text{kN}}{100\text{cm}^2} = 1.0\text{kN}/\text{cm}^2$$

예 ② 다른 재료

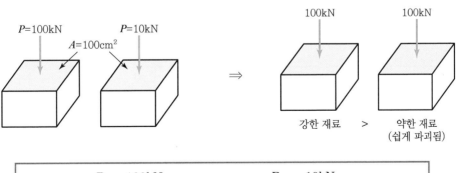

$$응력도(\sigma) = \frac{P}{A} = \frac{100\text{kN}}{100\text{cm}^2} = 1.0\text{kN}/\text{cm}^2 > \frac{P}{A} = \frac{10\text{kN}}{100\text{cm}^2} = 0.1\text{kN}/\text{cm}^2$$

(강한 재료)　　　　　　　　　　　　　(약한 재료)

동일한 재료의 부재	→	동일한 응력도	→	면적에 따라 받을 수 있는 힘의 크기가 변한다. (동일한 면적으로는 동일한 힘만 받을 수 있다.)
서로 다른 재료의 부재	→	서로 다른 응력도	→	동일한 면적으로 받을 수 있는 힘의 크기가 다르다.

응력도 = $\dfrac{\text{작용하는 힘}}{\text{단면적}}$: $\sigma = \dfrac{P}{A}$

압축응력도: $\sigma_c = \dfrac{P_c}{A}$

인장응력도: $\sigma_t = \dfrac{P_t}{A}$

* 단위 : N/mm², kN/cm², MPa 등

• 인장응력도, 압축응력도

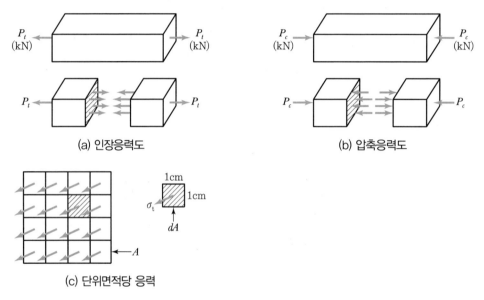

(a) 인장응력도   (b) 압축응력도

(c) 단위면적당 응력

| 그림 8.1 인장응력도, 압축응력도 |

그림(c)에서 힘의 평형에 의하여

작용하는 힘(P_t) = 응력도(σ_t)의 합이므로

$$P_t = \int \sigma_t dA = \sigma_t \int dA = \sigma_t \cdot A$$

$$\therefore \ \sigma_t = \frac{P_t}{A} (\text{kN/cm}^2)$$

················ (8.1)

예제 8-1   직경 20mm인 강봉에 50kN의 인장력이 작용할 때 강봉에 발생되는 인장응력도를 구하시오.

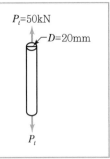

풀이 $\sigma_t = \dfrac{P_t}{A} = \dfrac{P_t}{\dfrac{\pi D^2}{4}} = \dfrac{50 \times 10^3 \mathrm{N}}{\dfrac{3.14 \times (20\mathrm{mm})^2}{4}}$

$\quad = 159.2\mathrm{N/mm^2} = 159.2\mathrm{MPa}$

예제 8-2   지름 20cm, 높이 30cm인 콘크리트 원기둥에 150kN의 압축력이 작용할 때 원기둥에 생기는 압축응력도를 구하시오.

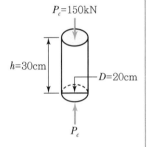

풀이 $\sigma_c = \dfrac{P_c}{A} = \dfrac{P_c}{\dfrac{\pi D^2}{4}} = \dfrac{150 \times 10^3 \mathrm{N}}{\dfrac{3.14 \times (200\mathrm{mm})^2}{4}}$

$\quad = 4.78\mathrm{N/mm^2} = 4.78\mathrm{MPa}$

예제 8-3   가로, 세로가 각각 20mm인 각봉에 10kN의 인장력이 작용할 때 각봉에 생기는 인장응력도를 구하시오.

풀이 $\sigma_t = \dfrac{P_t}{A} = \dfrac{10 \times 10^3 \mathrm{N}}{20\mathrm{mm} \times 20\mathrm{mm}}$

$\quad = 25.0\mathrm{N/mm^2} = 25.0\mathrm{MPa}$

8.1.2 변형도

(1) 수직변형도(세로변형도)

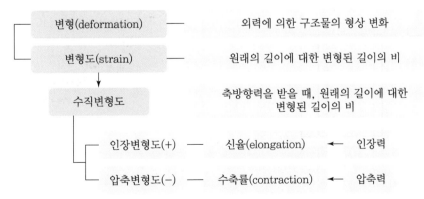

일반적으로 변형도는 strain intensity보다 strain이라 부르며 변형률이라고도 한다.

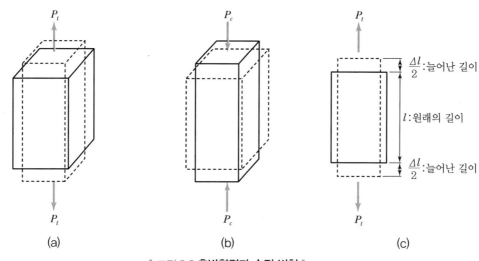

(a)   (b)   (c)

┃ 그림 8.2 **축방향력과 수직 변형** ┃

$$수직변형도 = \frac{늘어난\ 길이}{원래의\ 길이} : \varepsilon = \frac{\Delta l}{l} \qquad\cdots\cdots\cdots\cdots (8.2)$$

(2) 프와송비(Poisson's ratio)

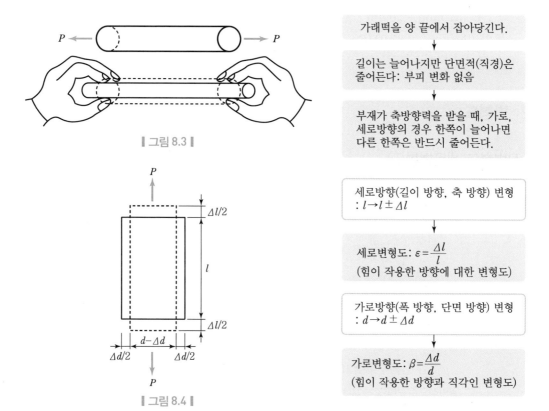

┃ 그림 8.3 ┃

가래떡을 양 끝에서 잡아당긴다.

길이는 늘어나지만 단면적(직경)은 줄어든다: 부피 변화 없음

부재가 축방향력을 받을 때, 가로, 세로방향의 경우 한쪽이 늘어나면 다른 한쪽은 반드시 줄어든다.

세로방향(길이 방향, 축 방향) 변형 : $l \rightarrow l \pm \Delta l$

세로변형도: $\varepsilon = \dfrac{\Delta l}{l}$
(힘이 작용한 방향에 대한 변형도)

가로방향(폭 방향, 단면 방향) 변형 : $d \rightarrow d \pm \Delta d$

가로변형도: $\beta = \dfrac{\Delta d}{d}$
(힘이 작용한 방향과 직각인 변형도)

┃ 그림 8.4 ┃

$$\text{프와송비} : \nu = \frac{\text{가로변형도}(\beta)}{\text{세로변형도}(\varepsilon)} = \frac{\Delta d/d}{\Delta l/l} = \frac{\Delta d \cdot l}{\Delta d \cdot d} = \frac{1}{m} \qquad \text{............ (8.3)}$$

여기서, m : 프와송수(강재 : 3, 돌, 유리 : 4, 콘크리트 : 5~8 등)
  * 프와송비와 프와송수는 재료의 성질을 나타냄

예제 8-4 그림과 같이 지름 20mm, 길이 1m인 강봉이 인장력에 의해 길이가 5mm 늘어나고, 지름이 0.05mm 줄어들었을 때 이 강봉의 프와송수와 프와송비를 구하시오.

풀이 ① 세로변형도(수직변형도)

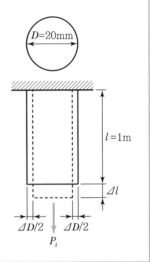

$$\varepsilon = \frac{\Delta l}{l} = \frac{5\text{mm}}{1,000\text{mm}} = 0.005$$

② 가로변형도(수평변형도)

$$\beta = \frac{\Delta D}{D} = \frac{0.05\text{mm}}{20\text{mm}} = 0.0025$$

③ 프와송수

$$m = \frac{\varepsilon}{\beta} = \frac{0.005}{0.0025} = 2$$

④ 프와송비

$$v = \frac{1}{m} = \frac{1}{2} = 0.5$$

8.2 　전단응력도와 전단변형도

8.2.1 전단응력도

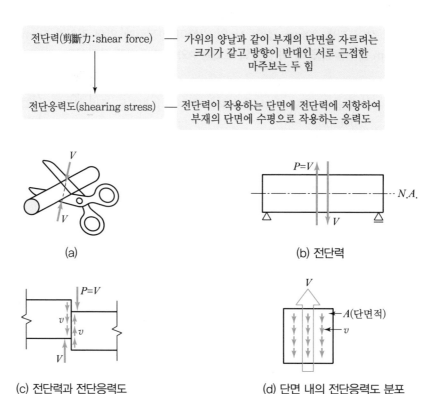

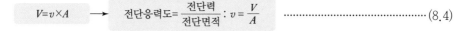

$$V = v \times A \quad \rightarrow \quad \text{전단응력도} = \frac{\text{전단력}}{\text{전단면적}} : v = \frac{V}{A} \quad \cdots\cdots (8.4)$$

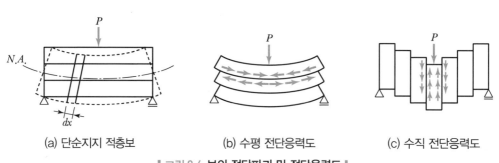

▎그림 8.6 **보의 전단파괴 및 전단응력도** ▎

그림8.6(b) 와 같이 부재 사이에 마찰이 없다면 각 부재의 휨은 독립적으로 발생

↓

각각의 부재 : 중립축 기준, 상부에는 압축력, 하부에는 인장력 작용

↓

상부 부재의 하부면은 하부 부재의 상부면에 대하여 미끄러짐 발생

↓

그림(a)와 같이 수평방향이 접합된 단일 부재인 경우 : 부재 내부에 그림(b)에 나타난 수평방향의 미끄러짐을 방지할 만큼의 수평 전단응력도 발생

↓

독립 부재를 겹친 분리된 보다 동일 단면의 단일보가 더욱 큰 힘을 받음

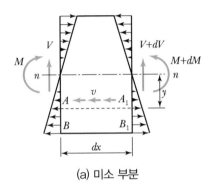

(a) 미소 부분

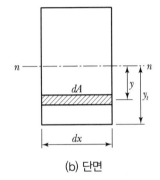

(b) 단면

| 그림 8.7 |

중립축으로부터 거리 y만큼 떨어진 위치에서의 휨응력도

$$\sigma = \frac{M}{I}y$$ 이므로

AB, A_1B_1 면에 작용하는 힘(수평력) F_1, F_2는

$$F_1 = \int_y^{y_t} \sigma dA = \int_y^{y_t} \frac{M}{I} y dA$$

$$F_2 = \int_y^{y_t} \sigma' dA = \int_y^{y_t} \frac{(M+dM)}{I} y dA$$

AA_1 면에 작용하는 힘(수평력)을 F_3라 하면

$$F_3 = vbdx$$

힘의 평형조건식에 의해 $F_3 = F_2 - F$이므로

$$vbdx = \int_y^{y_t} \frac{(M+dM)}{I} y dA - \int_y^{y_t} \frac{M}{I} y dA = \frac{dM}{I} \int_y^{y_t} y dA$$

여기서, $S = \int_{y}^{y_t} y \, dA$, $\dfrac{dM}{dx} = V$이므로

$$\text{전단응력도} : v = \frac{VS}{Ib} \;\to\; \text{전단공식(shear formula)}$$ ············ (8.5)

여기서, S : y 아래 면적의 중립축에 대한 단면1차모멘트
　　　I : 중립축에 대한 단면2차모멘트
　　　V : 임의의 지점의 전단력
　　　b : 보의 폭

식 8.5에서 단면1차모멘트 S는 $y = 0$일 때 최대이고, $y = y_t$일 때 0이 되므로 전단응력도 v는 전단력 V에 비례한다.

$$\text{최대 전단응력도} : v_{\max} = k\frac{V}{A}$$ ············ (8.6)

(1) 장방형 단면

$$v_{\max} = \frac{3}{2}\frac{V}{bh} = \frac{3}{2}\frac{V}{A}\left(\because k = \frac{3}{2}\right)$$
(중립축에서 최대)

(2) 원형 단면

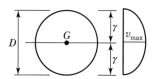

$$v_{\max} = \frac{4}{3}\frac{V}{\pi r^2} = \frac{4}{3}\frac{V}{A}\left(\because k = \frac{4}{3}\right)$$
(중립축에서 최대)

8.2.2 전단변형도

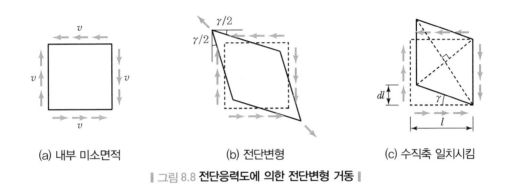

(a) 내부 미소면적   (b) 전단변형   (c) 수직축 일치시킴

▌그림 8.8 **전단응력도에 의한 전단변형 거동** ▌

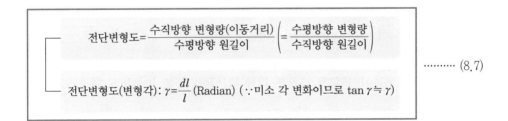

$$\text{전단변형도} = \frac{\text{수직방향 변형량(이동거리)}}{\text{수평방향 원길이}} \left(= \frac{\text{수평방향 변형량}}{\text{수직방향 원길이}} \right)$$

$$\text{전단변형도(변형각)}: \gamma = \frac{dl}{l} \, (\text{Radian}) \ (\because \text{미소 각 변화이므로} \ \tan \gamma \doteqdot \gamma)$$

········· (8.7)

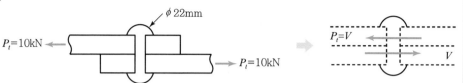

예제 8-5 그림과 같이 리벳 접합된 강판에 10kN의 인장력이 작용할 때 리벳에 생기는 전단응력도를 구하시오.

풀이 강판의 인장력 → 리벳에 전단력으로 작용

전단응력도 v는

$$v = \frac{V}{A} = \frac{10 \times 10^3 \text{N}}{\dfrac{\pi \times (20\text{mm})^2}{4}} = 26.3 \text{N/mm}^2 = 26.3 \text{MPa}$$

예제 8-6 그림과 같은 단순보의 중앙에 120kN의 집중하중이 작용할 때 보의 단면에 생기는 최대 전단응력도를 구하시오.

풀이 지점에서의 반력이 전단력이 되므로

$$V_{A \sim C} = R_A = \frac{P}{2} = \frac{120}{2} = 60 \text{kN}$$

각형 단면의 최대 전단응력도는

$$\begin{aligned} v_{max} &= \frac{3}{2}\frac{V}{A} = \frac{3}{2}\frac{60 \times 1{,}000}{20 \times 30} \\ &= 150 \text{N/cm}^2 = 1.5 \text{N/mm}^2 \\ &= 1.5 \text{MPa} \end{aligned}$$

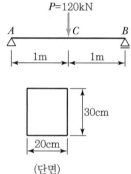

(단면)

예제 8-7 지름 25cm인 원형 단면 부재에 10kN의 전단력이 작용할 때 단면의 최대 전단응력도를 구하시오.

풀이 원형 단면의 최대 전단응력도는

$$V_{max} = \frac{4}{3}\frac{V}{A} = \frac{4}{3}\frac{10 \times 1{,}000}{\dfrac{\pi \times 25^2}{4}} = 27.2 \text{N/cm}^2$$

$$= 0.272 \text{N/mm}^2 = 0.272 \text{MPa}$$

8.3 휨응력도

재축에 수직인 하중작용 → 양단 단순 지지 보(수평부재)

↓

휨모멘트(M)발생 → 중립축을 중심으로 부재
내부의 상부-압축응력, 하부-인장응력 작용

상부 압축측은 줄어들고, 하부 인장측은 늘어나며, 보 전체는 휘어짐

↓

휨응력도(bending stress): 부재가 휨을 받을 때 일어나는
축방향의 압축 또는 인장응력도

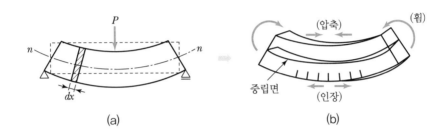

(a)   (b)

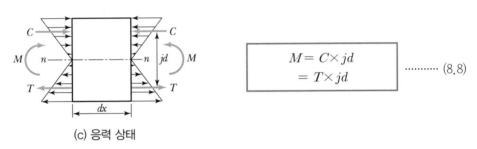

(c) 응력 상태

$$M = C \times jd$$
$$= T \times jd$$ ·········· (8.8)

┃ 그림 8.9 **보의 휨거동** ┃

$$\text{휨응력도}: \sigma_b = \frac{M}{I}y = \frac{M}{Z}$$ ·········· (8.9)

여기서, I : 중립축에 대한 단면2차모멘트
y : 중립축에서 휨응력도를 구하고자 하는 단면까지의 거리
Z : 단면계수

▼ **휨응력도의 분포**

① 부재에 휨응력이 발생할 때 중립축 또는 중립면에서는 휨거동만 할 뿐이고 어떠한 응력도 발생하지 않는다.
② 휨변형 후에 중립축에 직교하는 단면에 작용하는 휨응력도의 크기는 중립축으로부터의 거리에 비례한다.
③ 보의 휨응력도는 단면의 상·하 양단에서 최대이며 중간 위치에서는 직선변화한다.

그림 8.9 (a)에서 미소면적 dx 부분을 확대하면

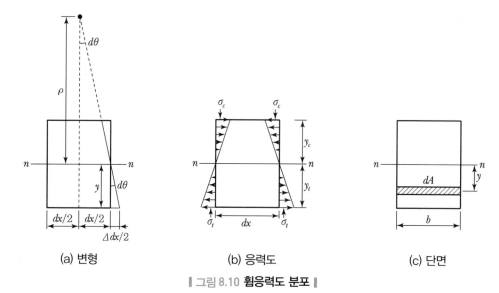

(a) 변형 　　　　　(b) 응력도 　　　　　(c) 단면

┃ 그림 8.10 **휨응력도 분포** ┃

그림 8.10 (a)에서 $\dfrac{dx}{2} = \rho d\theta$, $\dfrac{\Delta dx}{2} = y d\theta$ 이므로

변형도 $\varepsilon = \dfrac{\Delta dx}{dx} = \dfrac{y}{\rho}$

탄성법칙(Hooke's law)에 의해

$$\sigma = E \cdot \varepsilon = E \cdot \frac{y}{\rho} \ \rightarrow \ \text{휨응력도는 중립축으로부터의 거리 } y \text{에 정비례한다.}$$ ⋯⋯⋯⋯ (8.10)

보의 지점에서 x만큼 떨어진 임의의 점의 휨모멘트 M_x와 미소면적 dA에 발생한 중립축에 대한 모멘트 $(\sigma_x dA)y$의 합이 서로 같아야 하므로

$$M_x = \int_A y(\sigma_x dA) = \int_A y\left(\frac{E}{\rho} y dA\right) = \frac{E}{\rho} \int_A y^2 dA$$ ⋯⋯⋯⋯ (8.11)

$$\text{따라서 } M_x = \frac{E}{\rho} \cdot I \ \rightarrow \ E = \frac{M_x}{I} \cdot \rho$$ ⋯⋯⋯⋯ (8.12)

식 8.12를 식 8.10에 대입하면

$$\sigma_x = \frac{y}{\rho} \cdot E = \frac{y}{\rho} \cdot \frac{M_x}{I} \cdot \rho = \frac{M_x}{I} \cdot y$$ ⋯⋯⋯⋯ (8.13)

$$\text{휨응력도의 일반식 : } \sigma_b = \frac{M}{I} \cdot y \qquad \cdots\cdots\cdots\cdots (8.14)$$

또한, 식 8.12에서

$$\frac{E}{\rho} = \frac{M_x}{I} \rightarrow \boxed{\text{곡률반경식 : } \frac{1}{\rho} = \frac{M}{EI}} \qquad \cdots\cdots\cdots\cdots (8.15)$$

여기서, ρ : 곡률반경[그림 8.10(a)], E : 보 부재의 탄성계수

8.4 응력도와 변형도의 관계

8.4.1 훅의 법칙(Hooke's law)

탄성한계 내에서 응력도와 변형도는 비례한다.

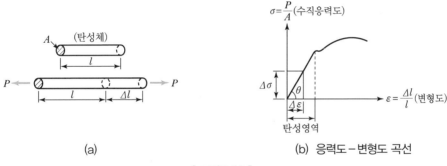

(a)   (b) 응력도 – 변형도 곡선

‖ 그림 8.11 ‖

예제 8-8 그림과 같이 집중하중을 받는 부재의 최대 휨응력도를 구하시오.(단, 부재의 자중은 무시한다.)

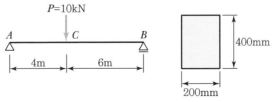

풀이 ① 지점 반력 : $R_A = 10\text{kN} \times \dfrac{6}{10} = 6\text{kN}$

② 하중 작용점의 휨모멘트 : $M_c = M_{\max} = 6\text{kN} \times 4\text{m} = 24\text{kN} \cdot \text{m}$

③ 최대 휨응력도 : $\sigma_{b,\max} = \dfrac{M_{\max}}{Z} = \dfrac{24 \times 10^3 (\text{kN}) \times 10^3 (\text{mm})}{\dfrac{200(\text{mm}) \times (400\text{mm})^2}{6}} = 4.5\text{N/mm}^2 = 4.5\text{MPa}$

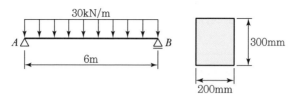

예제 8-9 그림과 같이 등분포하중을 받는 단순보의 최대 휨응력도를 구하시오.(단, 부재의 자중은 무시한다.)

풀이 ① 최대 휨모멘트 : $M_{\max} = \dfrac{wl^2}{8} = \dfrac{30\text{kN/m} \times (6\text{m})^2}{8} = 135\text{kN} \cdot \text{m} = 135 \times 10^6 \text{N} \cdot \text{mm}$

② 단면계수 : $Z = \dfrac{bh^2}{6} = \dfrac{(200\text{mm}) \times (300\text{mm})^2}{6} = 3 \times 10^6 \text{mm}^3$

③ 최대 휨응력도 : $\sigma_{b,\max} = \dfrac{M_{\max}}{Z} = \dfrac{135 \times 10^6 \text{N} \cdot \text{mm}}{3 \times 10^6 \text{mm}^3} = 45\text{N/mm}^2 = 45\text{MPa}$

8.4.2 탄성계수(elastic modulus)

그림 8.11(b)와 같이 탄성한계 내에서

$$\tan\theta = \frac{\text{발생한 응력도 값}}{\text{늘어난 변형도 값}} = \frac{\Delta\sigma}{\Delta\varepsilon} = \frac{\sigma}{\varepsilon} = E : \text{탄성계수(영계수라고도 함)}$$

$$\boxed{\begin{array}{c} \sigma = E \cdot \varepsilon : \text{응력도} = \text{탄성계수(비례정수)} \times \text{변형도} \\ E : \text{일정} \to \sigma \propto \varepsilon \end{array}} \quad \cdots\cdots\cdots\cdots (8.16)$$

(탄성계수 E의 단위 : N/mm², MPa)

• 단면에 인장 또는 압축력 작용 시

$$\sigma = E \cdot \varepsilon \to \frac{P}{A} = E \cdot \frac{\Delta l}{l}$$

$$\boxed{\begin{array}{ll} \bullet \text{변형도} : \dfrac{\Delta l}{l}(=\varepsilon) = \dfrac{P}{EA} & \bullet \text{탄성계수} : E = \dfrac{Pl}{A \cdot \Delta l} \\[4mm] \bullet \text{늘어난 길이} \ \Delta l = \dfrac{Pl}{EA} & \bullet \text{작용하중} : P = \dfrac{EA \cdot \Delta l}{l} \end{array}} \quad \cdots\cdots\cdots\cdots (8.17)$$

8.4.3 전단탄성계수

$$\boxed{\begin{array}{l} \text{전단응력도} = \text{전단탄성계수(비례정수)} \times \text{전단변형도} \\ : v = G \cdot \gamma \end{array}} \quad \cdots\cdots\cdots\cdots (8.18)$$

$$\downarrow$$

$$\boxed{\text{전단탄성계수} : G = \frac{\text{전단응력도}}{\text{전단변형도}} = \frac{v}{\gamma} (\text{N/mm}^2, \ \text{MPa})} \quad \cdots\cdots\cdots\cdots (8.19)$$

• 탄성계수 E와 전단탄성계수 G의 관계

$$\boxed{G = \frac{m}{2(1+m)} \cdot E = \frac{E}{2(1+\nu)}} \quad \cdots\cdots\cdots\cdots (8.20)$$

여기서, m : 프와송수
ν : 프와송비

예제 8-10 길이 1m, 직경 25mm인 강봉에 100kN의 하중이 작용하여 10mm 늘어났을 경우 탄성계수를 구하시오.

풀이 강봉 재료의 탄성계수

$$E = \frac{P \cdot l}{A \cdot \Delta l} = \frac{100 \times 10^3 (\text{N}) \times 1 \times 10^3 (\text{mm})}{\dfrac{\pi \times (25\text{mm})^2}{4} \times 25 (\text{mm})} = 20,372\text{N/mm}^2$$

$$= 20,372\text{MPa}$$

예제 8-11 그림과 같이 50kN의 인장력을 단면적 250mm²인 강봉에 작용시켰을 경우 늘어난 길이를 구하시오.(단, 탄성계수 $E = 2.0 \times 10^5$MPa로 한다.)

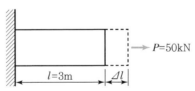

풀이 강봉이 늘어난 길이

$$\Delta l = \frac{P \cdot l}{EA} = \frac{50 \times 10^3 (\text{N}) \times 3 \times 10^3 (\text{mm})}{2.0 \times 10^5 (\text{N/mm}^2) \times 250 (\text{mm}^2)}$$

$$= \frac{15 \times 10^7}{5 \times 10^7} (\text{mm}) = 3.0\text{mm}$$

예제 8-12 탄성계수가 10^5MPa이고 균일한 단면을 가진 부재에 인장력이 작용하여 10MPa의 인장응력도가 발생하였다. 이때 부재의 길이가 0.5mm 늘어났다면 부재의 원래의 길이를 구하시오.

풀이 $\sigma = E \cdot \varepsilon = E \cdot \dfrac{\Delta l}{l}$ 에서

부재의 원래의 길이

$$l = \frac{E \cdot \Delta l}{\sigma} = \frac{10^5(\mathrm{MPa}) \times 0.5(\mathrm{mm})}{10(\mathrm{MPa})} = 5,000\mathrm{mm} = 5\mathrm{m}$$

8.5 보의 단면설계

(1) 휨응력도

$$\sigma_b = \frac{M_{\max}}{Z} \le f_b \qquad\qquad \text{(8.21)}$$

여기서, σ_b : 휨응력도

　　　　$M_{\max}$: 설계용 최대 휨모멘트

　　　　f_b : 허용휨응력도

　　　　Z : 단면계수

(2) 전단응력도

$$v = k\frac{V}{A} \le f_s \qquad\qquad \text{(8.22)}$$

여기서, v : 전단응력도

$\quad\quad V$: 전단력

$\quad\quad f_s$: 허용전단응력도

$\quad\quad A$: 단면적

$\quad\quad k$: 단면의 형상에 따른 계수(직사각형 : $\dfrac{3}{2}$, 원형 : $\dfrac{4}{3}$)

(3) 처짐에 대한 검토

보의 사용성 확보를 위한 처짐 제한

↓

철근콘크리트보의 최대처짐 : $\delta_{\max} \le L/360$

.... (8.23)

철골보의 최대처짐 $\begin{cases} \text{단순보} : \delta_{\max} \le L/300 \\ \text{캔틸레버보} : \delta_{\max} \le L/250 \end{cases}$ .... (8.24)

여기서, $\delta_{\max}$: 최대처짐

$\quad\quad L$: 경간(span)

▼ **단순보의 최대처짐 공식**

등분포하중(w) 작용 시 : $\delta_{\max} = \dfrac{5wl^4}{384EI}$

집중하중(P) 작용 시 : $\delta_{\max} = \dfrac{Pl^3}{48EI}$ .... (8.25)

예제 8-13 그림과 같은 단순보의 중앙에 실릴 수 있는 최대하중 $P_{\max}$를 구하시오.(단, 전단은 안전하고 허용휨응력도 $f_b = 9\mathrm{MPa}$이다.)

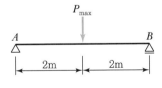

풀이 ① 최대 휨모멘트 : $M_{\max} = \dfrac{P_{\max}l}{4} = \dfrac{P(\mathrm{N}) \times 4,000(\mathrm{mm})}{4} = 1,000P_{\max}(\mathrm{N} \cdot \mathrm{mm})$

② 단면계수 : $Z = \dfrac{bh^2}{6} = \dfrac{200(\mathrm{mm}) \times (300\mathrm{mm})^2}{6} = 3 \times 10^6 \mathrm{mm}^3$

③ 휨응력도 : $\sigma_b = \dfrac{M_{\max}}{Z} \leq f_b$ 에서 $M_{\max} \leq f_b \cdot Z$ 이므로

$1,000P_{\max}(\mathrm{N} \cdot \mathrm{mm}) \leq 9(\mathrm{N/mm}^2) \times 3 \times 10^6(\mathrm{mm}^3)$

$\therefore P_{\max} \leq 27,000\mathrm{N} = 27\mathrm{kN}$

예제 8-14 그림과 같이 집중하중과 등변분포하중이 작용하는 캔틸레버보에서 A점에 요구되는 단면계수 값을 구하시오.(단, 재료의 허용휨응력도 $f_b = 5\mathrm{MPa}$로 한다.)

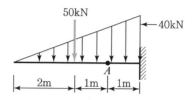

풀이 ① A점의 휨모멘트

$M_A = -50(\mathrm{kN}) \times 1(\mathrm{m}) - \dfrac{1}{2} \times 30(\mathrm{kN/m}) \times 3(\mathrm{m})$

$= -95\mathrm{kN} \cdot \mathrm{m}(\curvearrowleft)$

② $\sigma_b = \dfrac{M_{\max}}{Z} \leq f_b$ 에서 $Z \geq \dfrac{M_{\max}}{f_b}$ 이므로

③ 단면계수

$Z \geq \dfrac{95 \times 10^3(\mathrm{N}) \times 10^3(\mathrm{mm})}{5(\mathrm{N/mm}^2)}$

$= 19 \times 10^6 \mathrm{mm}^3 = 19,000\mathrm{cm}^3$

8.6 기둥의 단면설계

8.6.1 단주(短柱 : short column)

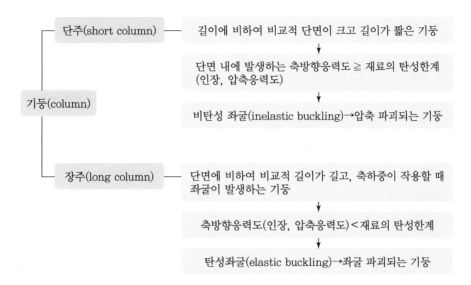

* 좌굴(buckling) : 축방향의 압축력에 의해 부재가 힘의 작용방향으로 변형 · 파괴되기 전에 횡방향의 변형이 진행되어 휘거나 구부러지는 현상

(1) 중심 축하중을 받는 단주

압축력이 단면의 중심(도심)에 작용하는 경우

$$\text{압축응력도} : \sigma_c = -\frac{N}{A}$$ ·············(8.26)

여기서, N : 축방향 압축력
A : 기둥의 단면적

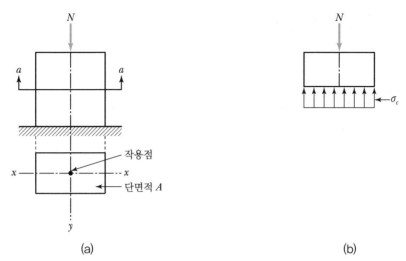

그림 8.12 **단주의 압축응력도**

(2) 편심 축하중을 받는 단주

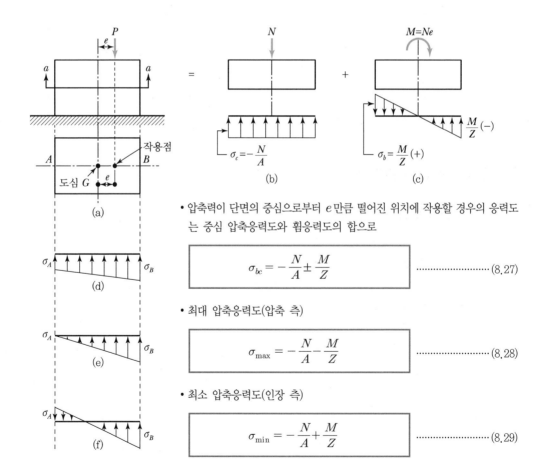

- 압축력이 단면의 중심으로부터 e만큼 떨어진 위치에 작용할 경우의 응력도는 중심 압축응력도와 휨응력도의 합으로

$$\sigma_{bc} = -\frac{N}{A} \pm \frac{M}{Z}$$ ·····················(8.27)

- 최대 압축응력도(압축 측)

$$\sigma_{\max} = -\frac{N}{A} - \frac{M}{Z}$$ ·····················(8.28)

- 최소 압축응력도(인장 측)

$$\sigma_{\min} = -\frac{N}{A} + \frac{M}{Z}$$ ·····················(8.29)

그림 8.13 **압축응력도 분포**

그림 8.13에서

(d)의 경우, $\sigma_A < 0 \rightarrow -\dfrac{N}{A} + \dfrac{M}{Z} < 0 \rightarrow \dfrac{N}{A} > \dfrac{M}{Z}$

(e)의 경우, $\sigma_A = 0 \rightarrow -\dfrac{N}{A} + \dfrac{M}{Z} = 0 \rightarrow \dfrac{N}{A} = \dfrac{M}{Z}$

(f)의 경우, $\sigma_A > 0 \rightarrow -\dfrac{N}{A} + \dfrac{M}{Z} > 0 \rightarrow \dfrac{N}{A} < \dfrac{M}{Z}$: 불안정

[예제] 8-15 그림과 같이 중심 축하중과 휨모멘트를 받는 기둥 단면에서 CD 면에 발생하는 응력도를 구하시오.

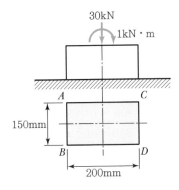

[풀이] 기둥 단면의 CD 면에 발생하는 응력도는

$$\sigma_{cb} = -\frac{N}{A} - \frac{M}{Z}$$

$$= -\frac{30 \times 10^3 \,(\mathrm{N})}{150\,(\mathrm{mm}) \times 200\,(\mathrm{mm})} - \frac{1 \times 10^3\,(\mathrm{N}) \times 10^3\,(\mathrm{mm})}{\dfrac{150\,(\mathrm{mm}) \times (200\,\mathrm{mm})^2}{6}}$$

$$= -2\mathrm{N/mm}^2 = -2\mathrm{MPa}\,(압축응력도)$$

예제 8-16 그림과 같은 하중을 지지하는 단주의 단면에서 인장응력이 발생하지 않는 편심거리 x의 값을 구하시오.

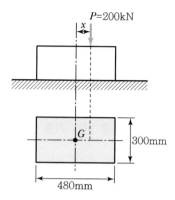

풀이 편심 축하중이 작용하는 단주의 최소 압축응력도가 0이 되어야 하므로

$$\sigma_{min} = -\frac{N}{A} + \frac{M}{Z}$$

$$= -\frac{200 \times 10^3 (N)}{300 (mm) \times 480 (mm)} + \frac{200 \times 10^3 (N) \times x (mm)}{\dfrac{300 (mm) \times (480mm)^2}{6}}.$$

$= 0$으로부터

$\therefore$ 편심거리 $x = \dfrac{480}{6} mm = 80mm$

예제 8-17 그림과 같은 원형 강관 단면의 핵반경을 구하시오.

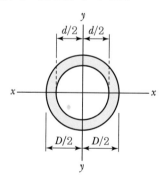

풀이 핵반경 : $e = \dfrac{Z}{A} = \dfrac{\dfrac{\pi(D^4 - d^4)}{32D}}{\dfrac{\pi(D^2 - d^2)}{4}}$

$$= \frac{D^2 + d^2}{8D}$$

예제 8-18 그림과 같이 편심거리 e만큼 떨어진 위치에 3kN의 압축력을 작용시켰을 때 기둥 단면에 인장응력이 발생하지 않도록 e 값을 구하시오.

풀이 단면에 인장응력이 발생하지 않으려면 e값이 핵반경이 되어야 하므로

$$e = \frac{Z}{A} = \frac{bh^2/6}{bh} = \frac{h}{6}$$

$$= \frac{50}{6} = 8.33\text{cm}$$

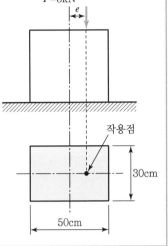

예제 8-19 원형 단면 기둥에 300kN의 중심압축력과 30kN · m의 휨모멘트가 작용할 때 단면에 인장응력이 생기지 않도록 기둥 단면의 직경 D 를 구하시오.

풀이 단면에 인장응력이 발생하지 않기 위한 조건은

$$\sigma_{\min} = -\frac{N}{A} + \frac{M}{Z} = 0 \text{이므로}$$

$$-\frac{N}{\frac{\pi D^2}{4}} + \frac{M}{\frac{\pi D^3}{32}} = 0$$

$$\therefore D = \frac{8M}{N} = \frac{8 \times 30(\text{kN}) \times 100(\text{cm})}{300(\text{kN})} = 80\text{cm}$$

8.6.2 단면의 핵

압축력과 휨모멘트를 동시에 받는 기둥

↓

최소 압축응력도 $\sigma_{\min}$: 편심거리 e의 값에 따라 인장응력도 발생 가능

↓

단면의 핵: 기둥의 단면 내에 압축응력도만 발생하게 되는 편심거리의 한계점인 핵점(core point) 으로 둘러싸인 부분

(1) 핵점의 위치

$\sigma_{\min} = -\dfrac{N}{A} + \dfrac{N \cdot e}{Z} = 0$ 에서

$$e = \frac{Z}{A} \qquad \cdots\cdots\cdots\cdots (8.30)$$

(2) 단면의 핵반경

구분	단면 형상	핵반경
직사각형		$e_x = \dfrac{Z_y}{A} = \dfrac{hb^2/6}{bh} = \dfrac{b}{6}$ $\left(= \dfrac{iy^2}{x_0} = \dfrac{b^2/12}{b/2} = \dfrac{b}{6} \right)$ $e_y = \dfrac{Z_x}{A} = \dfrac{bh^2/6}{bh} = \dfrac{h}{6}$ $\left(= \dfrac{ix^2}{y_0} = \dfrac{h^2/12}{h/2} = \dfrac{h}{6} \right)$
원형		$e = \dfrac{Z}{A} = \dfrac{\pi D^3/32}{\pi D^2/4} = \dfrac{D}{8}$ $\left(\dfrac{i^2}{r} = \dfrac{D/4}{D/2} = \dfrac{D}{8} \right)$
삼각형		$e_x = \dfrac{Zy}{A} = \dfrac{hb^2/16}{hb/2} = \dfrac{b}{8}$ $e_x = \dfrac{iy^2}{x_0} = \dfrac{b^2/48}{b/6} = \dfrac{b}{8}$ $e_{y_1} = \dfrac{Zx^2}{A} = \dfrac{bh^2/12}{bh/2} = \dfrac{h}{6}$ $e_{y_1} = \dfrac{ix^2}{y_{02}} = \dfrac{h^2/18}{h/3} = \dfrac{h}{6}$ $e_{y_2} = \dfrac{Zx_1}{A} = \dfrac{bh^2/24}{bh/2} = \dfrac{h}{12}$ $e_{y_2} = \dfrac{ix^2}{y_{01}} = \dfrac{h^2/18}{2h/3} = \dfrac{h}{12}$

여기서, zx, zy : x, y축에 대한 단면계수

ix, iy : x, y축에 대한 단면2차반경

x_0, y_0, x_{01}, y_{01} : 도심축으로부터 도형의 각 연단부까지의 거리

(3) 편심거리에 따른 응력도 분포

하중 작용 위치	① $e = 0$	② $e < \dfrac{h}{6}$	③ $e = \dfrac{h}{6}$	④ $e > \dfrac{h}{6}$
입면도				
단면도				 인장
응력도	$\sigma_{\min} = \sigma_{\max}$: 압축	$\sigma_{\min} < \sigma_{\max}$: 압축	$\sigma_{\min} = 0,\ \sigma_{\max}$: 압축	$\sigma_{\min}$: 인장, $\sigma_{\max}$: 압축

- $e = 0$: 하중이 중심축에 작용하면 압축응력만 생기며 응력도 분포는 직사각형이 된다.

- $e < \dfrac{h}{6}$: 하중이 핵 안에 작용하면 압축응력만 생기며 응력도 분포는 사다리형이 된다.

- $e = \dfrac{h}{6}$: 하중이 핵점에 작용하면 하중작용점 반대 측의 연단응력도는 0이 되며 응력도 분포는 삼각형이 된다.

- $e > \dfrac{h}{6}$: 하중이 핵 밖에 작용하면 하중작용점 반대 측의 연단응력은 인장응력이 되고 하중작용 측은 압축응력이 된다.

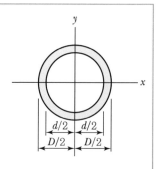

예제 8-20 그림과 같은 원형강관 단면의 핵반경을 구하시오.

풀이 핵반경 : $e = \dfrac{Z}{A} = \dfrac{\dfrac{\pi D^3}{32} - \dfrac{\pi d^4}{32D}}{\dfrac{\pi(D^2 - d^2)}{4}}$

$\qquad\qquad = \dfrac{\dfrac{\pi(D^4 - d^4)}{32D}}{\dfrac{\pi(D^2 - d^2)}{4}} = \dfrac{D^2 + d^2}{8D}$

예제 8-21 원형 단면 기둥에 $P = 300\text{kN}$, $M = 30\text{kN} \cdot \text{m}$가 작용할 때 인장응력이 생기지 않기 위한 기둥 단면의 지름 D를 구하시오.

풀이 기둥 단면에 인장응력이 발생하지 않기 위한 조건은

$\sigma_{\min} = -\dfrac{P}{A} + \dfrac{M}{Z} = 0$이므로

$-\dfrac{P}{\dfrac{\pi D^2}{4}} + \dfrac{M}{\dfrac{\pi D^3}{32}} = 0$

$\therefore D = \dfrac{8M}{P} = \dfrac{8 \times 30(\text{kN} \cdot \text{m})}{300(\text{kN})} = 0.8\text{m}$

예제 8-22 그림과 같이 편심거리 e만큼 떨어진 위치에 압축력 $P = 10\text{kN}$을 작용시켰을 때 기둥 단면에 인장응력이 발생하지 않도록 e값을 구하시오.

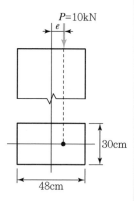

풀이 기둥 단면에 인장응력이 발생하지 않기 위한 조건은

$\sigma_{\min} = -\dfrac{P}{A} + \dfrac{M}{Z} = -\dfrac{P}{A} + \dfrac{Pe}{Z} = 0$

$\therefore e = \dfrac{Z}{A} = \dfrac{\dfrac{30(\text{cm}) \times (48\text{cm})^2}{6}}{30(\text{cm}) \times 48(\text{cm})} = 8\text{cm}$

$\left(e = \dfrac{h}{6} = \dfrac{48}{6} = 8\text{cm} \right)$

▼ **단면의 핵반경 크기**

단면의 핵반경 크기는 작용 하중(압축력)의 크기와는 무관하게 단면에 일정한 비율이다.

$(b \times h$인 단면 : $e_1 = \dfrac{h}{6}$, $e_2 = \dfrac{b}{6})$

8.6.3 장주(長柱 : long column)

▼ 세장비 λ에 의한 분류

$\lambda \leq 30 \rightarrow$ 단주 : 좌굴의 영향 무시 $\rightarrow$ 압축응력도

$\lambda \geq 100 \rightarrow$ 장주 : 응력이 좌굴에 지배됨 $\rightarrow$ 좌굴응력도

세장비 : $\lambda = \dfrac{l_k}{i}$ ....(8.31)

여기서, l_k : 기둥의 유효 좌굴길이
i : 단면 2차반경

(1) 오일러(Euler)의 탄성 좌굴하중

▼ 기본 가정

① 초기 결함(휨변형)이 없는 양단 힌지로 지지된 기둥의 선형탄성 거동
② 기둥 단면은 전체 길이에 걸쳐 균일하며, 축압축응력도는 비례한계 이내임
③ 휨변형은 단면 2차모멘트가 최소인 주축을 중심으로 발생함

▼ 오일러의 장주공식

좌굴하중 : $P_{cr} = \dfrac{\pi^2 EI}{l_k^2} = \dfrac{\pi^2 EA}{\lambda^2}$ ....(8.32)

좌굴응력도 : $\sigma_{cr} = \dfrac{P_k}{A} = \dfrac{\pi^2 E}{\lambda^2}$ ....(8.33)

여기서, P_{cr} : 좌굴하중
σ_{cr} : 좌굴응력도
E : 탄성계수
I : 단면 2차모멘트
l_k : 기둥의 유효좌굴길이
λ : 세장비$\left(= \dfrac{l_k}{i}\right)$

• 중심축하중을 받는 양단 핀(pin)인 기둥의 좌굴하중

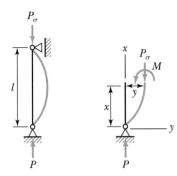

┃ 그림 8.14 **양단 핀인 기둥의 좌굴거동** ┃

▼ **공식유도**

x 위치에서의 휨모멘트 $M = P_{cr}y$ ·· (1)

양단 핀 기둥의 좌굴 시 탄성곡선 방정식

$$\frac{d^2y}{dx^2} = -\frac{M}{EI}$$ ·· (2)

식(1)을 식(2)에 대입하면

$$\frac{d^2y}{dx^2} = -\frac{M}{EI} = -\frac{P_{cr}}{EI}y$$

$$\frac{d^2y}{dx^2} + \frac{P_{cr}}{EI}y = 0$$ ·· (3)

식(3)에서 $k^2 = \dfrac{P_{cr}}{EI}$ 라 놓으면

$$\frac{d^2y}{dx^2} + k^2 y = 0$$ ·· (4)

식(4)의 미분방정식의 일반해는

$$y = C_1 \sin kx + C_2 \cos kx$$ ·· (5)

식(5)에서 C_1, C_2는 기둥의 경계조건에 의해 구해지는 적분상수임

　i) $x = 0$, $y = 0$에서　　　∴ $C_2 = 0$

　ii) $x = l$, $y = 0$에서　　　∴ $C_1 \sin kl = 0$

$C_1 = 0$이면 식(5)에서 $y = 0$이 되어 좌굴을 일으키지 않게 되므로

$C_1 \neq 0$이 되고 $\sin kl = 0$이 성립

　　　즉, $kl = n\pi \,(n = 1, \ 2, \ 3, \ \cdots)$　$k = \dfrac{n\pi}{l}$ ································ (6)

$k^2 = \dfrac{P_{cr}}{EI}$ 이므로 $\left(\dfrac{n\pi}{l}\right)^2 = \dfrac{P_{cr}}{EI}$

$n = 1$일 때 최소하중이 되므로

　　　좌굴하중 : $P_{cr} = \dfrac{\pi^2 EI}{l^2}$ ·· (7)

좌굴응력도 σ_k는

$$\sigma_k = \frac{P_{cr}}{A} = \frac{\pi^2 EI}{Al_k^2} \quad\text{...}(8)$$

단면 2차모멘트 $I = Ai^2$이므로 식(8)에 대입하면

$$\sigma_k = \frac{\pi^2 EAi^2}{Al_k^2} = \frac{\pi^2 Ei^2}{l_k^2} = \frac{\pi^2 E}{\left(\dfrac{l_k}{i}\right)^2} = \frac{\pi^2 E}{\lambda^2} \quad\text{.......................}(9)$$

여기서, i : 단면 2차반경 $\left(= \sqrt{\dfrac{I}{A}}\right)$, λ : 세장비 $\left(= \dfrac{l_k}{i}\right)$

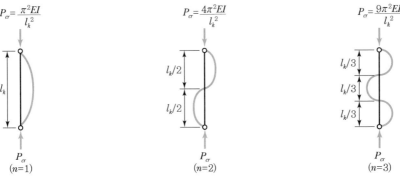

∥ 그림 8.15 **좌굴하중과 좌굴모드** ∥

(2) 유효좌굴길이

재단 지지조건	양단 힌지	1단 고정 1단 힌지	양단 고정	1단 고정 1단 자유
좌굴 형태				
유효좌굴길이	$l_k = l$	$l_k = 0.7l$	$l_k = 0.5l$	$l_k = 2l$
좌굴하중	$P_{cr} = \dfrac{\pi^2 EI}{l^2}$	$P_{cr} = \dfrac{\pi^2 EI}{(0.7l)^2}$ $\fallingdotseq \dfrac{2\pi^2 EI}{l^2}$	$P_{cr} = \dfrac{\pi^2 EI}{(0.5l)^2}$ $= \dfrac{4\pi^2 EI}{l^2}$	$P_{cr} = \dfrac{\pi^2 EI}{(2l)^2}$ $= \dfrac{\pi^2 EI}{4l^2}$
좌굴하중비	1	2	4	0.25

예제 8-23 그림과 같은 단면을 가진 압축재에서 좌굴길이가 250mm일 때 오일러 좌굴하중 값을 구하시오.(단, 재료의 탄성계수 $E = 210,000$MPa이다.)

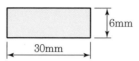

풀이 오일러 좌굴하중 : $P_{cr} = \dfrac{\pi^2 EI_{\min}}{l_k^2}$

$$= \dfrac{\pi^2 \times 210,000\,(\text{N/mm}^2) \times \dfrac{30\,(\text{mm}) \times (6\text{mm})^3}{12}}{(250\text{mm})^2}$$

$$= 17,907.4\text{N} = 17.907\text{kN}$$

예제 8-24 그림과 같은 기둥의 오일러 좌굴하중을 구하시오.(단, 재료의 탄성계수 $E = 210,000$MPa이다.)

풀이 오일러 좌굴하중 : $P_{cr} = \dfrac{\pi^2 EI_{\min}}{l_k^2}$ 에서

$l_k = 0.5l = 0.5 \times 10\text{m} = 5\text{m}$

$I_{\min} = \dfrac{20\,(\text{cm}) \times (10\text{cm})^3}{12} = 1,666.67\text{cm}^4$이므로

$P_{cr} = \dfrac{\pi^2 \times 2.1 \times 10^7\,(\text{N/cm}^2) \times 1,666.67\,(\text{cm}^4)}{(500\text{cm})^2}$

$\quad = 1,380,346.7\text{N} = 1,380.35\text{kN}$

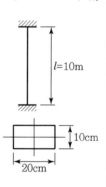

예제 8-25 양단 고정된 기둥은 1단 고정, 1단 자유보다 몇 배나 큰 오일러 좌굴하중을 받을 수 있는가를 구하시오.(단, 두 기둥의 단면 크기, 재료, 길이가 동일하다.)

풀이 ① 양단 고정 기둥 : $P_{cr} = \dfrac{\pi^2 EI}{(0.5l)^2} = \dfrac{4\pi^2 EI}{l^2}$

② 캔틸레버형 기둥(1단 고정, 1단 자유) : $P_{cr} = \dfrac{\pi^2 EI}{(2.0l)^2} = \dfrac{\pi^2 EI}{4l^2}$

① : ② $= 4 : \dfrac{1}{4} = 16 : 1$

∴ 양단 고정 기둥이 1단 고정, 1단 자유인 캔틸레버형 기둥보다 16배 큰 오일러 좌굴하중을 받을 수 있다.

01 그림과 같은 지름 32mm의 원형막대에 40kN의 인장력이 작용할 때 부재 단면에 발생하는 인장응력도는?

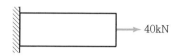

① 39.8MPa
② 49.8MPa
③ 59.8MPa
④ 69.8MPa

02 허용압축응력이 6MPa인 정사각형 소나무 기둥이 60kN의 입축력을 받는 경우 한 변의 길이는 최소 얼마 이상으로 해야 하는가?

① 10cm
② 15cm
③ 100cm
④ 150cm

03 그림과 같은 직사각형 판의 AB면을 고정시키고 점 C를 수평으로 0.03mm 이동시켰을 때 측면 AC의 전단변형률은?

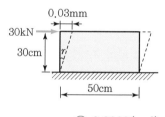

① 0.0001(rad)
② 0.0002(rad)
③ 0.0003(rad)
④ 0,0004(rad)

04 그림과 같은 막대가 인장력을 받는 경우 수직변형률을 옳게 나타낸 것은?

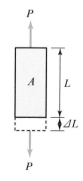

① $\dfrac{L}{\Delta L}$

② $\dfrac{\Delta L}{L}$

③ $\dfrac{P}{A}$

④ $\dfrac{PL}{A \cdot \Delta L}$

05 철선의 길이 $L = 1.5\text{m}$에 인장하중을 가하여 길이가 1.5009m로 늘어났을 때 변형률(ε)은?

① 0.0003

② 0.0005

③ 0.0006

④ 0.0008

06 길이 10m, 단면 3cm×3cm인 정사각형 단면의 강재에 인장력이 작용하여 길이가 0.6cm, 폭이 0.0006cm 변형되었다. 이때 강재의 프와송비는?

① $\dfrac{1}{2}$

② $\dfrac{1}{3}$

③ $\dfrac{1}{3.5}$

④ $\dfrac{1}{4}$

07 지름 20mm, 길이 3m인 연강 봉을 축방향으로 30kN의 인장력을 작용시켰을 때 길이가 1.4mm 늘어났고, 지름이 0.0027mm 줄어들었다 이때 강봉의 프와송수는?

① 3.16

② 3.46

③ 3.76

④ 4.06

08 단면적 A, 길이 L인 탄성체에 축방향력 P가 작용하여 ΔL만큼 늘어났다. 응력도, 변형도, 탄성계수를 각각 σ, ε, E라 한다면 다음 관계식 중 옳지 않은 것은?

① $\varepsilon = \dfrac{\sigma}{E}$

② $E = \dfrac{L \cdot \sigma}{\Delta L}$

③ $P = \varepsilon \cdot A \cdot E$

④ $P = \dfrac{L \cdot A \cdot E}{\Delta L}$

09 다음 중 재료의 탄성계수와 단위가 같은 것은?

① 응력

② 모멘트

③ 연직하중

④ 단면1차모멘트

10 무근콘크리트 기둥이 축방향력을 받아 재축방향으로 0.5mm 변형하였다. 좌굴을 고려하지 않을 경우 축방향력은?(단, 단면 400mm×400mm, 길이 4m, 콘크리트 탄성계수는 2.1×10^4MPa)

① 300kN

② 360kN

③ 420kN

④ 480kN

11 부재 길이가 3.5m, 지름이 16mm인 원형 단면 봉에 3kN의 축하중을 가하여 2.2mm 늘어났을 때 이 재료의 탄성계수 E는?

① 17,763MPa

② 18,965MPa

③ 21,762MPa

④ 23,738MPa

12 단면이 100mm×100mm, 길이가 1m인 기둥에 100kN의 압축력을 가했더니 1mm가 줄어들었다. 이 각재의 영계수는?

① 1kPa

② 10GPa

③ 100kPa

④ 10MPa

13 길이 4m, 단면적 1,000mm²인 어떤 재료를 200kN의 힘으로 당겼을 때 10mm가 늘어났다. 이 재료의 탄성계수는?

① 80,000N/mm²

② 140,000N/mm²

③ 160,000N/mm²

④ 210,000N/mm²

정답 **09** ① **10** ③ **11** ④ **12** ② **13** ①

14 길이 4m인 강봉에 재축방향으로 80kN의 인장력을 작용시켰을 때 수직응력 σ가 153.3MPa, 변형률 ε이 0.00073이었다. 이 강봉의 탄성계수는?

① 1.6×10^5MPa ② 16×10^5MPa
③ 2.1×10^5MPa ④ 21×10^5MPa

15 단면적이 1,000mm²이고, 길이는 2m인 균질한 재료로 된 철근에 재축 방향으로 100kN의 인장력을 작용시켰을 때 늘어난 길이는?(단, 탄성계수는 200,000MPa)

① 1mm ② 0.1mm
③ 0.01mm ④ 0.001mm

16 철근의 단면이 200mm², 탄성계수가 200,000MPa이고 길이가 10m, 외력으로 100kN의 인장력이 작용하면 늘어난 길이는?

① 25mm ② 38.3mm
③ 47.6mm ④ 71.4mm

17 지름 10mm, 길이 15m인 강봉에 무게 8kN의 인장력이 작용할 경우 늘어난 길이는?(단, $E_s = 2.0 \times 10^5$MPa)

① 4.32mm ② 5.34mm
③ 7.64mm ④ 9.32mm

18 탄성계수가 10^5MPa이고 균일한 단면을 가진 부재에 인장력이 작용하여 10MPa의 인장응력이 발생하였다. 이때 부재의 길이가 0.5mm 늘어났다면 부재의 원래 길이는?

① 2m ② 5m
③ 8m ④ 10m

19 지름 30mm, 길이 5m인 봉강에 50kN의 인장력이 작용하여 10mm 늘어났을 때의 인장응력 σ_t와 변형률 ε은?

① $\sigma_t = 56.45\text{MPa}$, $\varepsilon = 0.0015$ ② $\sigma_t = 65.66\text{MPa}$, $\varepsilon = 0.0015$

③ $\sigma_t = 70.74\text{MPa}$, $\varepsilon = 0.0020$ ④ $\sigma_t = 94.53\text{MPa}$, $\varepsilon = 0.0020$

20 직경이 40mm인 강봉을 200kN의 인장력으로 잡아당길 때 이 강봉의 가로변형률(가력방향에 직각)을 구하면?(단, 이 강봉의 프와송비는 1/4이고, 탄성계수는 20,000MPa이다.)

① 0.00197   ② 0.00398

③ 0.00592   ④ 0.00796

21 어떤 재료의 선형탄성계수가 200,000MPa이고, 프와송비가 0.3일 때 이 재료의 전단탄성계수는?

① 64,900MPa   ② 76,900MPa

③ 84,300MPa   ④ 92,600MPa

22 휨응력 산정 시 필요한 가정에 관한 설명 중 옳지 않은 것은?

① 보는 변형한 후에도 평면을 유지한다.

② 보의 휨응력은 중립축에서 최대이다.

③ 탄성범위 내에서 응력과 변형이 작용한다.

④ 휨부재를 구성하는 재료의 인장과 압축에 대한 탄성계수는 같다.

23 그림과 같은 단순보의 중앙에서 보 단면 내의 O점의 휨응력도는?

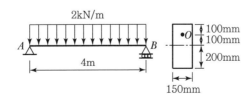

① $+0.50\text{MPa}$ ② -0.50MPa

③ $+0.75\text{MPa}$ ④ -0.75MPa

24 그림과 같은 단순보에서 C점에 대한 휨응력은?

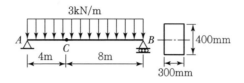

① 5MPa
② 6MPa
③ 7MPa
④ 8MPa

25 보의 중앙부에 집중하중이 작용할 때 최대 휨응력도는?

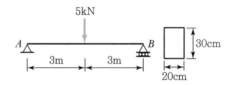

① 2.0MPa
② 2.5MPa
③ 3.0MPa
④ 3.5MPa

26 그림과 같은 구조물의 최대 휨응력은?

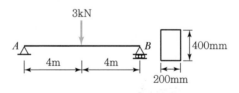

① 0.72MPa
② 0.92MPa
③ 1.12MPa
④ 1.32MPa

27 그림과 같은 단순보의 최대 휨응력은?(단, 자중은 무시한다.)

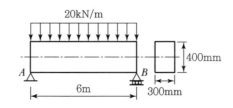

① 8.25MPa   ② 9.25MPa

③ 10.25MPa   ④ 11.25MPa

28 그림과 같은 단면에 전단력 $V = 18\text{kN}$ 이 작용할 경우 최대 전단응력은?

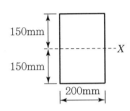

① 0.45MPa   ② 0.52MPa

③ 0.58MPa   ④ 0.64MPa

29 그림과 같은 단순보에서 단면에 생기는 최대 전단응력도를 구하면?(단, 보의 단면크기는 $150 \times 200\text{mm}$)

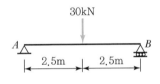

① 0.5MPa   ② 0.65MPa

③ 0.75MPa   ④ 0.85MPa

30 그림과 같은 하중을 받는 캔틸레버에서 최대 휨응력은?

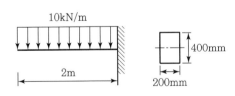

① 150MPa   ② 7.5MPa

③ 0.19MPa   ④ 3.75MPa

31 보의 중앙부 C점 단면에서 중립축으로부터 상방향으로 100mm 떨어진 위치의 전단응력은?(단, 보의 단면은 폭이 150mm, 높이가 300mm)

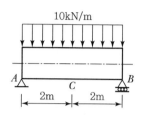

① 0.75N/mm^2

② 0.45N/mm^2

③ 0.25N/mm^2

④ 0

32 직사각형 단면의 부재에 전단력이 주어졌을 때 단면 내부 응력분포 상태는?

①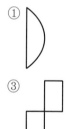

②

③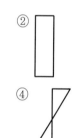

④

33 그림의 보에서 중립축에 작용하는 최대 전단응력도는?

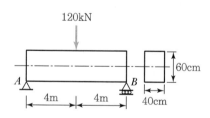

① 0.275MPa

② 0.325MPa

③ 0.375MPa

④ 0.425MPa

34 그림과 같은 보의 최대 전단응력으로 옳은 것은?

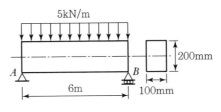

① 1.125MPa

② 1MPa

③ 0.563MPa

④ 0.5MPa

35 그림과 같은 보에서 최대 전단응력도를 구하면?(단, 원형 단면이며 단면의 직경은 D이다.)

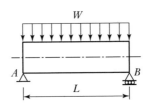

① $\dfrac{8}{3} \cdot \dfrac{wL}{\pi D^2}$

② $\dfrac{3}{8} \cdot \dfrac{wL}{\pi D^2}$

③ $\dfrac{4}{3} \cdot \dfrac{wL}{\pi D^2}$

④ $\dfrac{3}{4} \cdot \dfrac{wL}{D^2}$

36 그림과 같은 단면을 가진 보에서 $A-A$축에 대한 휨강도(Z_A)와 $B-B$축에 대한 휨강도(Z_B)의 관계를 옳게 나타낸 것은?

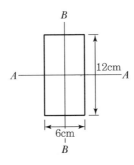

① $Z_A = 1.5Z_B$

② $Z_A = 2.0Z_B$

③ $Z_A = 2.5Z_B$

④ $Z_A = 3.0Z_B$

37 그림과 같은 동일 단면적을 가진 A, B, C보의 휨강도비를 구하면?

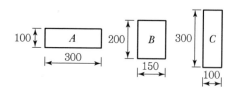

① $1:2:3$

② $1:2:4$

③ $1:3:4$

④ $1:3:5$

38 단면 $b \times h$(200mm×300mm), $L=6$m인 단순보에 중앙집중하중 P가 작용할 때 P의 허용값은?(단, $\sigma_{allow}=9$MPa이다.)

① 18kN

② 21kN

③ 24kN

④ 27kN

39 휨모멘트 $M=24$kN·m를 받는 보의 허용휨응력이 12MPa일 경우 안전한 보의 개략적인 최소 높이(h)를 구하면?(단, 보의 높이는 폭의 2배이다.)

① 200mm

② 300mm

③ 400mm

④ 500mm

40 그림과 같은 목재의 단면이 100mm×200mm인 캔틸레버 보의 끝에 3kN의 하중을 가할 때 지탱할 수 있는 캔틸레버보의 최대 길이는?(단, 허용 휨응력은 9MPa이다.)

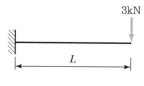

① 2.0m

② 2.5m

③ 3.0m

④ 3.5m

41 경간(Span)이 6m, 단면의 폭이 150mm, 높이가 400mm인 단순보가 목재보일 경우 여기에 실을 수 있는 허용 등분포하중은?(단, 목재보의 허용 휨응력 $\sigma_{allow} = 10\text{MPa}$이다.)

① 6.9kN/m

② 7.9kN/m

③ 8.9kN/m

④ 9.9kN/m

42 편심하중을 받는 단주에서 핵심(Core Section) 밖으로 하중이 걸리면 응력분포는 어떻게 되는가?

①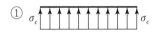

②

③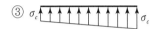

④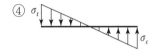

43 기초 크기 3.0m×3.0m인 독립기초가 축방향력 $N = 60\text{kN}$(기초자중 포함) 휨모멘트 $M = 10\text{kN·m}$를 받을 때 기초저면의 편심거리는?

① 0.10m

② 0.17m

③ 0.21m

④ 0.34m

44 그림과 같은 독립기초에 압축력 $N = 300\text{kN}$, 휨모멘트 $M = 150\text{kN·m}$가 작용할 때 기초저면에 압축력만 생기게 하는 최소 기초길이(L)는?(단, 흙의 자중 및 기초의 자중은 무시)

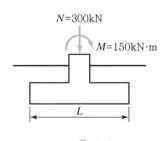

① 2.0m

② 2.4m

③ 3.0m

④ 3.6m

45 그림과 같은 기초에서 지반 반력의 분포 상태는?

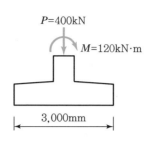

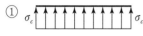

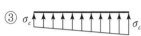

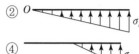

46 기초설계에 있어서 장기 50kN(자중 포함)의 하중을 받는 경우 장기허용 지내력도 10kN/m²의 지반에서 적당한 기초판의 크기는?

① 1.5m×1.5m   ② 1.8m×1.8m

③ 2.0m×2.0m   ④ 2.3m×2.3m

47 그림과 같은 독립기초에 생기는 최대, 최소 압축응력의 조합으로 적당한 것은?

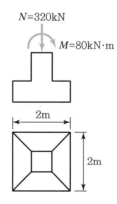

① 160kN/m², 10kN/m²   ② 140kN/m², 20kN/m²

③ 100kN/m², 40kN/m²   ④ 100kN/m², 60kN/m²

48 축압축력 $N = 1,000\text{kN}$, 휨모멘트 $M = 50\text{kN} \cdot \text{m}$가 500mm×500mm인 기둥 단면에 작용할 때 단면의 최대 및 최소응력도로 옳은 것은?

① 4MPa, 2.4MPa   ② 6.4MPa, 2.4MPa

③ 4MPa, 1.6MPa   ④ 6.4MPa, 1.6MPa

49 다음 기둥 단면에서 발생하는 최대응력도의 크기는?

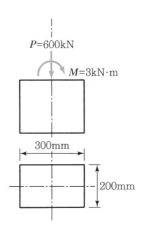

① 8MPa   ② 11MPa

③ 14MPa   ④ 17MPa

50 기초 지반면에 일어나는 최대 응력은?

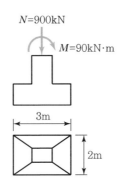

① 150kPa   ② 180kPa

③ 210kPa   ④ 250kPa

정답   **48** ④   **49** ②   **50** ②

51 그림과 같은 단주가 있다. 고정단에 생기는 최대 응력은?(단, 기둥 단면은 300mm×300mm이다.)

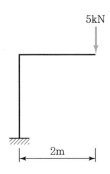

① $\sigma_{\max} = -2.865\text{MPa}$ ② $\sigma_{\max} = -2.277\text{MPa}$

③ $\sigma_{\max} = -1.868\text{MPa}$ ④ $\sigma_{\max} = -1.467\text{MPa}$

52 기둥에 편심축하중이 작용할 때의 상태를 옳게 설명한 것은?

① 압축력만 작용하며 휨모멘트는 발생하지 않는다.

② 휨모멘트만 작용하며 압축력은 발생하지 않는다.

③ 압축력과 휨모멘트가 작용하며 단면 내에 인장력이 발생하는 경우도 있다.

④ 압축력 및 인장력이 작용하며 휨모멘트는 작용하지 않는다.

53 그림과 같은 직사각형 단면의 핵(核)영역으로 옳은 것은?

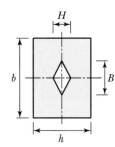

① $H = \dfrac{h}{6}$, $B = \dfrac{b}{3}$ ② $H = \dfrac{h}{3}$, $B = \dfrac{b}{6}$

③ $H = \dfrac{h}{6}$, $B = \dfrac{b}{6}$ ④ $H = \dfrac{h}{3}$, $B = \dfrac{b}{3}$

54 다음 그림의 마름모가 단면의 핵을 나타낸다고 할 때 FH/BC는?

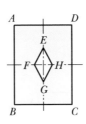

① 1/2

② 1/3

③ 1/4

④ 1/6

55 $N = 150\text{kN}$, $M = 11.25\text{kN} \cdot \text{m}$를 받는 원형 기둥에 인장응력이 생기지 않는 최소 기둥 지름은?

① 600mm

② 500mm

③ 400mm

④ 300mm

56 그림과 같은 정방향 단주(短柱)의 E점에 압축력 100kN이 작용할 때 B점에 발생되는 응력의 크기는?

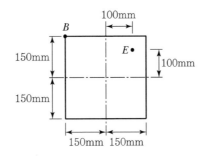

① -1.11MPa

② 1.11MPa

③ -2.22MPa

④ 2.22MPa

57 단면적과 좌굴길이가 일정한 장주의 좌굴방향은 어느 것인가?

① 단면2차모멘트가 최소인 축의 방향

② 단면2차모멘트가 최소인 축의 45° 방향

③ 단면2차모멘트가 최대인 축의 방향

④ 단면2차모멘트가 최대인 축의 45° 방향

정답 **54** ② **55** ① **56** ① **57** ③

58 압축부재의 유효좌굴길이는 무엇으로 결정되는가?

① 부재 단면의 단면2차모멘트   ② 부재 단면의 단면계수
③ 재단의 지지조건   ④ 부재의 처짐

59 기둥에서 장주의 좌굴하중은 Euler 공식으로부터 $P_{cr} = \dfrac{\pi^2 EI}{(KL)^2}$ 이다. 기둥의 지지조건이 양단힌지일 때 기둥의 유효좌굴길이계수 K는?

① 0.5   ② 0.7
③ 1.0   ④ 2.0

60 그림과 같은 장주의 좌굴길이를 옳게 표시한 것은?(단, 기둥의 재질과 단면 크기는 모두 같다.)

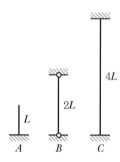

① (A)가 최대이고, (B)가 최소이다.   ② (C)가 최대이고, (A)가 최소이다.
③ (B)가 최대이고, (A)와 (C)는 같다.   ④ (A), (B), (C) 모두 같다.

61 그림과 같은 기둥의 단면(斷面)이 150mm×150mm일 경우 이 기둥의 오일러(Euler) 좌굴하중은?(단, 탄성계수 $E = 8 \times 10^3 \text{MPa}$)

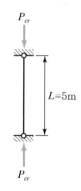

① 133.2kN   ② 154.6kN

③ 176.9kN   ④ 198.7kN

62 그림과 같은 단면을 가진 압축재에서 좌굴길이 $KL = 250\text{mm}$일 때 Euler 좌굴하중 값은?(단, 이 재료의 탄성계수 $E = 210{,}000\text{MPa}$)

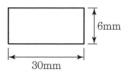

① 17.9kN   ② 43.0kN

③ 52.9kN   ④ 64.7kN

63 지지조건과 횡구속에 따른 좌굴하중에서 그림 A의 장주가 15kN의 하중에 견딜 수 있다면 그림 B의 장주가 견딜 수 있는 하중은?

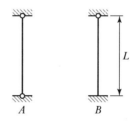

① 20.6kN   ② 30.6kN

③ 35.6kN   ④ 45.6kN

64 단일 압축재에서 세장비를 구할 때 필요 없는 것은?

① 부재 길이   ② 단부 지점 조건

③ 탄성계수   ④ 단면2차반경

65 그림과 같은 구조용 강재의 단면2차반경이 20mm일 때 세장비(λ)는 얼마인가?

5m

① 100

② 200

③ 350

④ 500

8장   풀이 및 해설

01 $\sigma_t = \dfrac{P}{A} = \dfrac{40 \times 10^3}{\dfrac{\pi \times (32)^2}{4}} = 49.8 \mathrm{N/mm^2} = 49.8 \mathrm{MPa}$

02 $\sigma_c = \dfrac{P_c}{A} \leq f_c = 6 \mathrm{N/mm^2}$

$\dfrac{60 \times 10^3 \mathrm{N}}{A} \leq 6 \mathrm{N/mm^2}$ 에서 $A \geq 10,000 \mathrm{mm^2} = 100 \mathrm{cm^2} = 10 \mathrm{cm} \times 10 \mathrm{cm}$

03 $r = \dfrac{\delta}{l} = \dfrac{0.03}{30 \times 10} = 0.0001 \, (\mathrm{rad})$

04 $\varepsilon = \dfrac{\Delta L}{L}$

05 $\varepsilon = \dfrac{\Delta L}{L} = \dfrac{1.5009 - 1.5}{1.5} = 0.0006$

06 $\nu = \dfrac{\beta}{\varepsilon} = \dfrac{\Delta d/d}{\Delta l/l} = \dfrac{l \cdot \Delta d}{d \cdot \Delta l}$

$= \dfrac{(10 \times 10^2) \times 0.0006}{3 \times 0.6} = \dfrac{1}{3}$

07 $\nu = \dfrac{\beta}{\varepsilon} = \dfrac{\Delta d/d}{\Delta l/l} = \dfrac{l \cdot \Delta d}{d \cdot \Delta l}$

$= \dfrac{3 \times 10^3 \times 0.0027}{20 \times 1.4} = 0.289286$

프와송수 : $m = \dfrac{1}{\nu} = \dfrac{1}{0.289286} = 3.45679$

08 $\Delta L = \dfrac{P \cdot L}{E \cdot A}$

$P = \dfrac{E \cdot A \cdot \Delta L}{L} = E \cdot A \cdot \varepsilon$

$E = \dfrac{\sigma}{\varepsilon} = \dfrac{L \cdot \sigma}{\Delta L}$

09 $\sigma = E \cdot \varepsilon$: ε은 단위가 없으므로 탄성계수 E는 응력도 σ와 단위가 같다.

10 $\dfrac{P}{A} = E \cdot \dfrac{\Delta l}{l}$ 에서

$P = \dfrac{E \cdot A \cdot \Delta l}{l} = \dfrac{2.1 \times 10^4 \,(\text{N/mm}^2) \times 400 \times 400 \,(\text{mm}^2) \times 0.5 \,(\text{mm})}{4 \times 10^3 \,(\text{mm})}$

$= 420,000\text{N} = 420\text{kN}$

11 $E = \dfrac{P \cdot l}{A \cdot \Delta l} = \dfrac{3 \times 10^3 \,(\text{N}) \times 3.5 \times 10^3 \,(\text{mm})}{\dfrac{\pi \times 16^2}{4} \,(\text{mm}^2) \times 2.2 \,(\text{mm})}$

$= 23,738\text{N/mm}^2 = 23,738\text{MPa}$

12 $E = \dfrac{P \cdot l}{A \cdot \Delta l} = \dfrac{100 \times 10^3 \,(\text{N}) \times 1 \times 10^3 \,(\text{mm})}{100 \times 100 \,(\text{mm}^2) \times 1 \,(\text{mm})}$

$= 10,000\text{N/mm}^2 = 10,000\text{MPa} = 10\text{GPa}$

13 $E = \dfrac{P \cdot l}{A \cdot \Delta l} = \dfrac{200 \times 10^3 \,(\text{N}) \times 4 \times 10^3 \,(\text{mm})}{1,000 \,(\text{mm}^2) \times 10 \,(\text{mm})}$

$= 80,000\text{N/mm}^2$

14 $E = \dfrac{\sigma}{\varepsilon} = \dfrac{153.3 \,(\text{MPa})}{0.0007} = 2.1 \times 10^5 \text{MPa}$

15 $\Delta l = \dfrac{P \cdot l}{E \cdot A} = \dfrac{100 \times 10^3 \,(\text{N}) \times 2 \times 10^3 \,(\text{mm})}{200,000 \,(\text{N/mm}^2) \times 1,000 \,(\text{mm}^2)}$

$= 1\text{mm}$

16 $\Delta l = \dfrac{P \cdot l}{E \cdot A} = \dfrac{100 \times 10^3 \,(\text{N}) \times 10 \times 10^3 \,(\text{mm})}{200,000 \,(\text{N/mm}^2) \times 200 \,(\text{mm}^2)}$

$= 25\text{mm}$

17 $\Delta l = \dfrac{P \cdot l}{E \cdot A} = \dfrac{8 \times 10^3 \,(\text{N}) \times 15 \times 10^3 \,(\text{mm})}{2.1 \times 10^5 \,(\text{N/mm}^2) \times \dfrac{\pi \times 10^2}{4} \,(\text{mm}^2)}$

$= 7.639\text{mm}$

18 $l = \dfrac{E \cdot \Delta l}{\sigma} = \dfrac{10^5 \,(\text{MPa}) \times 0.5 \,(\text{mm})}{10 \,(\text{MPa})}$

$= 5,000\text{mm} = 5\text{m}$

19 $\sigma_t = \dfrac{P}{A} = \dfrac{50 \times 10^3 (\text{N})}{\dfrac{\pi \times 30^2}{4} (\text{mm}^2)} = 70.735 \text{MPa}$

$\varepsilon = \dfrac{\Delta l}{l} = \dfrac{10 (\text{mm})}{5 \times 10^3 (\text{mm})} = 0.002$

20 프와송비 $\nu = \dfrac{\beta}{\varepsilon}$ 에서

가로변형비 : $\beta = \nu \cdot \varepsilon = \nu \times \dfrac{P}{EA}$

$$= \dfrac{1}{4} \times \dfrac{200 \times 10^3 (\text{N})}{20{,}000 (\text{N/mm}^2) \times \dfrac{\pi \times 40^2}{4} (\text{mm}^2)}$$

$$= 0.00198$$

21 $G = \dfrac{E}{2(1+\nu)} = \dfrac{200{,}000 (\text{MPa})}{2(1+0.3)}$
    $= 76{,}923 \text{MPa}$

22 ② 보의 휨응력은 중립축에서는 0이 된다.

23 $M_{\max} = \dfrac{\omega l^2}{8} = \dfrac{2(\text{kN/m}) \times 4^2 (\text{m}^2)}{8} = 4\text{kN} \cdot \text{m} = 4 \times 10^6 \text{N} \cdot \text{mm}$

$I = \dfrac{bh^3}{12} = \dfrac{150 \times 400^3}{12} = 8 \times 10^8 \text{mm}^4$

$\sigma_0 = -\dfrac{M_{\max}}{I} \cdot y = -\dfrac{4 \times 10^6 (\text{N} \cdot \text{m})}{8 \times 10^8 (\text{mm}^4)} \cdot 100 (\text{mm}) = -0.5 \text{N/mm}^2 = -0.5 \text{MPa}(\text{휨압축})$

24 $R_A = \dfrac{\omega l}{2} = \dfrac{3 \times 12}{2} = 18\text{kN} (\uparrow)$

$M_C = 18 \times 4 - 3 \times 4 \times 2 = 48\text{kN} \cdot \text{m} = 48 \times 10^6 \text{N} \cdot \text{mm}$

$Z = \dfrac{bh^2}{6} = \dfrac{300 \times 400^2}{6} = 8 \times 10^6 \text{mm}^3$

$\sigma_b = \dfrac{M_c}{Z} = \dfrac{48 \times 10^6 (\text{N} \cdot \text{mm})}{8 \times 10^6 (\text{mm}^3)} = 6\text{N/mm}^2 = 6\text{MPa}$

25 $M_{\max} = \dfrac{Pl}{4} = \dfrac{5 \times 10^3 (\text{N}) \times 6 \times 10^3 (\text{mm})}{4} = 7.5 \times 10^6 \text{N} \cdot \text{mm}$

$Z = \dfrac{bh^2}{6} = \dfrac{200 (\text{mm}) \times 300^2 (\text{mm}^2)}{6} = 3 \times 10^6 \text{mm}^3$

$$\sigma_{\max} = \frac{M}{Z} = \frac{7.5 \times 10^6 (\text{N} \cdot \text{m})}{3 \times 10^6 (\text{mm}^3)} = 2.5 \text{N/mm}^2 = 2.5 \text{MPa}$$

26 $$M_{\max} = \frac{Pl}{4} = \frac{3 \times 10^3 (\text{N}) \times 8 \times 10^3 (\text{mm})}{4} = 6 \times 10^6 \text{N} \cdot \text{mm}$$

$$Z = \frac{bh^2}{6} = \frac{200(\text{mm}) \times 400^2 (\text{mm}^2)}{6} = 5.333 \times 10^6 \text{mm}^3$$

$$\sigma_{\max} = \frac{M}{Z} = \frac{6 \times 10^6 (\text{N} \cdot \text{mm})}{5.333 \times 10^6 (\text{mm}^3)} = 1.125 \text{N/mm}^2 = 1.125 \text{MPa}$$

27 $$M_{\max} = \frac{\omega l^2}{8} = \frac{20 \times 6^2}{8} = 90 \text{kN} \cdot \text{m} = 9 \times 10^7 \text{N} \cdot \text{mm}$$

$$Z = \frac{bh^2}{6} = \frac{300 \times 400^2}{6} = 8 \times 10^6 \text{mm}^3$$

$$\sigma_{\max} = \frac{M_{\max}}{Z} = \frac{9 \times 10^7 (\text{N} \cdot \text{m})}{8 \times 10^6 (\text{mm}^3)} = 11.25 \text{N/mm}^2 = 11.25 \text{MPa}$$

28 $$\nu_{\max} = \frac{3}{2} \cdot \frac{V}{A}$$

$$= \frac{3}{2} \times \frac{18 \times 10^3 (\text{N})}{200 \times 300 (\text{mm}^2)} = 0.45 \text{N/mm}^2 = 0.45 \text{MPa}$$

29 $$V_{\max} = V_A = \frac{30}{2} = 15 \text{kN}$$

$$\nu_{\max} = \frac{3}{2} \cdot \frac{V}{A} = \frac{3}{2} \times \frac{15 \times 10^3 (\text{N})}{150 \times 200 (\text{mm}^2)}$$

$$= 0.75 \text{N/mm}^2 = 0.75 \text{MPa}$$

30 $$M_{\max} = -\frac{\omega l^2}{2} = -\frac{10 \times 2^2}{2} = -20 \text{kN} \cdot \text{m} = -20 \times 10^6 \text{N} \cdot \text{mm}$$

$$\sigma_{\max} = \frac{M_{\max}}{Z} = \frac{-20 \times 10^6 (\text{N} \cdot \text{mm})}{\dfrac{200 \times 400^2}{6} (\text{mm}^3)} = -3.75 \text{N/mm}^2 = -3.75 \text{MPa}$$

31 등분포하중을 받는 단순보의 전단력은 중앙부에서 0이 되므로 전단응력도 0이 된다.

$v = \dfrac{V \cdot S}{Ib}$ 에서 $V = 0 \rightarrow v = 0$

32 직사각형 단면에 전단력이 작용하면 전단응력도는 단면의 중앙부에서 최대가 되며 상하 단부에서는 0이 되는 포물선 분포를 이룬다.

33 $V_{\max} = V_A = 60\text{kN}$

$$v_{\max} = \frac{3}{2} \cdot \frac{V}{A} = \frac{3}{2} \times \frac{60 \times 10^3\,(\text{N})}{400 \times 600\,(\text{mm}^2)} = 0.375\text{N/mm}^2 = 0.375\text{MPa}$$

34 $V_{\max} = V_A = \dfrac{\omega l}{2} = \dfrac{5 \times 6}{2} = 15\text{kN} = 15 \times 10^3\text{N}$

$$v_{\max} = \frac{3}{2} \cdot \frac{V}{A} = \frac{3}{2} \times \frac{15 \times 10^3\,(\text{N})}{100 \times 200\,(\text{mm}^2)} = 1.125\text{N/mm}^2 = 1.125\text{MPa}$$

35 $V_{\max} = V_A = \dfrac{\omega L}{2}$

$$\nu_{\max} = \frac{4}{3} \cdot \frac{V}{A} = \frac{4}{3} \times \frac{\dfrac{\omega L}{2}}{\dfrac{\pi D^2}{4}} = \frac{8}{3} \cdot \frac{\omega L}{\pi D^2}$$

36 $Z_A = \dfrac{bh^2}{6} = \dfrac{6 \times 12^2}{6} = 144\text{cm}^3$

$Z_B = \dfrac{hb^2}{6} = \dfrac{12 \times 6^2}{6} = 72\text{cm}^3$

$\therefore Z_A = 2Z_B$

37 $Z_A = \dfrac{300 \times 100^2}{6} = 500{,}000\text{mm}^3$

$Z_B = \dfrac{150 \times 200^2}{6} = 1{,}000{,}000\text{mm}^3$

$Z_C = \dfrac{100 \times 300^2}{6} = 1{,}500{,}000\text{mm}^3$

$\therefore Z_A : Z_B : Z_C = 1 : 2 : 3$

38 $M_{\max} = \dfrac{PL}{4} = \dfrac{P \times 6 \times 10^3\,(\text{mm})}{4} = 1.5P \times 10^3\,(\text{mm})$

$Z = \dfrac{bh^2}{6} = \dfrac{200 \times 300^2}{6}\,(\text{mm}^3) = 3 \times 10^6\,(\text{mm}^3)$

$\sigma_{\max} = \dfrac{M_{\max}}{Z} = \dfrac{1.5P \times 10^3\,(\text{mm})}{3 \times 10^6\,(\text{mm}^3)} \le 9\,(\text{N/mm}^2)$

$\therefore P \le 18{,}000\text{N} = 18\text{kN}$

39 $\sigma_b = \dfrac{M}{Z} = \dfrac{M}{bh^2/6} = \dfrac{M}{\left(\dfrac{h}{2}\right) \cdot h^2/6} = \dfrac{12M}{h^3} \leq f_b$

$h \geq \sqrt[3]{\dfrac{12M}{f_b}} = \sqrt[3]{\dfrac{12 \times 24 \times 10^6 (\text{N} \cdot \text{mm})}{12 (\text{N}/\text{mm}^2)}} = 288.45\text{mm}$

40 $M_{\max} = 3{,}000 \times L$

$Z = \dfrac{100 \times 200^2}{6} = 666{,}667\text{mm}^3$

$\sigma_b = \dfrac{M}{Z} \leq f_b$ 에서 $M \leq f_b \cdot Z$ 이므로

$3{,}000 \times L \leq 9 (\text{N}/\text{mm}^2) \times 666{,}667 (\text{mm}^3)$

$\therefore L = 2{,}000\text{mm} = 2.0\text{m}$

41 $\sigma_b = \dfrac{M_{\max}}{Z} = \dfrac{\omega l^2/8}{bh^2/6} = \dfrac{3\omega l^2}{4bh^2} \leq f_b$

$\therefore \omega \leq \dfrac{4bh^2 \cdot f_b}{3l^2} = \dfrac{4 \times 150 \times 400^2 (\text{mm}^3) \times 10 (\text{N}/\text{mm}^2)}{3 \times (6{,}000)^2 (\text{mm}^2)}$

$\qquad = 8.89\text{N}/\text{mm} = 8.89\text{kN}/\text{m}$

42 ① 핵반경 $e = 0$ ② $e = \dfrac{h}{6}$

③ $e < \dfrac{h}{6}$ ④ $e > \dfrac{h}{6}$

43 $M = N \cdot e$

$e = \dfrac{M}{N} = \dfrac{10}{60} = 0.166\text{m}$

44 $e = \dfrac{M}{N} = \dfrac{150}{300} = 0.5\text{m}$

$e \leq \dfrac{L}{6} = 0.5\text{m}$

$\therefore L \geq 3.0\text{m}$

45 $e = \dfrac{M}{N} = \dfrac{120}{400} = 0.3\text{m}$

$e < \dfrac{L}{6} = \dfrac{3{,}000}{6} = 500\text{mm} = 0.5\text{m}$ 이므로 단면 내에는 사다리꼴의 응력분포가 형성된다.

46
$$\sigma_C = \frac{P}{A} \leq f_e$$

$$A \geq \frac{P}{f_e} = \frac{50}{10} = 5\mathrm{m}^2 = \sqrt{5}\,(\mathrm{m}) \times \sqrt{5}\,(\mathrm{m})$$
$$= 2.24\,(\mathrm{m}) \times 2.24\,(\mathrm{m})$$

47
$$\sigma_{\max} = -\frac{N}{A} - \frac{M}{Z} = -\frac{320}{2 \times 2} - \frac{80}{\dfrac{2 \times 2^2}{6}}$$

$$= -80 - 60 = -140\mathrm{kN/m}^2$$

$$\sigma_{\min} = -\frac{N}{A} + \frac{M}{Z} = -80 + 60 = -20\mathrm{kN/m}^2$$

48
$$\sigma_{\max} = -\frac{N}{A} - \frac{M}{Z} = -\frac{1{,}000 \times 10^3\,(\mathrm{N})}{500 \times 500\,(\mathrm{mm}^2)} - \frac{50 \times 10^6\,(\mathrm{N \cdot mm})}{\dfrac{500 \times 500^2}{6}\,(\mathrm{mm}^3)}$$

$$= -4 - 2.4 = -6.4\mathrm{N/mm}^2 = -6.4\mathrm{MPa}$$

$$\sigma_{\min} = -\frac{N}{A} + \frac{M}{Z} = -4 + 2.4 = -1.6\mathrm{MPa}$$

49
$$\sigma_{\max} = -\frac{N}{A} - \frac{M}{Z} = -\frac{600 \times 10^3\,(\mathrm{N})}{200 \times 300\,(\mathrm{mm}^2)} - \frac{3 \times 10^6\,(\mathrm{N \cdot mm})}{\dfrac{200 \times 300^2}{6}\,(\mathrm{mm}^3)}$$

$$= -10 - 1 = -11\mathrm{N/mm}^2 = -11\mathrm{MPa}$$

50
$$\sigma_{\max} = -\frac{N}{A} - \frac{M}{Z} = -\frac{900}{2 \times 3} - \frac{90}{\dfrac{2 \times 3^2}{6}}$$

$$= -180\mathrm{kN/m}^2 = -180\mathrm{kPa}$$

51 고정단의 재단모멘트 $M = 5 \times 2 = 10\mathrm{kN \cdot m}$
$$\sigma_{\max} = -\frac{N}{A} - \frac{M}{Z} = -\frac{5 \times 10^3\,(\mathrm{N})}{300 \times 300\,(\mathrm{mm}^2)} - \frac{10 \times 10^6\,(\mathrm{N \cdot mm})}{\dfrac{300 \times 300^2}{6}\,(\mathrm{mm}^3)}$$

$$= -2.277\mathrm{N/mm}^2 = -2.277\mathrm{MPa}$$

52 기둥에 편심축하중이 작용하면 단면 내에는 압축응력과 휨응력이 발생하며, 편심축하중의 작용점이 단면의 핵반경을 넘으면 인장응력도 발생한다.

53 • $H = \dfrac{h}{6} + \dfrac{h}{6} = \dfrac{h}{3}$

     • $B = \dfrac{b}{6} + \dfrac{b}{6} = \dfrac{b}{3}$

54 $FH = 2e = 2 \times \dfrac{BC}{6} = \dfrac{1}{3} BC$

55 편심거리 : $e' = \dfrac{M}{N} = \dfrac{11.25}{150} = 0.075\text{m}$

    원형단면의 핵반경 : $e = \dfrac{D}{8}$, $e' < e = \dfrac{D}{8}$ 이므로

    $\therefore D \geq 8e' = 8 \times 0.075\text{m} = 0.6\text{m} = 600\text{mm}$

56 $\sigma_B = -\dfrac{N}{A} - \dfrac{N \cdot e_y}{Z_x} + \dfrac{N \cdot e_x}{Z_y}$

    $= -\dfrac{100 \times 10^3}{300 \times 300} - \dfrac{100 \times 10^3 \times 100}{\dfrac{300 \times 300^2}{6}} + \dfrac{100 \times 10^3 \times 100}{\dfrac{300 \times 300^2}{6}}$

    $= -1.11 - 2.22 + 2.22 = -1.11\text{N/mm}^2 = -1.11\text{MPa}$

57 $I_x > I_y$ 이므로 장주의 좌굴방향은 x축 방향으로 좌굴한다.

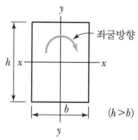

58 압축재의 유효좌굴길이는 재단의 지지조건에 따라 변화한다.

59 양단힌지일 때 유효좌굴길이계수 $K = 1$이다.

60 • A 기둥 : 유효좌굴길이 $kL = 2 \times L = 2.0L$
    • B 기둥 : $kL = 1.0 \times 2L = 2.0L$
    • C 기둥 : $kL = 0.5 \times 4L = 2.0L$

61 $P_{cr} = \dfrac{\pi^2 EI}{l_k^2} = \dfrac{\pi^2 \times 8 \times 10^3 (\text{N/mm}^2) \times \left(\dfrac{150 \times 150^3}{12}\right)(\text{mm}^4)}{1.0 \times 5{,}000^2 (\text{mm}^2)}$

    $= 133{,}240\text{N} = 133.24\text{kN}$

62 $P_{cr} = \dfrac{\pi^2 EI}{l_k{}^2} = \dfrac{\pi^2 \times 210,000\,(\mathrm{N/mm^2}) \times \dfrac{30 \times 6^3}{12}\,(\mathrm{mm^4})}{250^2\,(\mathrm{mm^2})}$

$\qquad = 17,907.4\mathrm{N} = 17.907\mathrm{kN}$

63 • A장주의 좌굴하중 : $P_{cr} = \dfrac{\pi^2 EI}{L_k^2} = \dfrac{\pi^2 EI}{L^2} = 15\mathrm{kN}$ 이므로

$\quad$ • B장주의 좌굴하중 : $P_{cr} = \dfrac{\pi^2 EI}{L_k^2} = \dfrac{\pi^2 EI}{(0.7L)^2} = \dfrac{\pi^2 EI}{0.49L^2}$

$\qquad\qquad\qquad\qquad = \dfrac{15}{0.49} = 30.6\mathrm{kN}$

64 압축재의 세장비 :

$\quad \lambda = \dfrac{l_k}{i} = \dfrac{l_k}{\sqrt{I/A}}$

$\qquad$ 여기서, l_k : 유효좌굴길이 – 부재 길이, 단부 지지조건

$\qquad\qquad i$: 단면 2차반경

$\qquad\qquad I$: 단면2차모멘트

65 $\lambda = \dfrac{l_k}{i} = \dfrac{2.0 \times 5,000\,(\mathrm{mm})}{20\,(\mathrm{mm})} = 500$

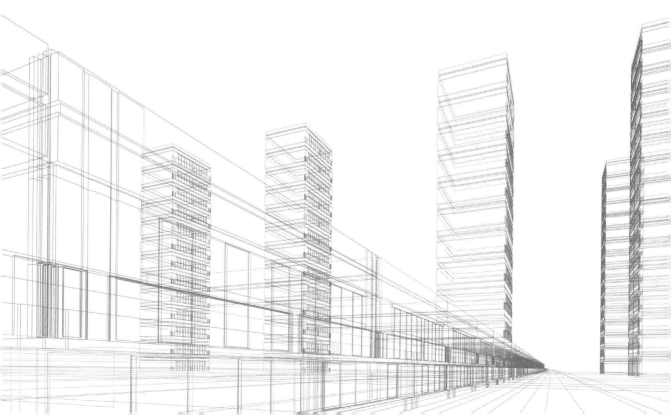

9.1 처짐과 처짐각

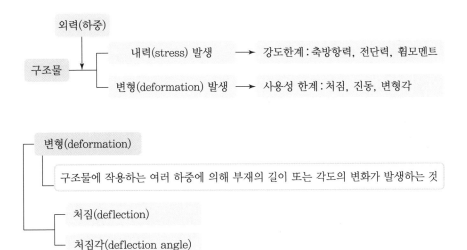

(1) 처짐(δ)

그림 9.1과 같이 보가 하중을 받아 변형했을 때 부재축과 수직인 방향으로의 변위량은
하향($\downarrow$)일 때 ($+$), 상향($\uparrow$)일 때 ($-$)

(2) 처짐각(θ)

• 그림 9.1과 같이 처짐곡선상의 한 점에서 그은 접선이 변형 전의 부재축과 이루는 각
• 접선이 변형 전 부재축에 대하여 시계방향일 때 ($+$), 반시계방향일 때 ($-$)

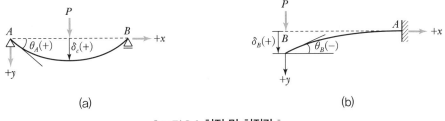

┃ 그림 9.1 **처짐 및 처짐각** ┃

(3) 처짐 및 처짐각의 산정방법

구분	종류	적용대상	비고
기하학적 방법	① 처짐곡선의 미분방정식 　(이중적분법, 탄성곡선법)	보	전단변형 무시, 휨변형만 고려 : 휨모멘트만 고려
	② 탄성하중법(Mohr의 정리) ③ 모멘트면적법(Green의 정리) ④ 공액보법	보와 라멘	
에너지 방법	① 가상일법(단위하중법) ② 카스틸리아노의 제2정리 ③ 상반작용의 정리(맥스웰의 정리)	모든 구조물에 적용가능	모든 변형 고려 가능 : 축방향력, 전단력, 휨모멘트, 비틀림 모멘트 등 고려

9.2　　탄성곡선법

(1) 개요

탄성곡선(처짐곡선)의 미분방정식으로부터 처짐각과 처짐을 구하는 방법
- 적분을 두 번 사용 : 이중적분법
- 탄성곡선식 사용 : 탄성곡선법

(2) 가정

- 재료는 탄성범위 내에서 균질하고 후크의 법칙을 따른다.
- 구조물의 실제 처짐각과 처짐은 작다.
- 탄성계수는 인장영역과 압축영역에서 동일하다.
- 보의 부재축에 직각인 단면이 재하 전에 평면이면 재하 후(처짐 이후)에도 평면을 유지한다.

9.2.1 보 처짐의 미분방정식

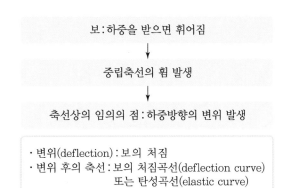

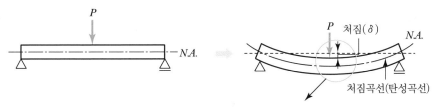

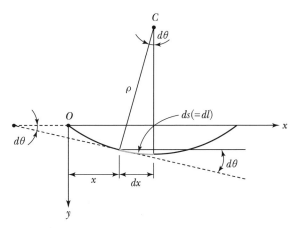

▮ 그림 9.2 **보의 휨변형** ▮

▮ 그림 9.3 **보의 휨변형과 처짐각** ▮

그림 9.3에서 미소부분 dx를 확대하면

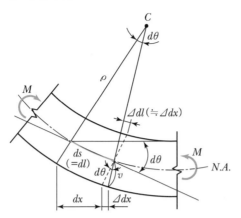

▌그림 9.4 **휨변형 상태에 있는 미세한 보** ▌

• 곡률반경 : ρ

• 변형도 : $\varepsilon = \dfrac{\varDelta dl}{dl} \fallingdotseq \dfrac{\varDelta dx}{dl} = \dfrac{vd\theta}{\rho d\theta} = \dfrac{v}{\rho}$

• 탄성계수 : $E = \dfrac{\sigma}{\varepsilon} = \dfrac{Mv/I}{vd\theta/\rho d\theta} = \dfrac{M\rho vd\theta}{Ivd\theta} = \dfrac{M}{I}\rho$

$$\therefore \ \frac{1}{\rho} = \frac{M}{EI}\left(\rho = \frac{EI}{M}\right) : \text{곡률반경식} \qquad\qquad\cdots\cdots\cdots\cdots\cdots (9.1)$$

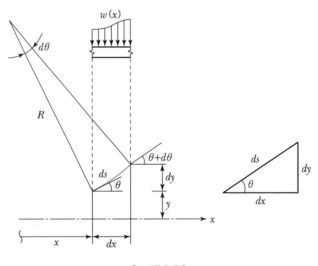

▌그림 9.5 ▌

처짐변형을 한 보의 미소부분을 dx, 처짐각을 $d\theta$로 하면

$\tan\theta = \dfrac{dy}{dx}$, 한 번 더 미분하면

$$\frac{d}{dx}\tan\theta = \frac{d^2y}{dx^2} \qquad \cdots\cdots\cdots (9.2)$$

$$\begin{aligned}
\frac{d}{dx}\tan\theta &= \frac{d\theta}{dx}\frac{d}{d\theta}\tan\theta \\
&= (1+\tan^2\theta)\frac{d\theta}{dx} \\
&= \left[1+\left(\frac{dy}{dx}\right)^2\right]\frac{d\theta}{dx}
\end{aligned} \qquad \cdots\cdots\cdots (9.3)$$

식 9.2와 식 9.3에서

$$\therefore \ \frac{d\theta}{dx} = \frac{\dfrac{d^2y}{dx^2}}{1+\left(\dfrac{dy}{dx}\right)^2} \qquad \cdots\cdots\cdots (9.4)$$

곡률반경 ρ와 처짐각의 변화율 $d\theta$ 및 중립축의 미소길이 ds의 관계는 $\rho d\theta = ds$이므로

$\dfrac{1}{\rho} = \dfrac{d\theta}{ds}$

식 9.4에서

$\dfrac{d\theta}{dx} = \dfrac{ds}{dx}\dfrac{d\theta}{ds} = \dfrac{1}{\rho}\dfrac{ds}{dx}$

$$\frac{1}{\rho}\frac{ds}{dx} = \frac{\dfrac{d^2y}{dx^2}}{1+\left(\dfrac{dy}{dx}\right)^2} \qquad \cdots\cdots\cdots (9.5)$$

그림 9.5에서

$$\begin{aligned}
\frac{ds}{dx} &= \frac{\sqrt{(dx)^2+(dy)^2}}{dx} = \sqrt{\frac{(dx)^2+(dy)^2}{(dx)^2}} \\
&= \sqrt{1+\left(\frac{dy}{dx}\right)^2}
\end{aligned} \qquad \cdots\cdots\cdots (9.6)$$

식 9.6을 식 9.5에 적용하면 보 처짐변형 시 곡률에 관한 정밀식은

$$\frac{1}{\rho}\sqrt{1+\left(\frac{dy}{dx}\right)^2}=\frac{\dfrac{d^2y}{dx^2}}{1+\left(\dfrac{dy}{dx}\right)^2}\ \text{에서}$$

$$\therefore\ \frac{1}{\rho}=\frac{\dfrac{d^2y}{dx^2}}{\left[1+\left(\dfrac{dy}{dx}\right)^2\right]^{3/2}}$$ ················ (9.7)

부재의 변형이 미소한 경우

$\left(\dfrac{dy}{dx}\right)^2 \ll 1$이 되어 무시해도 되므로

$$\therefore\ \frac{1}{\rho}=\frac{d^2y}{dx^2}$$ ················ (9.8)

식 9.1과 식 9.8을 조합하면 보의 처짐변형 시 탄성곡선의 미분방정식(탄성곡선식)이 구해지고, 탄성곡선 식의 적분을 통해 처짐각과 처짐을 구할 수 있다.

- 탄성곡선식 : $\dfrac{d^2y}{dx^2}=-\dfrac{M}{EI}$ ················ (9.9)
- 처짐각 : $\theta=\dfrac{dy}{dx}=-\displaystyle\int\dfrac{M}{EI}dx+C_1$ ··············· (9.10)
- 처짐 : $\delta=y=-\displaystyle\iint\dfrac{M}{EI}dxdx+C_1x+C_2$ ··············· (9.11)

여기서, M은 x에 관한 함수이고 C_1, C_2는 적분상수이다.

C_1, C_2는 보 단부의 지점상태(경계조건 또는 변형연속조건)에 따라 정해진다.

예 단순보 : $(y)_{x=0}=0,\ (y)_{x=l}=0$

캔틸레버보 : $(y)_{x=0}=0,\ \left(\dfrac{dy}{dx}\right)_{x=0}=0$

$x=0$
$y=0$

$x=l$
$y=0$

$x=0$
$y=0$

$\dfrac{dy}{dx}=0$

(a) 단순보

(b) 캔틸레버보

┃ 그림 9.6 ┃

그림 9.7과 같이 모멘트의 방향에 따라 처짐이 달라지므로

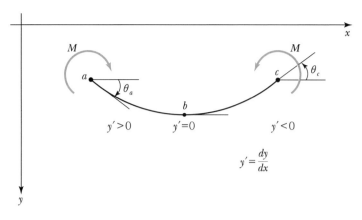

x의 진행방향에 대해 $\dfrac{dy}{dx}$의 값이 줄어들므로 $\dfrac{dy}{dx}$의 변화율 $\dfrac{d^2y}{dx^2}$은 ($-$) 부호를 가지게 된다.

▼ 처짐방정식

$$+ M \rightarrow \frac{d^2y}{dx^2} = - \frac{M}{EI}$$

$$- M \rightarrow \frac{d^2y}{dx^2} = \frac{M}{EI}$$

▼ 탄성하중, 처짐각, 처짐의 관계

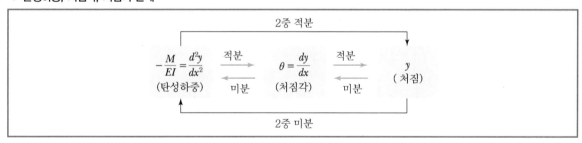

▼ 하중, 전단력, 휨모멘트의 관계

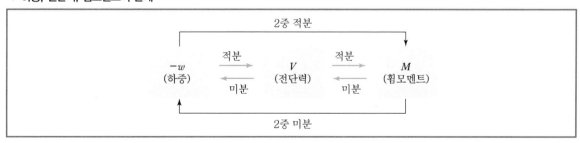

- 휨모멘트 : $M = -\dfrac{d^2y}{dx^2}EI$

- 전단력 : $V = \dfrac{dM}{dx} = -\dfrac{d^3y}{dx^3}EI$

- 하중 : $w = -\dfrac{ds}{dx} = -\dfrac{d^2M}{dx^2} = \dfrac{d^2}{dx^2}\cdot\dfrac{d^2y}{dx^2}EI = \dfrac{d^4y}{dx^4}EI$

[예제] 9-1 그림과 같은 등분포하중을 받는 단순보의 처짐 곡선식을 구하고, 양단부의 처짐각 θ_A, θ_B와 중앙부 C점의 처짐 δ_C를 구하시오.

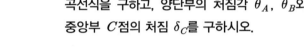

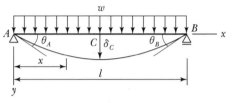

[풀이] ① 휨모멘트

지점 A로부터 거리 x만큼 떨어진 단면 D에서의 휨모멘트

$$M_x = \frac{wl}{2}x - wx\frac{x}{2} = \frac{wl}{2}x - \frac{w}{2}x^2$$

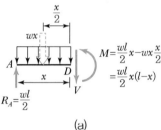

(a)

② 탄성곡선식

$$\frac{d^2y}{dx^2} - -\frac{M}{EI} = \frac{1}{EI}\left(\frac{w}{2}x^2 - \frac{wl}{2}x\right)$$

③ 처짐각과 처짐

i) 처짐각

$$\begin{aligned}
\theta = \frac{dy}{dx} &= \int\left(-\frac{M}{EI}\right)dx + C_1 \\
&= \frac{1}{EI}\int\left(\frac{w}{2}x^2 - \frac{wl}{2}x\right)dx + C_1 \\
&= \frac{1}{EI}\left(\frac{w}{6}x^3 - \frac{wl}{4}x^2\right) + C_1 \quad\cdots\cdots\cdots\cdots\cdots\cdots\cdots\cdots\cdots (1)
\end{aligned}$$

ii) 처짐

$$\begin{aligned}
\delta = y &= \iint\left(-\frac{M}{EI}\right)dxdx + C_1 x + C_2 = \int\frac{dy}{dx}dx + C_2 \\
&= \frac{1}{EI}\int\left(\frac{w}{6}x^3 - \frac{wl}{4}x^2\right)dx + C_1 x + C_2 \\
&= \frac{1}{EI}\left(\frac{w}{24}x^4 - \frac{wl}{12}x^3\right) + C_1 x + C_2 \quad\cdots\cdots\cdots\cdots\cdots\cdots (2)
\end{aligned}$$

iii) 적분상수 C_1, C_2

경계조건 $x = 0$, $y = 0$, $x = \dfrac{l}{2}$, $\dfrac{dy}{dx} = 0$이므로

식(1), (2)에서 $C_2 = 0$, $\dfrac{1}{EI}\left\{\dfrac{w}{6}\left(\dfrac{l}{2}\right)^3 - \dfrac{wl}{4}\left(\dfrac{l}{2}\right)^2\right\} + C_1 = 0$

$$\therefore \; C_1 = \dfrac{wl^3}{24EI}$$

따라서, 처짐각방정식

$$\theta = \dfrac{dy}{dx} = \dfrac{1}{EI}\left(\dfrac{w}{6}x^3 - \dfrac{wl}{4}x^2 + \dfrac{wl^3}{24}\right)$$

$$= \dfrac{w}{24EI}\left(4x^3 - 6lx^2 + l^3\right) \quad\cdots\cdots\cdots\cdots\cdots\cdots (3)$$

처짐방정식

$$\delta = y = \dfrac{1}{EI}\left(\dfrac{w}{24}x^4 - \dfrac{wl}{12}x^3 + \dfrac{wl^3}{24}x\right)$$

$$= \dfrac{w}{24EI}\left(x^4 - 2lx^3 + l^3 x\right) \quad\cdots\cdots\cdots\cdots\cdots\cdots (4)$$

④ 처짐각 θ_A, θ_B 및 중앙부 처짐 δ_C

식(3)에서

$$\theta_A = \theta_{x=0} = \dfrac{wl^3}{24EI}\,(\curvearrowleft)$$

$$\theta_B = \theta_{x=l} = \dfrac{w}{24EI}\left(4l^3 - 6l^3 + l^3\right) = -\dfrac{wl^3}{24EI}\,(\curvearrowright)$$

식(4)에서 δ_C는 $x = \dfrac{l}{2}$일 때의 처짐값이므로

$$\delta_C = \delta_{x=\frac{l}{2}} = \dfrac{w}{24EI}\left\{\left(\dfrac{l}{2}\right)^4 - 2l\left(\dfrac{l}{2}\right)^3 + l^3 \times \dfrac{l}{2}\right\} = \dfrac{5wl^4}{384EI}\,(= \delta_{\max})$$

$$\therefore \; \theta_A = \dfrac{wl^3}{24EI}, \; \theta_B = -\dfrac{wl^3}{24EI}, \; \delta_C = \dfrac{5wl^4}{384EI}$$

예제 9-2　**그림과 같은 집중하중을 받는 단순보의 처짐곡선식을 구하고, 양단부의 처짐각 θ_A, θ_B와 중앙부 C점의 처짐 δ_C를 구하시오.**

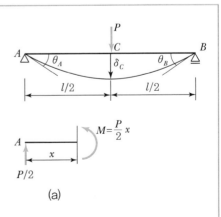

풀이　① 휨모멘트

$$M_x = \dfrac{P}{2}x$$

② 탄성곡선식

$$\dfrac{d^2y}{dx^2} = -\dfrac{M}{EI} = -\dfrac{1}{EI}\left(\dfrac{P}{2}x\right)$$

(a)

③ 처짐각과 처짐
   i) 처짐각

$$\theta = \frac{dy}{dx} = \int \left(-\frac{M}{EI} \right) dx + C_1$$
$$= -\frac{1}{EI} \int \left(\frac{P}{2} x \right) dx + C_1$$
$$= -\frac{1}{EI} \frac{P}{4} x^2 + C_1 \quad \cdots\cdots\cdots\cdots\cdots\cdots\cdots\cdots\cdots\cdots\cdots (1)$$

   ii) 처짐

$$\delta = y = \iint \left(-\frac{M}{EI} \right) dx\,dx + C_1 x + C_2 = \int \frac{dy}{dx} dx + C_2$$
$$= \int \left\{ -\frac{1}{EI} \left(\frac{P}{4} x^2 \right) \right\} dx + C_1 x + C_2$$
$$= -\frac{1}{EI} \frac{P}{12} x^3 + C_1 x + C_2 \quad \cdots\cdots\cdots\cdots\cdots\cdots\cdots\cdots (2)$$

   iii) 적분상수 C_1, C_2

경계조건 $x = 0$, $y = 0$, $x = \frac{l}{2}$, $\frac{dy}{dx} = 0$이므로

식(1), (2)에서 $C_2 = 0$, $-\frac{1}{EI} \frac{P}{4} \left(\frac{l}{2} \right)^2 + C_1 = 0$ $\quad \therefore C_1 = \frac{Pl^2}{16EI}$

따라서, 처짐각방정식

$$\theta = \frac{dy}{dx} = -\frac{1}{EI} \left(\frac{P}{4} x^2 - \frac{Pl^2}{16} \right) = -\frac{P}{16EI} (4x^2 - l^2) \quad \cdots\cdots\cdots (3)$$

처짐방정식

$$\delta = y = -\frac{1}{EI} \left(\frac{P}{12} x^3 - \frac{Pl^2}{16} x \right) = -\frac{P}{48EI} (4x^3 - 3l^2 x) \quad \cdots\cdots\cdots (4)$$

④ 처짐각 θ_A, θ_B 및 중앙부 처짐 δ_C

식(3)에서

$$\theta_A = \theta_{x=0} = \frac{Pl^2}{16EI} (\curvearrowright)$$

$$\theta_B = -\frac{Pl^2}{16EI} (\curvearrowleft)(\because 대칭하중)$$

식(4)에서 δ_C은 $x = \frac{l}{2}$일 때의 처짐값으로 최대처짐이 된다.

$$\delta_C = \delta_{x=\frac{l}{2}} = -\frac{P}{48EI} \left\{ 4 \times \left(\frac{l}{2} \right)^3 - 3l^2 \times \frac{l}{2} \right\} = \frac{Pl^3}{48EI} (= \delta_{\max})$$

$$\therefore \theta_A = \frac{Pl^3}{16EI}, \ \theta_B = -\frac{Pl^3}{16EI}, \ \delta_C = \frac{Pl^3}{48EI}$$

예제 9-3 그림과 같은 집중하중을 받는 캔틸레버보의 처짐곡선식을 구하고, B점의 처짐각 θ_B와 처짐 δ_B를 구하시오.

풀이 ① 휨모멘트

$$Mx = -Px$$

② 탄성곡선식

$$\frac{d^2y}{dx^2} = -\frac{M}{EI} = -\frac{1}{EI}(-Px) = \frac{Px}{EI}$$

③ 처짐각과 처짐

i) 처짐각

$$\theta = \frac{dy}{dx} = \int\left(-\frac{M}{EI}\right)dx + C_1 = \frac{1}{EI}\int Px\,dx + C_1$$

$$= \frac{1}{EI}\frac{P}{2}x^2 + C_1 \quad\text{..}(1)$$

ii) 처짐

$$\delta = y = \iint\left(-\frac{M}{EI}\right)dx\,dx + C_1x + C_2 = \int\frac{dy}{dx}dx + C_2$$

$$= \int\left(\frac{1}{EI}\frac{P}{2}x^2\right)dx + C_1x + C_2$$

$$= \frac{1}{EI}\frac{P}{6}x^3 + C_1x + C_2 \quad\text{..}(2)$$

iii) 적분상수 C_1, C_2

식(1), (2)에서

경계조건 $x = l$일 때 $\theta_A = \left(\dfrac{dy}{dx}\right)_{x=l} = 0$ ∴ $C_1 = -\dfrac{Pl^2}{2EI}$

$x = l$일 때 $\delta_A = (y)_{x=l} = 0$

∴ $C_2 = \dfrac{Pl^3}{2EI} - \dfrac{Pl^3}{6EI} = \dfrac{Pl^3}{3EI}$

따라서, 처짐각방정식

$$\theta = \frac{dy}{dx} = \frac{P}{2EI}(x^2 - l^2) \quad\text{..}(3)$$

처짐방정식

$$\delta = y = \frac{P}{6EI}(x^3 - 3l^2x + 2l^3) \quad\text{....................................}(4)$$

④ 처짐각 θ_B 및 처짐 δ_B

식(3)에서

$$\theta_B = \theta_{x=0} = -\frac{Pl^2}{2EI}(\curvearrowright : \text{우측}\rightarrow)$$

식(4)에서

$$\delta_B = \delta_{x=0} = \frac{Pl^3}{3EI}$$

$$\therefore\ \theta_B = -\frac{Pl^2}{2EI},\ \delta_B = \frac{Pl^3}{3EI}$$

예제 9-4 그림과 같은 등분포하중을 받는 캔틸레버보의 처짐곡선식을 구하고, 자유단 A점의 처짐각과 처짐을 구하시오.

풀이 ① 휨모멘트

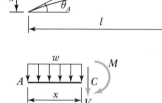

$$M_x = -wx \times \frac{x}{2} = -\frac{w}{2}x^2$$

② 탄성곡선식

$$\frac{d^2y}{dx^2} = -\frac{M}{EI} = -\frac{1}{EI}\left(-\frac{w}{2}x^2\right) = \frac{w}{2EI}x^2$$

③ 처짐각과 처짐

(a)

i) 처짐각

$$\theta = \frac{dy}{dx} = \int\left(-\frac{M}{EI}\right)dx + C_1 = \frac{1}{2EI}\int wx^2 dx + C_1 = \frac{w}{6EI}x^3 + C_1 \ \cdots\cdots (1)$$

ii) 처짐

$$\delta = y = \iint\left(-\frac{M}{EI}\right)dxdx + C_1x + C_2 = \int\frac{dy}{dx}dx + C_2$$

$$= \int\left(\frac{wx^3}{6EI}\right)dx + C_1x + C_2 = \frac{w}{24EI}x^4 + C_1x + C_2 \ \cdots\cdots\cdots\cdots (2)$$

iii) 적분상수 C_1, C_2

경계조건 $x = l$일 때 $y = 0$, $x = l$일 때 $\frac{dy}{dx} = 0$이므로

식(1)에서

$$\frac{w}{6EI}l^3 + C_1 = 0 \quad \therefore\ C_1 = -\frac{w}{6EI}l^3$$

식(2)에서

$$\frac{w}{24EI}l^4 + \left(-\frac{w}{6EI}l^3\right)l + C_2 = 0 \quad \therefore\ C_2 = \frac{w}{8EI}l^4$$

따라서, 처짐각 방정식

$$\theta = \frac{dy}{dx} = \frac{w}{6EI}x^3 - \frac{w}{6EI}l^3 = \frac{w}{6EI}\left(x^3 - l^3\right) \ \cdots\cdots\cdots\cdots (3)$$

처짐방정식

$$\delta = y = \frac{w}{24EI}x^4 - \frac{w}{6EI}l^3x + \frac{w}{8EI}l^4 = \frac{w}{24EI}\left(x^4 - 4l^3x + 3l^4\right) \ \cdots\cdots (4)$$

④ 처짐각 θ_A 및 처짐 δ_A

식(3)에서

$$\theta_A = \theta_{x=0} = -\frac{wl^3}{6EI}$$

식(4)에서

$$\delta_A = \delta_{x=0} = \frac{wl^4}{8EI}$$

$$\therefore \theta_A = -\frac{wl^3}{6EI}, \; \delta_A = \frac{wl^4}{8EI}$$

9.3 탄성하중법(공액보법)

• 탄성곡선식 – 처짐각, 처짐, 휨모멘트의 관계

처짐 : $\theta = \dfrac{dy}{dx} = -\displaystyle\int \dfrac{M}{EI}dx + C_1$ .... (a)

처짐각 : $\delta = y = -\displaystyle\iint \dfrac{M}{EI}dxdx + C_1 x + C_2$ .... (b)

• 휨모멘트, 전단력, 하중의 관계 – 평형조건

$$\frac{d^2M}{dx^2} = \frac{d}{dx}\left(\frac{dM}{dx}\right) = \frac{dV}{dx} = -w$$

전단력 : $V = -\displaystyle\int wdx + C_1$ .... (c)

휨모멘트 : $M = -\displaystyle\iint wdxdx + C_1 x + C_2$ .... (d)

식 (a)~(d)에서

θ와 $\dfrac{M}{EI}$의 관계 : V와 w의 관계와 유사

δ와 $\dfrac{M}{EI}$의 관계 : M와 w의 관계와 유사

$\downarrow$

w 대신 $\dfrac{M}{EI}$을 하중으로 간주하여 전단력 V를 구하면 처짐각 계산 가능

w 대신 $\dfrac{M}{EI}$을 하중으로 간주하여 휨모멘트 M을 구하면 처짐 계산 가능

$\downarrow$

Mohr의 정리(Mohr's Theorem)

1. 단순보의 처짐각은 휨모멘트도를 하중으로 간주하였을 때 얻어지는 전단력을 EI로 나눈 것과 같다.
2. 단순보의 처짐은 휨모멘트도를 하중으로 간주하였을 때 얻어지는 휨모멘트를 EI로 나눈 것과 같다.

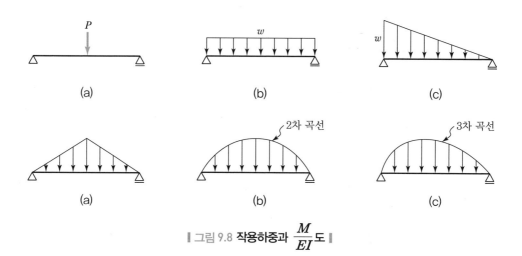

∥ 그림 9.8 **작용하중과 $\dfrac{M}{EI}$도** ∥

도형		2차 곡선	3차 곡선	
도심	$x = \dfrac{1}{3}b$	$x = \dfrac{1}{4}b$	$x = \dfrac{1}{5}b$	$x = \dfrac{3}{8}b$
면적	$A = \dfrac{1}{2}bh$	$A = \dfrac{1}{3}bh$	$A = \dfrac{1}{4}bh$	$A = \dfrac{2}{3}bh$

∥ 그림 9.9 **탄성하중 도형의 도심 및 면적** ∥

▼ **공액보**

탄성하중 $\left(\dfrac{M}{EI}\right)$을 재하시킨 상태에서의 전단력과 휨모멘트가 실제보의 처짐각과 처짐이 되도록 지점조건을 변화시킨 가상의 보

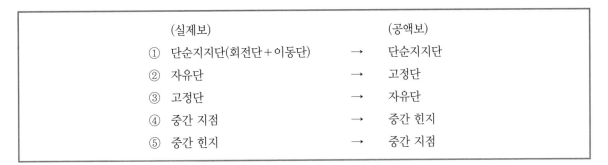

	(실제보)		(공액보)
①	단순지지단(회전단+이동단)	→	단순지지단
②	자유단	→	고정단
③	고정단	→	자유단
④	중간 지점	→	중간 힌지
⑤	중간 힌지	→	중간 지점

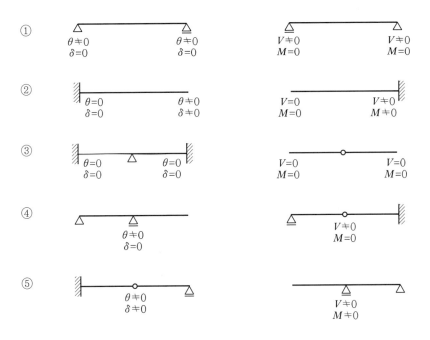

┃ 그림 9.10 **실제보와 공액보** ┃

예제 9-5 그림과 같이 단순보에 중앙 집중하중이 작용할 때 양 지점의 처짐각과 최대처짐을 구하시오.

풀이 ① 반력

그림(b)에서 탄성하중의 지점반력

$$R_A = R_B = \frac{1}{2} \times \left(\frac{Pl}{4EI} \times l \times \frac{1}{2} \right) = \frac{Pl^2}{16EI}$$

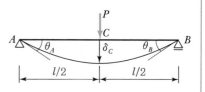

② 처짐각

지점 A에서의 처짐각 θ_A는 $\frac{M}{EI}$이 하중으로 작용할 때의 A

점의 전단력이므로

$$\theta_A = R_A = \frac{1}{2} \times \left(\frac{Pl}{4EI} \times l \times \frac{1}{2} \right) = \frac{Pl^2}{16EI}(\frown)$$

지점 B에서의 처짐각 θ_B는 B점의 전단력이므로

$$\theta_B = R_A - (탄성하중)$$

$$= \frac{Pl^2}{16EI} - \left(\frac{Pl}{4EI} \times l \times \frac{1}{2} \right)$$

$$= \frac{Pl^2}{16EI} - \frac{Pl^2}{8EI} = -\frac{Pl^2}{16EI}(\frown)$$

$$\theta_B = -R_B[우측부터 계산 시(-)]$$

$$= -\frac{Pl^2}{16EI}(\frown)$$

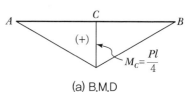

(a) B.M.D

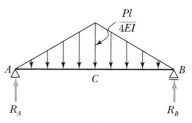

(b) 탄성하중도

③ 처짐

C점의 처짐 δ_C는 $\frac{M}{EI}$이 하중으로 작용할 때의 C점에서의

휨모멘트이므로

$$\delta_C = M_C = R_A \times \frac{l}{2} - W \times \frac{l}{6}$$

$$= \frac{Pl^2}{16EI} \times \frac{l}{2} - \frac{Pl^2}{16EI} \times \frac{l}{6}$$

$$= \frac{Pl^3}{48EI}(\downarrow)$$

$$\therefore \theta_A = \frac{Pl^2}{16EI}(\frown), \ \theta_B = -\frac{Pl^2}{16EI}(\frown), \ \delta_C = \frac{Pl^3}{48EI}(\downarrow)$$

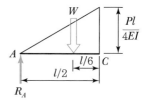

(c) C점의 좌측 외력

예제 9-6　그림과 같이 단순보에 등분포하중이 작용할 때 양 지점의 처짐각과 최대처짐을 구하시오.

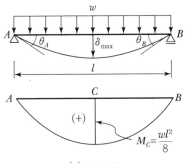

풀이 ① 반력

탄성하중의 지점반력은 탄성하중의 $\dfrac{1}{2}$ 이므로

$$R_A = R_B = \frac{1}{2} \times \left(\frac{wl^2}{8EI} \times l \times \frac{2}{3} \right) = \frac{wl^3}{24EI}$$

(a) B. M. D

② 처짐각

양 지점의 처짐각은 탄성하중도의 전단력이므로

$$\theta_A = R_A = \frac{wl^3}{24EI} (\curvearrowright)$$

$$\theta_B = - R_B = - \frac{wl^3}{24EI} (\curvearrowleft)$$

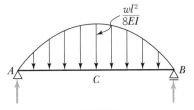

(b) 탄성하중도

③ 처짐

C점의 처짐 δ_C는 최대처짐으로, C점의 휨모멘트이므로

$$\delta_C = \delta_{\max} = M_C = R_A \times \frac{l}{2} - W \times \frac{3l}{16}$$

$$= \frac{wl^3}{24EI} \times \frac{l}{2} - \frac{wl^3}{24EI} \times \frac{3l}{16}$$

$$= \frac{5wl^4}{384EI} (\downarrow)$$

$$\therefore \theta_A = \frac{wl^3}{24EI}, \ \theta_B = - \frac{wl^3}{24EI}, \ \delta_C = \frac{5wl^4}{384EI} (\downarrow)$$

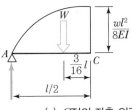

(c) C점의 좌측 외력

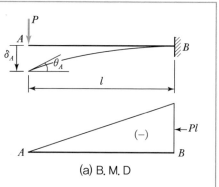

(a) B. M. D

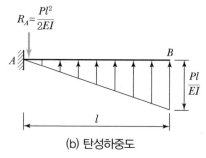

(b) 탄성하중도

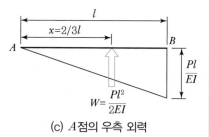

(c) A점의 우측 외력

예제 9-7　그림과 같이 캔틸레버보에 집중하중이 작용할 때 자유단의 처짐각과 처짐을 구하시오.

풀이　① 반력

탄성하중의 지점반력 R_A는

$$R_A = \frac{Pl}{EI} \times l \times \frac{1}{2} = \frac{Pl^2}{2EI}(\downarrow)$$

② 처짐각

θ_A는 그림(b)에서 A점의 전단력이므로

$$\theta_A = -R_A = -\frac{Pl^2}{2EI}(\curvearrowleft)$$

[그림(b)에서 B점의 전단력은 0이므로 $\theta_B = 0$]

③ 처짐

δ_A는 그림(c)에서 A점의 휨모멘트이므로

$$\delta_A = -(-W \times x) = \frac{Pl^2}{2EI} \times \frac{2}{3}l = \frac{Pl^3}{3EI}(\downarrow)$$

$$\therefore \theta_A = \frac{Pl^2}{2EI}(\curvearrowleft), \ \delta_A = \frac{Pl^3}{3EI}(\downarrow)$$

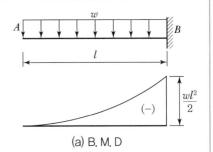

(a) B. M. D

예제 9-8   그림과 같이 캔틸레버보에 등분포하중이 작용할 때 자유단의 처짐각과 처짐을 구하시오.

풀이   ① 반력

그림(b)에서 탄성하중 W는

$$W = \frac{wl^2}{2EI} \times l \times \frac{1}{3} = \frac{wl^3}{6EI}$$

따라서 지점반력 R_A는

$$R_A = \frac{wl^3}{6EI}(\downarrow)$$

② 처짐각

θ_A는 그림(b)에서 A점의 전단력이므로

$$\theta_A = -R_A = -\frac{wl^3}{6EI}(\curvearrowleft)$$

[그림(b)에서 B점의 전단력은 0이므로 $\theta_B = 0$]

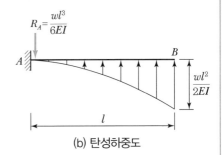

(b) 탄성하중도

③ 처짐

δ_A는 그림(c)에서 A점의 휨모멘트이므로

$$\delta_A = -(-W \times x) = \frac{wl^3}{6EI} \times \frac{3}{4}l = \frac{wl^4}{8EI}(\downarrow)$$

$$\therefore \; \theta_A = -\frac{wl^3}{6EI}(\curvearrowleft), \; \delta_A = \frac{wl^4}{8EI}(\downarrow)$$

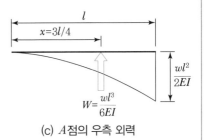

(c) A점의 우측 외력

9.4 가상일법(method of virtual work)

(1) 개요

모든 구조물의 처짐과 처짐각을 계산할 수 있는 에너지법의 일종으로, 가상하중으로 단위하중을 택하므로 일명 단위하중법(unit load method)이라고도 한다.
보, 라멘, 트러스의 처짐계산 시 적용 가능하며, 특히 트러스의 처짐계산 시 가장 효과적이다.

(2) 가상일(virtual work)의 원리

정역학적으로 평형상태를 유지하는 구조물에 여러 하중이 작용할 경우, 평형의 위치부터 미소 가상변위를 일으킨 때에 실제 외력 및 구조물이 얻은 가상일의 총량은 '0'이다.

외력에 의한 가상일＝내력에 의한 가상일

전체식의 유도과정은 생략하고 이를 식으로 나타내면

$$P\delta = \int_0^l \frac{M\overline{M}}{EI}dx + \int_0^l \frac{N\overline{N}}{EA}dx + k\int_0^l \frac{V\overline{V}}{GA}dx$$ .... (9.12)

| 외력이 | 휨모멘트가 | 축방향력이 | 전단력이 |
| 하는 일 | 하는 일 | 하는 일 | 하는 일 |

위 식에서 하중 P 대신에 $\overline{P}=1$의 단위하중을 주면

$$\delta = \int_0^l \frac{M\overline{M}}{EI}dx + \int_0^l \frac{N\overline{N}}{EA}dx + k\int_0^l \frac{V\overline{V}}{GA}dx$$ .... (9.13)

여기서, δ : 원하는 위치에서의 변형
k : 전단형상계수(form factor for shear) (표 9.1)
M : 구조물에 작용하는 실제하중으로 인한 휨모멘트
N : 구조물에 작용하는 실제하중으로 인한 축방향력
V : 구조물에 작용하는 실제하중으로 인한 전단력
$\overline{M}$: 변형방향으로의 가상단위하중에 의한 휨모멘트
$\overline{N}$: 변형방향으로의 가상단위하중에 의한 축방향력
$\overline{V}$: 변형방향으로의 가상단위하중에 의한 전단력

단면 형상	k	단면 형상	k
	$\dfrac{6}{5}$		$\dfrac{10}{9}$
	$\dfrac{단면적}{웨브단면적}$		2

① 휨재의 경우 : 축방향력, 전단력의 영향은 무시

$$\delta(\text{또는 } \theta) = \int_L \frac{M\overline{M}}{EI} dx$$ ·································· (9.14)

② 라멘 및 아치의 경우

$$\delta(\text{또는 } \theta) = \int_L \frac{M\overline{M}}{EI} ds$$ ·································· (9.15)

③ 트러스의 경우 : 축방향력만 작용하고, N, $\overline{N}$는 부재의 전 길이에 걸쳐 변화하지 않으므로

$$\delta = \int_0^l \frac{N\overline{N}}{EA} dx = \frac{N\overline{N}l}{EA}$$ ·································· (9.16)

트러스 전체에 대한 전체 내력의 가상일은

$$\delta = \sum \frac{N\overline{N}l}{EA}$$ ·································· (9.17)

그림과 같은 캔틸레버보에서 자유단 A 의 처짐각과 처짐을 가상일법으로 구하시오.(단, EI는 일정하다.)

풀이 • δ_A 를 구하기 위해 A 점에 $\overline{P} = 1$ 의 가상단위하중을 작용시킨다.
• θ_A 를 구하기 위해 A 점에 $\overline{M} = 1$ 의 가상단위모멘트를 작용시킨다.

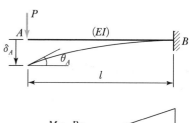

① 처짐

실제하중 P 에 의한 임의의 점의 휨모멘트는 그림(a)에서

$$M = -Px$$

가상단위하중 $\overline{P} = 1$ 에 의한 임의의 점의 휨모멘트는 그림(b)에서

$$\overline{M} = -x$$

A 점의 처짐 δ_A 는 식 9.14에서

$$\delta_A = \int_0^l \frac{M\overline{M}}{EI} dx = \frac{1}{EI}\int_0^l (-Px)(-x)dx$$

$$= \frac{P}{EI}\int_0^l x^2 dx = \frac{P}{EI}\left[\frac{1}{3}x^3\right]_0^l = \frac{Pl^3}{3EI}(\downarrow)$$

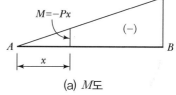

(a) M도

② 처짐각

처짐의 경우와 같이 실제하중 P 에 의한 임의의 점의 휨모멘트는 그림(a)에서

$$M = -Px$$

가상단위모멘트 $\overline{M} = 1$ 에 의한 임의의 점의 휨모멘트는 그림(c)에서

$$\overline{M} = 1$$

A 점의 처짐 θ_A 는 식 9.14에서

$$\theta_A = \int_0^l \frac{M\overline{M}}{EI} dx = \frac{1}{EI}\int_0^l (-Px)(1)dx$$

$$= -\frac{P}{EI}\int_0^l x dx = -\frac{P}{EI}\left[\frac{x^2}{2}\right]_0^l = -\frac{Pl^2}{2EI}(\curvearrowleft)$$

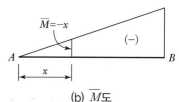

(b) $\overline{M}$도

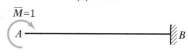

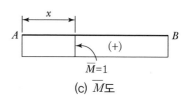

(c) $\overline{M}$도

예제 9-10 그림과 같은 캔틸레버보에서 자유단 A의 처짐각과 처짐을 가상일법으로 구하시오.(단, 탄성계수 E는 전 스팬에 걸쳐 일정하다.)

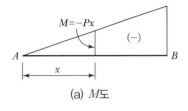

풀이 ① 처짐

실제하중 P에 의한 휨모멘트의 일반식은 그림(a)에서

$$M = -Px$$

가상단위하중 $\overline{P} = 1$에 의한 휨모멘트의 일반식은 그림(b)에서

$$\overline{M} = -x$$

A점의 처짐 δ_A는 식 9.14에서

$$\delta_A = \int_A^C \frac{M\overline{M}}{EI}dx + \int_C^B \frac{M\overline{M}}{2EI}dx$$

$$= \frac{1}{EI}\int_0^{l/2}(-Px)(-x)dx$$

$$+ \frac{1}{2EI}\int_{l/2}^l(-Px)(-x)dx$$

$$= \frac{P}{EI}\int_0^{l/2}x^2dx + \frac{P}{2EI}\int_{l/2}^l x^2dx$$

$$= \frac{P}{EI}\left[\frac{x^3}{3}\right]_0^{l/2} + \frac{P}{2EI}\left[\frac{x^3}{3}\right]_{l/2}^l$$

$$= \frac{P}{3EI}\left(\frac{l}{2}\right)^3 + \frac{P}{6EI}\left[l^3 - \left(\frac{l}{2}\right)^3\right]$$

$$= \frac{Pl^3}{24EI} + \frac{7Pl^3}{48EI} = \frac{3Pl^3}{16EI}(\downarrow)$$

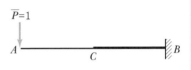

(a) M도

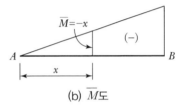

(b) $\overline{M}$도

② 처짐각

처짐의 경우와 같이 실제하중 P에 의한 임의의 점의 휨모멘트는 그림(a)에서

$$M = -Px$$

가상단위모멘트 $\overline{M} = 1$에 의한 임의의 점의 휨모멘트는 그림(c)에서

$$\overline{M} = 1$$

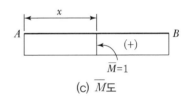

(c) $\overline{M}$도

A점의 처짐각 θ_A는 식 9.14에서

$$\theta_A = \int_A^C \frac{M\overline{M}}{EI}dx + \int_C^B \frac{M\overline{M}}{2EI}dx = \frac{1}{EI}\int_0^{l/2}(-Px)(1) + \frac{1}{2EI}\int_{l/2}^l(-Px)(1)dx$$

$$= \frac{P}{EI}\int_0^{l/2}xdx + \frac{P}{2EI}\int_{l/2}^l xdx = \frac{P}{EI}\left[\frac{x^2}{2}\right]_0^{l/2} + \frac{P}{2EI}\left[\frac{x^2}{2}\right]_{l/2}^l$$

$$= \frac{P}{2EI}\left(\frac{l}{2}\right)^2 + \frac{P}{4EI}\left[l^2 - \left(\frac{l}{2}\right)^2\right]$$

$$= \frac{Pl^2}{8EI} + \frac{3Pl^2}{16EI} = \frac{5Pl^2}{16EI}(\curvearrowright)$$

예제 9-11 그림과 같은 정정라멘에서 A점에 일어나는 수직변위 δ_y, 수평변위 δ_x 및 처짐각 θ_A를 가상일법으로 구하시오.(단, 탄성계수 E는 일정하다.)

풀이 가상단위하중을 그림 (b), (c), (d)와 같이 작용시킨다.

① 그림(a), (b)로부터 휨모멘트를 구하면

$A \sim B$부재 : $M = -Px$, $\overline{M} = -x$

$B \sim C$부재 : $M = -Pl$, $\overline{M} = -l$로 되므로

식 9.15에 의해 수직변위는

$$\delta_y = \int \frac{M\overline{M}}{EI} ds$$

$$= \int_A^B \frac{M\overline{M}}{EI_b} dx + \int_B^C \frac{M\overline{M}}{EI_c} dy$$

$$= \frac{1}{EI_b} \int_0^l (-Px)(-x) dx$$

$$\quad + \frac{1}{EI_c} \int_0^h (-Pl)(-l) dy$$

$$= \frac{P}{EI_b} \left[\frac{x^3}{3} \right]_0^l + \frac{Pl^2}{EI_c} [y]_0^h$$

$$= \frac{Pl^3}{3EI_b} + \frac{Pl^2 h}{EI_c} (\downarrow) \text{ (가정과 일치하므로)}$$

② 그림(a), (c)로부터 휨모멘트를 구하면

$A \sim B$부재 : $M = -Px$, $\overline{M} = 0$

$B \sim C$부재 : $M = -Pl$, $\overline{M} = -y$로 되므로

식 9.15에 의해 수평변위는

$$\delta_x = \int \frac{M\overline{M}}{EI} ds$$

$$= \int_A^B \frac{M\overline{M}}{EI_b} dx + \int_B^C \frac{M\overline{M}}{EI_c} dy$$

$$= \frac{1}{EI_b} \int_0^l (-Px)(0) dx$$

$$\quad + \frac{1}{EI_c} \int_0^h (-Px)(-y) dy$$

$$= \frac{Pl}{EI_c} \left[\frac{y^2}{2} \right]_0^h = \frac{Plh^2}{2EI_c} (\leftarrow) \text{ (가정과 일치하므로)}$$

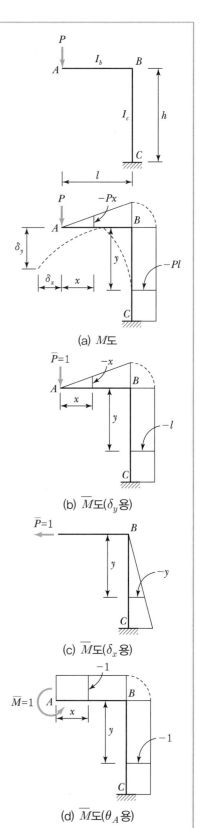

(a) M도

(b) $\overline{M}$도(δ_y용)

(c) $\overline{M}$도(δ_x용)

(d) $\overline{M}$도(θ_A용)

③ 그림(a), (d)로부터 휨모멘트를 구하면

$A \sim B$부재 : $M = -Px$, $\overline{M} = -1$

$B \sim C$부재 : $M = -Pl$, $\overline{M} = -1$로 되므로

식 9.15에 의해 처짐각은

$$\theta_A = \int \frac{M\overline{M}}{EI} ds$$

$$= \int_A^B \frac{M\overline{M}}{EI_b} dx + \int_B^C \frac{M\overline{M}}{EI_c} dy$$

$$= \frac{1}{EI_b} \int_0^l (-Px)(-1)dx + \frac{1}{EI_c} \int_0^h (-Pl)(-1)dy$$

$$= \frac{P}{EI_b} \left[\frac{x^2}{2} \right]_0^l + \frac{Pl}{EI_c} [y]_0^h$$

$$= \frac{Pl^2}{2EI_b} + \frac{Plh}{EI_c} (\frown) \text{ (가정과 일치하므로)}$$

9.5　카스틸리아노(Castigliano)의 정리

(1) 개요

에너지보존법칙에 따라 구조물에서 이루어지는 외력이 한 일을 내력이 한 일로 계산하는 방법으로, 보 부재보다는 트러스나 라멘 등에 더 효과적이다.

> 외력에 의한 변형에너지 = 내력에 의한 변형에너지

전체식의 유도과정은 생략하고 이를 식으로 나타내면

구조물이 휨모멘트, 축방향력, 전단력을 받을 때 내력이 한 일,
즉 변형에너지는

$$W_i = \int_0^l \frac{M^2}{2EI}dx + \int_0^l \frac{N^2}{2EA}dx + k\int_0^l \frac{V^2}{2GA}dx$$ ·······························(9.18)

↑	↑	↑
휨모멘트가 하는 일	축방향력이 하는 일	전단력이 하는 일

보에 하중이 작용하여 부재에 휨이 생길 때 외력이 한 일은 식 9.18에서 축방향력과 전단력에 대한 항은 비교적 작은 값이 되므로, 보통 식 9.19와 같이 휨모멘트만을 고려한다.

$$W_e = W_i \fallingdotseq W_M = \int_0^l \frac{M^2}{2EI}dx$$ ·······························(9.19)

(2) 카스틸리아노의 제1정리

구조물에 하중 또는 모멘트가 작용할 때 그 작용점에서 하중 작용방향으로 일으키는 변위 δ 또는 처짐각 θ는 각각 내력의 일(변형에너지)을 작용하중 또는 모멘트로 편미분한 값과 같다.

$$\delta = \frac{\partial W_i}{\partial P_n}, \quad \theta = \frac{\partial W_i}{\partial M_n}$$ ·······························(9.20)

여기서, $W_i = \int \frac{M^2}{2EI}dx + \int \frac{N^2}{2EA}dx + k\int \frac{V^2}{2GA}dx$

- 변위 δ와 변형각 θ를 구하는 공식

$$\delta = \frac{\partial W_i}{\partial P_n} = \frac{1}{EI}\int M\frac{\partial M}{\partial P_n}dx + \frac{1}{EA}\int N\frac{\partial N}{\partial P_n}dx + \frac{k}{GA}\int V\frac{\partial V}{2GA}dx \quad \cdots\cdots\cdots\cdots (9.21)$$

$$\theta = \frac{\partial W_i}{\partial M_n} = \frac{1}{EI}\int M\frac{\partial M}{\partial M_n}dx + \frac{1}{EA}\int N\frac{\partial M}{\partial M_n}dx + \frac{k}{GA}\int V\frac{\partial V}{\partial M_n}dx \quad \cdots\cdots\cdots\cdots (9.22)$$

식 9.21과 식 9.22에서 전단력에 의한 변형에너지 항은 극히 작은 값이므로 무시해도 된다.

예제 9-12 그림과 같은 캔틸레버보에서 자유단의 처짐과 처짐각을 카스틸리아노의 정리를 사용하여 구하시오.(단, EI는 일정하다.)

풀이 ① 휨모멘트의 일반식과 내부일을 구하면

$$M = -Px$$

$$W_i = \int_0^l \frac{M^2}{2EI}dx = \frac{1}{2EI}\int_0^l (-Px)^2 dx$$

$$= \frac{1}{2EI}\left[\frac{P^2x^3}{3}\right]_0^l = \frac{P^2l^3}{6EI}$$

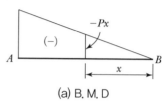

(a) B. M. D

B점의 처짐 δ_B는 식 9.20에서

$$\delta_B = \frac{\partial W_i}{\partial P_n} = \frac{\partial}{\partial P}\left(\frac{P^2l^3}{6EI}\right) = \frac{2Pl^3}{6EI} = \frac{Pl^3}{3EI}(\downarrow)$$

* 한편, 식 9.21에 의하면

$$\delta_B = \frac{\partial W_i}{\partial P_n} = \frac{1}{EI}\int_0^l M\frac{\partial M}{\partial P}dx$$

$$= \frac{1}{EI}\int_0^l (-Px)\frac{\partial(-Px)}{\partial P}dx$$

$$= \frac{1}{EI}\int_0^l (-Px)(-x)dx$$

$$= \frac{P}{EI}\int_0^l x^2 dx = \frac{P}{EI}\left[\frac{x^3}{3}\right]_0^l = \frac{Pl^3}{2EI}(\downarrow)$$

(b) 가상단위 모멘트 작용

② 자유단의 처짐각 θ_B를 구하기 위해서 그림(b)와 같이 가상단위모멘트 M_B를 B점에 작용시키면

$$M = -Px - M_B \quad \therefore \ \frac{\partial M}{\partial M_B} = -1$$

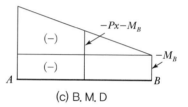

(c) B. M. D

따라서, 식 9.22에 의하면

$$\theta_B = \frac{\partial W_i}{\partial M_n} = \frac{1}{EI}\int_0^l M\frac{\partial M}{\partial M_B}dx$$

$$= \frac{1}{EI}\int_0^l (-Px-M_B)(-1)dx$$

$$= \frac{P}{EI}\int_0^l xdx = \frac{P}{EI}\left[\frac{x^2}{2}\right]_0^l$$

$$= \frac{Pl^2}{2EI}(\because M_B = 0)$$

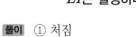 그림과 같은 캔틸레버보에서 A점의 처짐과 처짐각을 카스틸리아노의 정리를 사용하여 구하시오.(단, EI는 일정하다.)

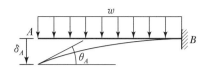

① 처짐

휨모멘트의 일반식은 그림(a)에서

$$M = -P_A x - \frac{wx^2}{2} \quad \therefore \ \frac{\partial M}{\partial P_A} = -x \text{이므로}$$

식 9.21에 의하여

$$\delta_A = \frac{1}{EI} \int_0^l M \frac{\partial M}{\partial P_A} dx$$

$$= \frac{1}{EI} \int_0^l \left(-P_A x - \frac{wx^2}{2} \right)(-x)dx$$

실제로는 가상하중 $P_A = 0$이므로

$$\delta_A = \frac{1}{EI} \int_0^l \frac{w}{2} x^3 dx$$

$$= \frac{w}{2EI} \left[\frac{x^4}{4} \right]_0^l = \frac{wl^4}{8EI} (\downarrow)$$

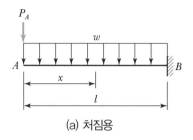

(a) 처짐용

② 처짐각

휨모멘트의 일반식은 그림(b)에서

$$M = -M_A - \frac{wx^2}{2} \quad \therefore \ \frac{\partial M}{\partial M_A} = -1 \text{이므로}$$

식 9.22에 의하여

$$\theta_A = \frac{1}{EI} \int_0^l M \frac{\partial M}{\partial M_A} dx$$

$$= \frac{1}{EI} \int_0^l \left(-M_A - \frac{wx^2}{2} \right)(-1)dx$$

실제로는 가상모멘트 $M_A = 0$이므로

$$\theta_A = \frac{1}{EI} \int_0^l \frac{wx^2}{2} dx$$

$$= \frac{w}{2EI} \left[\frac{x^3}{3} \right]_0^l = \frac{wl^3}{6EI} (\curvearrowleft)$$

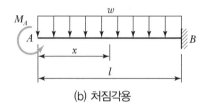

(b) 처짐각용

01 휨을 받는 보에서 보의 곡률반경 R, 휨모멘트 M, 단면2차모멘트 I, 길이방향의 탄성계수를 E라 할 때 관계식으로 옳은 것은?

① $R = \dfrac{M}{I}$ ② $\dfrac{1}{R} = \dfrac{I}{EM}$

③ $R = \dfrac{EI}{M}$ ④ $\dfrac{1}{R} = \dfrac{MI}{E}$

02 다음 중 탄성하중법의 원리를 적용시킬 수 있도록 단부의 조건을 변화시켜 처짐을 구하는 방법은?

① 3연 모멘트법 ② 처짐각법
③ 모멘트 분배법 ④ 공액(共扼)보법

03 그림과 같은 캔틸레버보의 자유단에 휨모멘트 5kN·m와 집중하중 P가 작용할 때 자유단의 처짐각이 0이 되기 위한 P를 구하면?

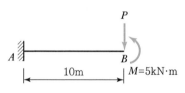

① 1kN ② 3kN
③ 5kN ④ 7kN

04 다음 정정구조물에서 A점의 처짐을 구하는 식으로 옳은 것은?

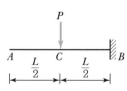

① $\delta_A = \dfrac{5PL^3}{48EI}$ ② $\delta_A = \dfrac{7PL^3}{48EI}$

③ $\delta_A = \dfrac{9PL^3}{48EI}$ ④ $\delta_A = \dfrac{11PL^3}{48EI}$

05 그림과 같은 캔틸레버보에서 자유단의 처짐값으로 옳은 것은?(단, 부재 전 단면의 EI는 같다.)

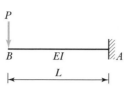

① $\dfrac{PL^2}{2EI}$

② $\dfrac{PL^2}{3EI}$

③ $\dfrac{PL^3}{2EI}$

④ $\dfrac{PL^3}{3EI}$

06 길이가 L인 캔틸레버보의 자유단에 집중하중 P가 작용할 때 자유단의 처짐각 θ와 처짐 δ를 바르게 기술한 것은?(단, 탄성계수는 E, 단면2차모멘트는 I이다.)

① $\theta = \dfrac{PL^2}{3EI}, \ \delta = \dfrac{PL^3}{2EI}$

② $\theta = \dfrac{PL^2}{2EI}, \ \delta = \dfrac{PL^3}{3EI}$

③ $\theta = \dfrac{PL^2}{3EI}, \ \delta = \dfrac{PL^3}{4EI}$

④ $\theta = \dfrac{PL^2}{2EI}, \ \delta = \dfrac{PL^3}{4EI}$

07 그림과 같이 단면이 균일한 캔틸레버보의 끝단에 하중 P가 작용하여 x만큼의 변위가 발생하였다. 같은 하중에서 끝단의 처짐이 $6x$가 되기 위해서는 보의 길이를 기존 길이의 몇 배로 해야 하는가?

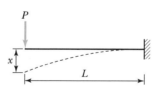

① 1.62배

② 1.82배

③ 2.02배

④ 2.22배

08 다음 그림에서 동일한 처짐이 되기 위한 P_1, P_2의 값의 비로 옳은 것은?(단, EI는 일정하다.)

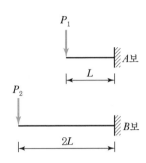

① $P_1 = 2$, $P_2 = 1$ ② $P_1 = 4$, $P_2 = 1$

③ $P_1 = 6$, $P_2 = 1$ ④ $P_1 = 8$, $P_2 = 1$

09 그림과 같은 구조형상과 단면을 가진 캔틸레버보 A점의 처짐(δ_A)은?(단, $E = 10^4 \text{MPa}$)

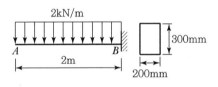

① 0.29mm   ② 0.49mm

③ 0.69mm   ④ 0.89mm

10 그림과 같은 캔틸레버 보의 길이 L을 $2L$로 할 경우에 최대 처짐량은 몇 배로 커지는가?

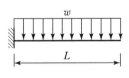

① 2배   ② 4배

③ 8배   ④ 16배

11 그림과 같은 단순보의 중앙에 집중하중 P가 1개 작용할 때, 지점에 생기는 처짐각은?

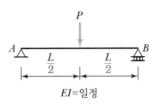

① $\dfrac{PL^2}{4EI}$

② $\dfrac{PL^2}{8EI}$

③ $\dfrac{PL^2}{16EI}$

④ $\dfrac{PL^2}{48EI}$

12 다음 그림과 같은 두 개의 단순보에 크기가 같은$(P = wL)$ 하중이 작용할 때, A점에서 발생하는 처짐각의 비율($가$: $나$)은?(단, 부재의 EI는 일정하다.)

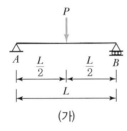

(가)

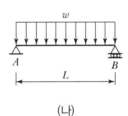

(나)

① 1.5 : 1

② 0.67 : 1

③ 1 : 1.5

④ 1 : 0.5

13 그림과 같은 단순보에서 중앙부의 최대처짐은?(단, 보의 단면은 20cm×30cm, 탄성계수 $E = 8 \times 10^3 \mathrm{MPa}$)

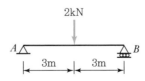

① 1.5mm

② 2.0mm

③ 2.5mm

④ 5.0mm

14 그림과 같은 단순보에서 C점의 처짐값(δ_C)은?[단, 보 단면($b \times h$)은 600mm×600mm, 탄성계수 $E = 2.0 \times 10^4 \mathrm{MPa}$이다.]

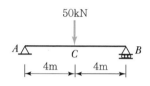

① 1.53mm

② 2.47mm

③ 3.56mm

④ 4.58mm

15 그림과 같은 단순보에서 경간 L이 $2L$로 늘어난다면 최대 처짐은 몇 배로 커지는가?(단, 중앙의 집중하중 P는 동일)

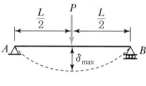

① 2배

② 4배

③ 6배

④ 8배

16 등분포하중을 받는 단순보의 최대처짐 공식으로 옳은 것은?

① $\dfrac{3wL^4}{192EL}$

② $\dfrac{5wL^4}{384EL}$

③ $\dfrac{wL^4}{120EL}$

④ $\dfrac{7wL^4}{384EL}$

17 그림과 같은 단순보를 $H-200\times100\times7\times10$으로 설계하였다면 최대 처짐량은?

(단, $I_x = 2.18\times10^7 \text{mm}^4$, $E = 210,000\text{MPa}$)

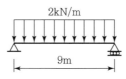

① 32.1mm

② 33.8mm

③ 34.5mm

④ 37.3mm

18 단순보에서 등분포하중이 작용할 경우 최대 처짐은 경간(Span)의 몇 제곱에 비례하는가?

① L

② L^2

③ L^3

④ L^4

19 등분포하중을 받는 단순보에서 보 중앙점의 탄성처짐에 관한 설명 중 옳은 것은?

① 처짐은 스팬의 제곱에 반비례한다.

② 처짐은 단면2차모멘트에 비례한다.

③ 처짐은 단면의 형상과는 상관이 없고, 재질에만 관계된다.

④ 처짐은 탄성계수에 반비례한다.

20 그림과 같은 하중이 작용하는 보 중에서 처짐량이 가장 큰 것은?(단, EI는 동일하고 $P=wL$과 같다.)

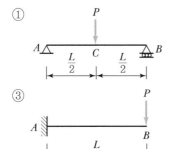

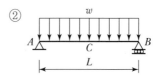

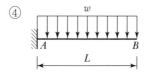

9장   풀이 및 해설

01 $\dfrac{1}{R} = \dfrac{M}{EI}$ (R : 곡률반경, EI : 휨강성)이므로

    $\therefore R = \dfrac{EI}{M}$

02   휨모멘트도(B.M.D)를 탄성하중으로 치환하고 단부의 지점 조건을 변화시킨 보를 공액보라 한다.

03   집중하중 P에 의한 처짐각 : $\theta_B = \dfrac{PL^2}{2EI}$

    모멘트하중 M에 의한 처짐각 : $\theta_B{}' = -\dfrac{ML}{EI}$

    $\theta_B - \theta_B{}' = \dfrac{PL^2}{2EI} - \dfrac{ML}{EI} = 0$

    $\therefore P = \dfrac{2M}{L} = \dfrac{2 \times 5\text{kN} \cdot \text{m}}{10\text{m}} = 1\text{kN}$

04 $\delta_A = \dfrac{1}{2} \times \dfrac{L}{2} \times \dfrac{PL}{2EI} \times \left(\dfrac{L}{2} + \dfrac{L}{2} \times \dfrac{2}{3} \right)$

      $= \dfrac{5}{48} \cdot \dfrac{PL^3}{EI}$

05 $\delta_B = \dfrac{1}{2} \times L \times \dfrac{PL}{EI} \times \dfrac{2}{3}L$

      $= \dfrac{1}{3} \cdot \dfrac{PL^3}{EI}$

06

하중	하중조건	처짐각, θ	처짐, δ
집중하중	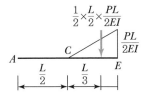	$\theta_B = \dfrac{PL^2}{2EI}$	$\delta_B = \dfrac{PL^3}{3EI}$
등분포하중		$\theta_B = \dfrac{wL^3}{6EI}$	$\delta_B = \dfrac{wL^4}{8EI}$

07 $\delta_x = \dfrac{1}{3}\dfrac{PL^3}{EI} \rightarrow \delta_x \propto L^3$ 이므로

      $6\delta_x = \dfrac{1}{3}\dfrac{PL_1^3}{EI}$ 에서 $\dfrac{L_1^3}{L^3} = 6$

      $\therefore L_1 = \sqrt[3]{6}\,L = 1.817$배

08 $\delta_{\max} = \dfrac{PL^3}{3EI}$ 에서

      $\dfrac{P_1 L^3}{3EI} = \dfrac{P_2 (2L)^3}{3EI}$ 이므로

      $\therefore P_1 = 8P_2$

09 $\delta_{\max} = \dfrac{1}{8} \cdot \dfrac{\omega L^4}{EI}$

      $= \dfrac{1}{8} \times \dfrac{2\,(\mathrm{N/mm}) \times 2{,}000^4\,(\mathrm{mm}^4)}{10^4\,(\mathrm{N/mm}^2) \times \dfrac{200 \times 300^3}{12}\,(\mathrm{mm}^4)} = 0.89\mathrm{mm}$

10 $\delta_{\max} = \dfrac{1}{8} \cdot \dfrac{\omega L^4}{EI}$ 에서 최대처짐량($\delta_{\max}$)은 스팬(L)의 4제곱에 비례하므로

      $L = 2L \rightarrow \delta_{\max}{}' = 2^4 \cdot \delta_{\max}$: 16배 커진다.

11   처짐각 : $\theta_A = \dfrac{PL^2}{16EI}$

      처짐 : $\delta_A = \dfrac{PL^3}{48EI}$

12   (가) : $\theta_A = \dfrac{PL^2}{16EI}$ (나) : $\theta_A{}' = \dfrac{\omega L^3}{24EI}$

      $P = \omega L \rightarrow PL^2 = \omega L^3$ 이므로

      $\theta_A : \theta_A{}' = \dfrac{1}{16} : \dfrac{1}{24} = 1.5 : 1$

13 $\delta_{\max} = \dfrac{PL^3}{48EI} = \dfrac{2 \times 10^3 \times (6 \times 10^3)^3}{48 \times 8 \times 10^3 \times \dfrac{200 \times 300^3}{12}} = 2.5\mathrm{mm}$

14 $\delta_{\max} = \dfrac{PL^3}{48EI} = \dfrac{50 \times 10^3 \times (8 \times 10^3)^3}{48 \times 2.0 \times 10^4 \times \dfrac{600 \times 600^3}{12}} = 2.469\mathrm{mm}$

15 $\delta_{\max} = \dfrac{PL^3}{48EI}$ 에서 최대처짐량($\delta_{\max}$)은 스팬(L)의 3제곱에 비례하므로 $L = 2L$로 하면

$\delta'_{\max} = 2^3 \cdot \delta_{\max}$ 로 8배 커진다.

16 등분포하중을 받는 단순보의 최대처짐

$\delta_{\max} = \dfrac{5\omega L^4}{384EI}$

17 $\delta_{\max} = \dfrac{5\omega L^4}{384EI} = \dfrac{5 \times 2 \times 9,000^4}{384 \times 210,000 \times 2.18 \times 10^7}$

$\quad\quad = 37.32\text{mm}$

18 등분포하중 작용 시 단순보의 최대처짐은 스팬의 4제곱에 비례한다.

19 $\delta_{\max} = \dfrac{5\omega L^4}{384EI}$: 처짐은 탄성계수(E)에 반비례한다.

20 ① $\delta_{\max} = \dfrac{PL^3}{48EI} = \dfrac{\omega L^4}{48EI} = \dfrac{8\omega L^4}{384EI}$

$\quad$② $\delta_{\max} = \dfrac{5\omega L^4}{384EI}$

$\quad$③ $\delta_{\max} = \dfrac{PL^3}{3EI} = \dfrac{\omega L^4}{3EI} = \dfrac{128\omega L^4}{384EI}$: 가장 큰 값

$\quad$④ $\delta_{\max} = \dfrac{\omega L^4}{8EI} = \dfrac{48\omega L^4}{384EI}$

10.1 개요

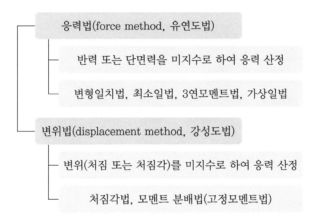

• 부정정 구조물의 해석방법

```
┌── 응력법(force method, 유연도법)
│     ├── 반력 또는 단면력을 미지수로 하여 응력 산정
│     └── 변형일치법, 최소일법, 3연모멘트법, 가상일법
├── 변위법(displacement method, 강성도법)
│     ├── 변위(처짐 또는 처짐각)를 미지수로 하여 응력 산정
│     └── 처짐각법, 모멘트 분배법(고정모멘트법)
```

▼ **부정정구조물의 해법 분류**

구분	해석 방법	적합한 구조물		단점
응력법	변형일치법	보	단스팬보, 2스팬 연속보	고차부정정 구조물에는 계산이 복잡해짐
	3연모멘트법	보	연속보	라멘에는 적용 불가
	최소일법 (카스틸리아노의 제2정리)	트러스, 아치	트러스, 아치해석에 적합	고층 다스팬 라멘에는 부적당
	가상일법 (단위하중법)	트러스, 아치	보, 라멘, 트러스에 모두 적용 가능	고차부정정 구조물에는 계산이 복잡해짐
변위법	처짐각법	라멘	보 및 라멘해석에 편리, 간단한 라멘에 적당	해법과정에 시간이 많이 소요
	모멘트분배법 (고정모멘트법)	라멘	고층 다스팬 라멘에 매우 편리	절점이 이동하는 라멘의 해법은 다소 어려움

10.2 변형일치법(method of consistent deformation)

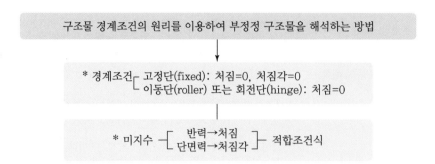

구조물 경계조건의 원리를 이용하여 부정정 구조물을 해석하는 방법

* 경계조건 ┌ 고정단(fixed): 처짐=0, 처짐각=0
           └ 이동단(roller) 또는 회전단(hinge): 처짐=0

* 미지수 ┌ 반력→처짐 ┐ 적합조건식
         └ 단면력→처짐각 ┘

10.2.1 처짐(δ) 공식 이용법

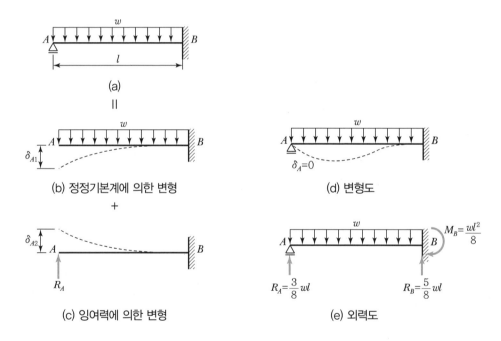

(a)

=

(b) 정정기본계에 의한 변형

+

(c) 잉여력에 의한 변형

(d) 변형도

(e) 외력도

① 그림(a) 1차 부정정보 → 그림(b)+그림(c)의 캔틸레버보(정정보)로 분해 가능, R_A : 미지반력

② 지점 A : 이동단 → 처짐 $\delta_A = 0$

$\delta_{A1} + \delta_{A2} = 0$ ∴ $\delta_{A1} = -\delta_{A2}$: 변형적합조건식

③ 실제 하중 ω에 의한 처짐량 : $\delta_{A1} = \dfrac{\omega l^4}{8EI}$

부정정 여력 R_A에 의한 처짐량 : $\delta_{A2} = -\dfrac{R_A l^3}{3EI}$ 이므로

$$\dfrac{R_A l^3}{3EI} = \dfrac{\omega l^4}{8EI} \quad \therefore R_A = \dfrac{3\omega l}{8}(\uparrow)$$

④ 힘의 평형조건식을 이용하여 나머지 반력을 구한다.

$$\sum V = 0 : R_A + R_B - \omega l = 0$$

$$\therefore R_B = \omega l - R_A = \dfrac{5\omega l}{8}(\uparrow)$$

$$\sum M_B = 0 : R_A \times l - \omega l \times \dfrac{l}{2} + M_B = 0$$

$$M_B = \dfrac{\omega l^2}{2} - \dfrac{3\omega l^2}{8} = \dfrac{\omega l^2}{8}(\circlearrowleft)$$

10.2.2 처짐각(θ) 공식 이용법

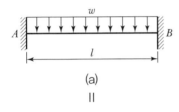

(a)

=

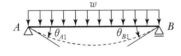

(b) 정정기본계에 의한 변형

+

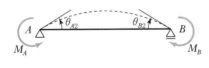

(c) 잉여력에 의한 변형

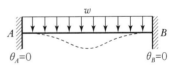

(d) 변형도

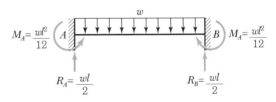

(e) 외력도

① 그림(a) 3차 부정정보 → 그림(b)+그림(c)의 정정보로 분해 가능, M_A, M_B : 미지 반력모멘트

② 지점 A, B : 고정단 → $\theta_A = 0$, $\theta_B = 0$

$$\theta_{A1} + \theta_{A2} = 0$$

③ 실제 하중 ω에 의한 처짐각 $\theta_{A1} = \dfrac{\omega l^3}{24EI}(\curvearrowleft)$

부정정 여력 M_A에 의한 처짐각 $\theta_{A2} = -\dfrac{M_A l}{2EI}(\curvearrowleft)$이므로

$$\dfrac{M_A l}{2EI} = \dfrac{\omega l^3}{24EI} \quad \therefore M_A = \dfrac{\omega l^2}{12}(\curvearrowleft)$$

좌우대칭이므로 M_A와 M_B는 크기가 같고 방향이 서로 반대이다.

$$\therefore M_B = \dfrac{\omega l^2}{12}(\curvearrowright)$$

④ 힘의 평형조건식을 이용하여 나머지 반력을 구한다.

$$\sum M_B = 0 : R_A \times l - M_A - \omega l \times \dfrac{l}{2} + M_B = 0 \quad \therefore R_A = \dfrac{\omega l}{2}(\uparrow)$$

$$\sum V = 0 : R_A + R_B - \omega l = 0 \quad \therefore R_B = \omega l - R_A = \dfrac{\omega l}{2}(\uparrow)$$

그림과 같은 부정정보의 반력과 단면력을 구하시오.(단, 부재의 EI는 일정하다.)

풀이 ① 지점 A : 이동단 $\rightarrow \delta_A = 0$

R_A : 부정정 여력

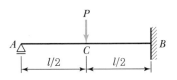

② 실제 하중 P에 의한 처짐량 : $\delta_1 = \dfrac{5Pl^3}{48EI}(\downarrow)$

부정정여력(잉여력) R_A에 의한 처짐량 :

$\delta_2 = -\dfrac{R_A l^3}{3EI}(\uparrow)$

$\delta_1 + \delta_2 = 0$이므로

$\dfrac{5Pl^3}{48EI} - \dfrac{R_A l^3}{3EI} = 0 \qquad \therefore R_A = \dfrac{5P}{16}(\uparrow)$

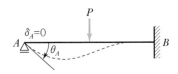

(a) 변형도

③ B점의 나머지 반력

$\sum V = 0 : R_A + R_B - P = 0$

$\therefore R_B = P - R_A = P - \dfrac{5P}{16} = \dfrac{11P}{16}(\uparrow)$

$\sum M_B = 0 : R_A \times l - P \times \dfrac{l}{2} + M_B = 0$

$\therefore M_B = \dfrac{Pl}{2} - \dfrac{5P}{16} \times l = \dfrac{3Pl}{16}(\curvearrowright)$

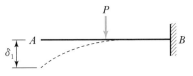

(b) 정정기본계

④ 전단력

$V_{A \sim C} = R_A = \dfrac{5P}{16}$

$V_{C \sim B} = R_A - P = \dfrac{5P}{16} - P = -\dfrac{11P}{16}$

(c) 잉여력 R_A

⑤ 휨모멘트

$M_A = 0 (\because \text{roller})$

$M_C = R_A \times \dfrac{l}{2} = \dfrac{5P}{16} \times \dfrac{l}{2} = \dfrac{5Pl}{32}$

$M_B = R_A \times l - P \times \dfrac{l}{2}$

$\quad = \dfrac{5P}{16} \times l - \dfrac{Pl}{2} = -\dfrac{3Pl}{16}$

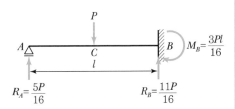

(d) 외력도

⑥ 변곡점 x의 위치

$M_x = R_A \times x - P \times (x - \dfrac{l}{2}) = 0$

$\dfrac{5P}{16}x - Px + \dfrac{Pl}{2} = 0$

$-\dfrac{11P}{16}x + \dfrac{Pl}{2} = 0$

$\therefore x = \dfrac{Pl}{2} \times \dfrac{16}{11P} = \dfrac{8}{11}l$

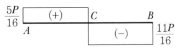

(e) S. F. D

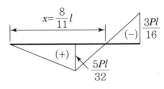

(f) B. M. D

예제 10-2 그림과 같은 부정정 연속보의 반력과 단면력을 구하시오.(단, 부재의 EI는 일정하다.)

풀이 ① 지점 B : 연속단 → 고정단과 같이 처짐량 $\delta_B = 0$

수직반력 R_B : 부정정 여력

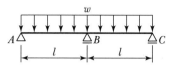

w

A $\triangle$ —— l —— $\triangle B$ —— l —— $\triangle C$

② 실제 하중 ω에 의한 처짐량 : $\delta_1 = \dfrac{5\omega(2l)^4}{384EI}(\downarrow)$

부정정 여력 R_B에 의한 처짐량

$: \delta_2 = -\dfrac{R_B(2l)^3}{48EI}(\uparrow)$

$\delta_1 + \delta_2 = 0$이므로 $\dfrac{5\omega l^4}{24EI} - \dfrac{R_B l^3}{6EI} = 0$

$\therefore R_B = \dfrac{5\omega l}{4}(\uparrow)$

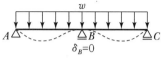

(a) 변형도

③ 지점 B의 좌우는 대칭이므로 $R_A = R_C$

$\sum V = 0 : R_A + R_B + R_C - 2\omega l = 0$

$\therefore R_A = R_C = \dfrac{3\omega l}{8}(\uparrow)$

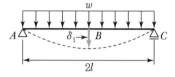

(b) 정정기본계

④ 전단력

　i) $A \sim B$구간

　　　지점 A에서 x만큼 떨어진 위치의 전단력

　　　$V_x = \dfrac{3\omega l}{8} - \omega x$

　　　$V_A = V_{(x=0)} = \dfrac{3\omega l}{8}$

　　　$V_B = V_{(x=l)} = \dfrac{3\omega l}{8} - \omega l = -\dfrac{5\omega l}{8}$

　　　전단력이 0이 되는 위치

　　　$V_x = \dfrac{3\omega l}{8} - \omega x = 0 \quad \therefore x = \dfrac{3l}{8}$

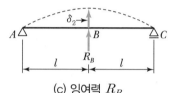

(c) 잉여력 R_B

　ii) $B \sim C$구간 : $A \sim C$구간과 대칭이므로 전단력의 크기는 동일하며 방향은 반대로 된다.

⑤ 휨모멘트

　지점 A에서 x만큼 떨어진 위치의 휨모멘트

　$M_x = \dfrac{3\omega l}{8}x - \dfrac{\omega}{2}x^2$

　$M_A = M_B = 0 (\because \text{hinge, roller})$

　$M_{(x=\frac{3l}{8})} = \dfrac{3\omega l}{8} \times \dfrac{3l}{8} - \dfrac{\omega}{2}\left(\dfrac{3l}{8}\right)^2 = \dfrac{9\omega l^2}{128}(= M_{\max})$

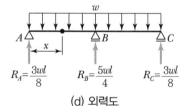

(d) 외력도

$R_A = \dfrac{3wl}{8}$ 　 $R_B = \dfrac{5wl}{4}$ 　 $R_C = \dfrac{3wl}{8}$

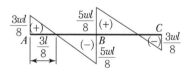

(e) S. F. D

　$M_{(x=l)} = \dfrac{3\omega l}{8} \times l - \dfrac{\omega}{2}l^2 = -\dfrac{\omega l^2}{8}$

　휨모멘트가 0이 되는 위치 $M_x = \dfrac{3\omega l}{8}x - \dfrac{\omega}{2}x^2 = 0,\ x\left(\dfrac{3\omega l}{8} - \dfrac{\omega}{2}x\right) = 0 \quad \therefore x = \dfrac{3l}{4}$

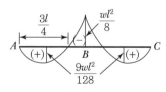

(f) B. M. D

10.3 3연모멘트법(three moment method)

처짐각을 이용하여 부정정 연속보를 해석하는 방법

↓

클라페롱 방정식(Clapeyron's equation): 3연모멘트 방정식 유도
3개의 지점 휨모멘트: 부정정여력

10.3.1 3연모멘트 방정식

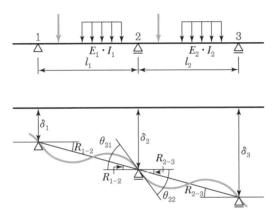

▮ 그림 10.1 **연속된 3개의 지점을 가진 연속보** ▮

• 부재각 : 침하 전·후의 지점을 잇는 직선이 이루는 각

$$R_{1-2} = \frac{\delta_2 - \delta_1}{l_1}, \ R_{2-3} = \frac{\delta_3 - \delta_2}{l_2}$$ ·······································(1)

좌측의 처짐각 θ_{21}과 우측의 처짐각 θ_{22}는 탄성처짐곡선이 연속이므로

$$\theta_{21} = \theta_{22}$$ ·······································(2)

지점 1~2구간, 2~3구간을 단순보로 가정, 단순보에 작용하는 수직하중과 지점에 작용하는 모멘트하중에 의한 처짐각을 지점 1~2구간은 θ_{21}', θ_{21}'', 지점 2~3구간은 θ_{22}', θ_{22}''라 하면

$$\theta_{21} = \theta_{21}' + \theta_{21}'' + R_{1-2}$$ ·······································(3)
$$\theta_{22} = \theta_{22}' + \theta_{22}'' + R_{2-3}$$ ·······································(4)

식(3), (4)를 식(2)에 대입하면

$$\theta_{21}'' - \theta_{22}'' + \theta_{21}' - \theta_{22}' + R_{1-2} - R_{2-3} = 0 \qquad \cdots\cdots\cdots\cdots\cdots\cdots (5)$$

그림 10.1의 연속보에 생기는 모든 휨모멘트를 (+)로 가정하면

┃ 그림 10.2 **단순보로 가정할 때 양 지점에 작용하는 모멘트하중** ┃

그림 10.2(a)의 경우, 모멘트하중에 의한 지점 2의 처짐각 θ_{21}''를 구하면

$$\theta_{21}'' = -\frac{M_2 l_1}{2E_1 l_1} - \frac{M_1 l_1}{6E_1 l_1} = -\frac{(2M_2 + M_1)l_1}{6E_1 l_1} \qquad \cdots\cdots\cdots\cdots\cdots (6)$$

그림 10.2(b)의 경우, 모멘트하중에 의한 지점 2의 처짐각 θ_{22}''를 구하면

$$\theta_{22}'' = -\frac{M_2 l_2}{2E_2' l_2} - \frac{M_3 l_2}{6E_2 l_2} = -\frac{(2M_2 + M_3)l_2}{6E_2 l_2} \qquad \cdots\cdots\cdots\cdots\cdots (7)$$

식(6), (7)을 식(5)에 대입하면

$$-\frac{(2M_2 + M_1)l_1}{6E_1 l_1} - \frac{(2M_2 + M_3)l_2}{6E_2 l_2} + \theta_{21}' - \theta_{22}' + R_{1-2} - R_{2-3} = 0 \qquad \cdots\cdots\cdots (8)$$

▼ **3연모멘트 방정식**

$$\frac{M_1 l_1}{E_1 I_1} + 2M_2\left(\frac{l_1}{E_1 I_1} + \frac{l_2}{E_2 I_2}\right) + \frac{M_3 l_2}{E_2 I_2} = 6(\theta_{21}' - \theta_{22}') + 6\left(\frac{\delta_2 - \delta_1}{l_1} - \frac{\delta_3 - \delta_2}{l_2}\right) \qquad \cdots\cdots (10.1)$$

① E가 일정하고 지점의 침하가 없을 때

$$\frac{M_1 l_1}{I_1} + 2M_2\left(\frac{l_1}{I_1} + \frac{l_2}{I_2}\right) + \frac{M_3 l_2}{I_2} = 6E(\theta_{21}' - \theta_{22}') \qquad \cdots\cdots (10.2)$$

② EI가 일정할 때

$$M_1 l_1 + 2M_2(l_1 + l_2) + M_3 l_2 = 6EI(\theta_{21}' - \theta_{22}') + 6EI\left(\frac{\delta_2 - \delta_1}{l_1} - \frac{\delta_3 - \delta_2}{l_2}\right) \qquad \cdots\cdots (10.3)$$

③ EI가 일정하고 지점의 침하가 없을 때

$$M_1 l_1 + 2M_2(l_1 + l_2) + M_3 l_2 = 6EI(\theta_{21}' - \theta_{22}')$$ ················ (10.4)

10.3.2 공식의 적용 방법

(1) 4스팬의 연속보

부정정여력(미지수) : 휨모멘트 M_2, M_3, M_4 3개 → 3연모멘트 방정식이 3개 필요

→ 그림 10.3과 같이 1식, 2식, 3식 3개의 방정식 선정

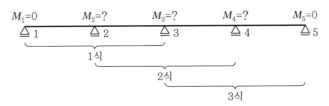

| 부정정 여력의 수＝3연모멘트 방정식의 수 |

┃ 그림 10.3 **4스팬의 연속보** ┃

(2) 고정단이 있는 부정정 연속보

• 가상스팬을 설치하고 방정식의 수를 부정정여력의 수와 일치시킨다.

• 부정정여력(미지수) : 휨모멘트 M_2, M_3 2개 → 가상스팬($l = 0$, $E = 0$, $I = \infty$) 설치, 2개의 방정식 선정

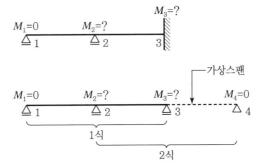

┃ 그림 10.4 **2스팬의 고정단이 있는 연속보** ┃

구분	하중상태	휨모멘트도	휨모멘트 공식		
			M_A	M_C 또는 M_D	M_B
①			$-\dfrac{\omega l^2}{12}$	$+\dfrac{\omega l^2}{24}$	$-\dfrac{\omega l^2}{12}$
②			0	$+\dfrac{9\omega l^2}{128}$	$-\dfrac{\omega l^2}{8}$
③			$-\dfrac{Pl}{8}$	$+\dfrac{Pl}{8}$	$-\dfrac{Pl}{8}$
④			0	$+\dfrac{5Pl}{32}$	$-\dfrac{3Pl}{16}$
⑤			$-\dfrac{Pab^2}{l^2}$	$+\dfrac{Pa^2b^2}{l^3}$	$-\dfrac{Pa^2b}{l^2}$
⑥			0	$+\dfrac{Pab^2(3a+2b)}{2l^3}$	$-\dfrac{Pab(2a+b)}{2l^2}$
⑦			$-\dfrac{2Pl}{9}$	$+\dfrac{Pl}{9}$	$-\dfrac{2Pl}{9}$

* 여기서, C : 보의 중앙점

D : 힘의 작용점 또는 최대 휨모멘트점

예제 10-3 그림과 같은 부정정 연속보에서 각 지점의 반력을 구하시오.(단, 부재의 EI는 일정하고 지점 침하는 없다.)

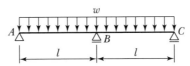

풀이 ① 지점모멘트 M_B

$M_A = M_C = 0$이므로 부정정여력은 지점모멘트 M_B 1개, EI가 일정하고 지점침하가 없으므로 식 10.4의 방정식을 사용하여 구한다.

$$\theta_{BA}' = -\frac{\omega l^3}{24EI},\ \theta_{BC}' = -\frac{\omega l^3}{24EI}$$

$$2M_B(l+l) = 6EI\left(-\frac{\omega l^3}{24EI} - \frac{\omega l^3}{24EI}\right)\text{에서}$$

$$4M_B = -\frac{\omega l^3}{2}$$

$$\therefore\ M_B = -\frac{\omega l^2}{8}$$

② 반력

$$\sum M_B = 0 : R_A l - \frac{\omega l^2}{2} = -\frac{\omega l^2}{8}$$

좌우 대칭이므로

$$R_A = R_C = \frac{3\omega l}{8}(\uparrow)$$

$$\sum V = 0 :$$
$$R_A + R_B + R_C = 2\omega l$$

$$\therefore\ R_B = 2\omega l - \frac{3\omega l}{4} = \frac{5\omega l}{4}(\uparrow)$$

예제 10-4 그림과 같은 부정정 연속보에서 각 지점의 반력을 구하시오.(단, 부재의 EI는 일정하고 지점 침하는 없다.)

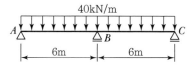

풀이 부정정여력이 M_B 1개이므로 1개의 3연모멘트 방정식 필요

EI가 일정하고 지점침하가 없으므로 식 10.4를 사용한다.

$$M_A l_1 + 2M_B(l_1 + l_2) + M_C l_2 = 6EI(\theta_{21}' - \theta_{22}') \quad \cdots\cdots\cdots\cdots\cdots (1)$$

여기서, $M_A = M_C = 0$, $l_1 = l_2 = 6\text{m}$

$$\theta_{21}' = -\frac{\omega l_1^3}{24EI} = -\frac{40 \times 6^3}{24EI} = -\frac{360}{EI}$$

$$\theta_{22}' = -\frac{\omega l_2^2}{24EI} = -\frac{40 \times 6^3}{24EI} = -\frac{360}{EI} \text{이므로}$$

식(1)에 대입하여 정리하면

$$2M_B \times 12 = -6 \times 720 \quad \therefore M_B = -180\text{kN} \cdot \text{m}$$

지점 B의 좌측에서 구한 휨모멘트의 합은 평형조건식에 의하여

$$\sum M_B = 0 : 6R_A - 40 \times 6 \times 3 = -180$$

$$\therefore R_A = R_C = 90\text{kN}(\uparrow) (\because \text{좌우 대칭})$$

$$\sum V = 0 : R_A + R_B + R_C - 40 \times 12 = 0$$

$$\therefore R_B = 300\text{kN}(\uparrow)$$

예제 10-5 그림과 같은 부정정보의 휨모멘트 M_A, M_B를 구하시오.(단, 부재의 EI는 일정하고 지점침하는 없다.)

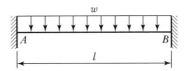

풀이 3차 부정정보이나 수직 등분포하중만 작용하여 수평반력이 발생하지 않으므로 2차부정정보로 해석 가능하다. 부정정여력이 M_A, M_B 2개이므로 2개의 3연모멘트 방정식 필요

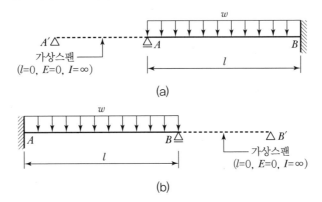

(a)

(b)

그림(a), (b)와 같이 가상스팬을 설치하여 2개의 3연모멘트 방정식을 산정하면 EI가 일정하고 지점침하가 없으므로 식 10.4를 사용한다.

$$M_1 l_1 + 2M_2(l_1 + l_2) + M_3 l_2 = 6EI(\theta_{21}' - \theta_{22}') \quad \text{………………………………} (1)$$

그림(a)에서, $M_1 = 0$, $M_2 = M_A$, $M_3 = M_B$

$$l_1 = 0,\ l_2 = 6\text{m}$$

$$\theta_{21}' = 0,\ \theta_{22}' = \frac{\omega l^3}{24EI} \text{이므로}$$

식(1)에 대입하여 정리하면

$$2M_A + M_B l + \frac{\omega l^3}{4} = 0 \quad \text{……………………………………………} (2)$$

그림(a)와 마찬가지로 그림(b)에서도 (1)식에서,

$$M_1 = M_A,\ M_2 = M_B,\ M_3 = 0$$

$$l_1 = l,\ l_2 = 0$$

$$\theta_{21}' = -\frac{\omega l^3}{24EI},\ \theta_{22}' = 0 \text{이므로}$$

식(1)에 대입하여 정리하면

$$M_A l + 2M_B l + \frac{\omega l^3}{4} = 0 \quad \text{…………………………………………} (3)$$

식(2)와 식(3)을 연립방정식으로 풀면

$$\therefore\ M_A = -\frac{\omega l^2}{12},\ M_B = -\frac{\omega l^2}{12}$$

10.4 처짐각법(slope deflection method)

구조물에 작용하는 하중으로 인한 변형량(처짐각 또는 처짐)을 미지수로 하고 재단의 응력과 부재의 변형과의 관계를 평형조건식에 적용하여 단면을 구하는 방법

↓

모멘트분배법과 함께 대표적인 변위법이며 모멘트분배법을 이해하기 위한 기본과정으로 연속보와 부정정라멘의 해석에 실용적인 방법

▼ 해석상의 가정

① 부재는 직선재이다.
② 절점은 강접합 또는 힌지로만 취급한다.
③ 완전한 강접합일 경우 변형 전후의 부재각은 변화가 없다.
④ 휨모멘트에 의해 생기는 부재의 변형만 고려한다.
⑤ 축방향력, 전단력 및 휨모멘트에 의해 생기는 부재의 변형은 매우 작으므로 무시한다.
⑥ 부재는 변형 후에도 길이 변화가 없다.
⑦ 부재의 단면2차모멘트 I와 탄성계수 E는 동일 부재 내에서는 일정하다.

10.4.1 처짐각방정식

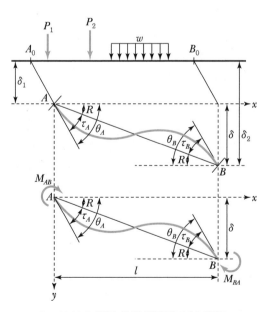

┃ 그림 10.5 **변형 후의 절점각과 부재각** ┃

그림 10.5에서 부재의 양단 A, B의 절점각 θ_A, θ_B는

$$\theta_A = \tau_A + R, \ \theta_B = \tau_B + R \quad \cdots\cdots\cdots\cdots\cdots\cdots\cdots (1)$$

부재를 단순보로 생각할 때의 수직하중에 의한 지점 A, B의 처짐각을 θ_A', θ_B'라 하면

$$\theta_A = \frac{M_{AB}l}{3EI} - \frac{M_{BA}l}{6EI} + \theta_A' + R$$

$$\theta_B = \frac{M_{BA}l}{3EI} - \frac{M_{AB}l}{6EI} + \theta_B' + R \quad \cdots\cdots\cdots\cdots\cdots\cdots (2)$$

식(2)를 연립방정식으로 풀어 재단모멘트 M_{AB}, M_{BA}를 구하면

$$M_{AB} = \frac{2EI}{l}(2\theta_A + \theta_B - 3R) - \frac{2EI}{l}(2\theta_A' + \theta_B')$$

$$M_{BA} = \frac{2EI}{l}(2\theta_B + \theta_A - 3R) - \frac{2EI}{l}(2\theta_B' + \theta_A') \quad \cdots\cdots\cdots\cdots\cdots (3)$$

여기서, $C_{AB} = -\frac{2EI}{l}(2\theta_A' + \theta_B')$, $C_{BA} = -\frac{2EI}{l}(2\theta_B' + \theta_A')$,

$K = \dfrac{I}{l}$라 놓으면

▼ 처짐각방정식

$$M_{AB} = 2EK(2\theta_A + \theta_B) - 3R) + C_{AB}$$

$$M_{BA} = 2EK(2\theta_B + \theta_A) - 3R) + C_{BA} \quad \cdots\cdots\cdots\cdots (10.5)$$

여기서, M_{AB} : 부재 AB의 A단에 작용하는 재단모멘트

M_{BA} : 부재 AB의 B단에 작용하는 재단모멘트

θ_A : A단의 절점각(절점회전각)

θ_B : B단의 절점각(절점회전각)

R : 부재각(부재회전각)($= \delta/l$)

C_{AB}, C_{BA} : 수직하중에 의한 고정단모멘트(하중항이라고도 함)

(1) 재단모멘트(M)

부재의 양단에 작용하여 부재를 휘게 하는 모멘트

• M_{AB} : 부재 AB의 A단에 작용하는 재단모멘트

• M_{BA} : 부재 AB의 B단에 작용하는 재단모멘트

회전방향이 시계방향이면 (+), 반시계 방향이면 (−)로 표시

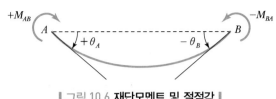

(2) 절점각(절점회전각, θ)

부재가 외력에 의해 휘어졌을 때 변형 후 임의의 점에서의 접선과 변형 전 부재축이 이루는 각

- θ_A : A단의 절점각(변형각)
- θ_B : B단의 절점각(변형각)

시계방향으로 회전하면 (+), 반시계방향으로 회전하면 (−)로 표시

(3) 부재각(부재회전각, R)

- 그림 10.5와 같이 변형 전 부재의 축과 변형 후 부재의 축이 이루는 각도
- 부재각(angle of member) 또는 부재회전각(angle of member rotation)이라고도 하며, 아래식으로 나타냄

$$R = \frac{\delta}{l}$$

$\cdots\cdots$ (10.6)

변형 전의 부재축을 기준으로 시계방향이면 (+), 반시계방향이면 (−)로 표시

(4) 접선각(τ)

- 그림 10.5와 같이 변형된 부재 AB의 재단을 잇는 직선과 변형된 부재의 절점 A, B에서 접선이 이루는 각도
- 접선각(angle of tangent) 또는 접선회전각(angle of tangent rotation)이라고도 하며, 변형 후의 부재축을 기준으로 시계방향이면 (+), 반시계방향이면 (−)로 표시
- * 각 절점에서의 부재각과 접선각을 합한 값이 절점각이 된다.

(5) 하중항

수직하중에 의한 반력모멘트, 즉 고정단모멘트를 하중항(load term)이라 한다.
- 그림 10.7(a)와 같이 부재 AB가 양단 고정일 때 : C_{AB}, C_{BA}로 표시
- 그림 (b)와 같이 일단 고정, 타단 힌지일 때 : H_{AB}로 표시

(a)   (b)

┃ 그림 10.7 **하중항의 표시** ┃

$$H_{AB} = C_{AB} - \frac{C_{BA}}{2}$$

.... (10.7)

위 식에서 C_{AB}, C_{BA}의 절대값이 같고 부호가 다를 경우

$$H_{AB} = \frac{3}{2} C_{AB}$$

(6) 강도(剛度, stiffness) 및 강비(剛比, stiffness ratio)

① 강도(K) : 부재의 단면2차모멘트 I를 l 부재의 길이 l로 나눈 값

$$K = \frac{I}{l} (\text{cm}^3, \ \text{m}^3)$$

.... (10.8)

표준강도(K_0) : 임의의 표준재 강도를 표준강도 K_0라 하고, 강비 k를 구할 때 쓰인다.

② 강비(k) : 라멘과 같은 각 부재의 휨변형에 대한 저항의 크기를 표시하는 계수로 부재의 강도를 표준강도 K_0로 나눈 값이다.

$$\text{부재 } AB\text{의 강비} : k_{AB} = \frac{K_{AB}}{K_0}$$

.... (10.9)

$K = K_0 \cdot k$, $2EK\theta_A = \phi_A$, $2EK\theta_B = \phi_B$, $2EK(-3k) = \psi$라 놓고
식 10.5의 처짐각방정식을 정리하면

▼ **실용식**

$$M_{AB} = k_{AB}(2\phi_A + \phi_B + \psi) + C_{AB}$$
$$M_{BA} = k_{BA}(2\phi_B + \phi_A + \psi) + C_{BA}$$

.... (10.10)

여기서, ϕ, ψ는 θ, R과 같이 편의상 절점각, 부재각이라 표현한다.

하중상태	(C) : 양단고정		(H) : 일단고정, 타단힌지	
	C_{AB}	C_{BA}	H_{AB} (A단고정)	H_{BA} (B단고정)
①	$-\dfrac{PL}{8}$	$\dfrac{PL}{8}$	$-\dfrac{3PL}{16}$	$\dfrac{3PL}{16}$
②	$-\dfrac{Pab^2}{L^2}$	$\dfrac{Pa^2b}{L^2}$	$-\dfrac{Pab}{2L^2}(L+b)$	$\dfrac{Pab}{2L^2}(L+a)$
③	$-\dfrac{2PL}{9}$	$\dfrac{2PL}{9}$	$-\dfrac{PL}{3}$	$\dfrac{PL}{3}$
④	$-\dfrac{Pa}{L}(L-a)$	$\dfrac{Pa}{L}(L-a)$	$-\dfrac{3Pa}{2L}(L-a)$	$\dfrac{3Pa}{2L}(L-a)$
⑤	$-\dfrac{\omega L^2}{12}$	$\dfrac{\omega L^2}{12}$	$-\dfrac{\omega L^2}{8}$	$\dfrac{\omega L^2}{8}$
⑥	$-\dfrac{\omega b}{12L}\times$ $[6a(a+b)+b^2]$	$\dfrac{\omega b}{12L}\times$ $[6a(a+b)+b^2]$	$-\dfrac{\omega b}{8L}\times$ $[6a(a+b)+b^2]$	$\dfrac{\omega b}{8L}\times$ $[6a(a+b)+b^2]$
⑦	$-\dfrac{\omega a^2}{6L}\times$ $(3L-2a)$	$\dfrac{\omega a^2}{6L}\times$ $(3L-2a)$	$-\dfrac{\omega a^2}{4L}\times$ $(3L-2a)$	$\dfrac{\omega a^2}{4L}\times$ $(3L-2a)$
⑧	$-\dfrac{5\omega L^2}{96}$	$\dfrac{5\omega L^2}{96}$	$-\dfrac{5\omega L^2}{64}$	$\dfrac{5\omega L^2}{64}$
⑨	$-\dfrac{17\omega L^2}{384}$	$\dfrac{17\omega L^2}{384}$	$-\dfrac{17\omega L^2}{256}$	$\dfrac{17\omega L^2}{256}$
⑩	$-\dfrac{\omega}{12L}\times$ $(L^3-2a^2L+a^3)$	$\dfrac{\omega}{12L}\times$ $(L^3-2a^2L+a^3)$	$-\dfrac{\omega}{8L}\times$ $(L^3-2a^2L+a^3)$	$\dfrac{\omega}{8L}\times$ $(L^3-2a^2L+a^3)$
⑪	$-\dfrac{\omega L^2}{30}$	$\dfrac{\omega L^2}{20}$	$-\dfrac{7\omega L^2}{120}$	$\dfrac{\omega L^2}{15}$

10.4.2 절점방정식(모멘트식)

┃ 그림 10.8 **절점방정식** ┃

한 절점에 모인 각 부재의 재단모멘트의 합은 1 절점에 작용하는 외력에 의한 휨모멘트와 평형을 이루어야 하므로 그림 10.8에서 0점의 절점방정식은

① 절점에 모멘트 M이 작용할 경우

$$M_{OA} + M_{OB} + M_{OC} + M_{OD} = M$$

·······························(10.11)

② 절점에 모멘트 M이 작용하지 않을 경우

$$M_{OA} + M_{OB} + M_{OC} + M_{OD} = 0$$

·······························(10.12)

10.4.3 층방정식(전단력식)

주로 라멘구조물에서 수평하중이 작용하여 절점이 이동할 때는 절점각 이외에 부재각이 미지수로 처짐각 방정식에 추가됨

↓

보에는 부재각이 생기지 않고 기둥에만 각 층에 공통으로 같은 크기의 부재각이 생기므로 층수에 해당하는 층방정식이 필요함

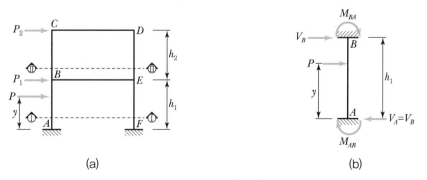

┃ 그림 10.9 **층방정식** ┃

(1) 층전단력(story shear)

그림 10.9(a)에서 각 층의 층전단력을 V_{II}, V_I이라 하면

$$V_{II} = P_2, \ V_I = P_1 + P_2$$

··············(10.13)

(2) 층모멘트

$$M_{II} = V_{IIh_2} = P_2 h_2$$
$$M_I = V_{Ih_1} = (P_1 + P_2)h_1$$

··············(10.14)

(3) 층방정식

그림 10.9(b)와 같이 기둥 AB의 전단력 V_A와 기둥 상하단의 재단모멘트
M_{BA}, M_{AB} 사이에는 힘의 평형조건에 의하여

$$\Sigma M_A = 0 : M_{BA} + M_{AB} + Py + V_{Bh_1} = 0$$
$$V_B = V_A = -\frac{M_{BA} + M_{AB}}{h_1} - \frac{Py}{h_1}$$

··············(10.15)

식 10.15를 $M_{BA} = M_\text{상}$, $M_{AB} = M_\text{하}$, $V_A = V_B = V_\text{주}$, $h_1 = h$로 하여 일반식으로 나타내면

$$V_\text{주} = -\frac{M_\text{상} + M_\text{하}}{h} - \frac{Py}{h}$$

··············(10.16)

중간하중 P가 작용하지 않을 경우, 각 층의 층전단력은 그 층 기둥의 전단력의 총합과 같으므로

$$V = \Sigma V_\text{주} = \Sigma \left(-\frac{M_\text{상} + M_\text{하}}{h} \right)$$

··············(10.17)

그림 10.9의 경우, 각 층의 층방정식은

① 제2층 층방정식

$$\sum H = 0 : P_2 - V_B - V_E = 0 \quad \cdots\cdots\cdots\cdots\cdots (1)$$

$$\sum M_C = 0 : M_{CB} + M_{BC} + V_B h_2 = 0$$

$$\therefore V_B = -\frac{M_{CB} + M_{BC}}{h_2} \quad \cdots\cdots\cdots\cdots\cdots (2)$$

$$\sum M_D = 0 : M_{DE} + M_{ED} + V_E h_2 = 0$$

$$\therefore V_E = -\frac{M_{DE} + M_{ED}}{h_2} \quad \cdots\cdots\cdots\cdots\cdots (3)$$

식(2), (3)을 식(1)에 대입하면

$$\therefore P_2 + \frac{M_{CB} + M_{BC}}{h_2} + \frac{M_{DE} + M_{ED}}{h} = 0$$

$$\text{또는 } P_2 = -\frac{M_{CB} + M_{BC} + M_{DE} + M_{ED}}{h_2} \quad \cdots\cdots\cdots\cdots\cdots (10.18)$$

② 제1층 층방정식

$$\sum H = 0 : P_1 + P_2 + P - V_A - V_F = 0 \quad \cdots\cdots\cdots\cdots\cdots (4)$$

$$\sum M_B = 0 : M_{BA} + M_{AB} + V_A h_1 - P(h_1 - y) = 0$$

$$\therefore V_A = -\frac{M_{BA} + M_{AB}}{h_1} - \frac{Py}{h_1} + P \quad \cdots\cdots\cdots\cdots\cdots (5)$$

$$\sum M_E = 0 : M_{EF} + M_{FE} + V_{Fh_1} = 0$$

$$\therefore V_F = -\frac{M_{EF} + M_{FE}}{h_1} \quad \cdots\cdots\cdots\cdots\cdots (6)$$

식(5), (6)을 식(4)에 대입하면

$$\therefore P_1 + P_2 + \frac{M_{BA} + M_{AB}}{h_1} + \frac{Py}{h_1} + \frac{M_{EF} + M_{FE}}{h_1} = 0$$

$$\text{또는 } P_1 + P_2 = -\frac{M_{BA} + M_{AB} + M_{EF} + M_{FE}}{h_1} - \frac{Py}{h} \quad \cdots\cdots\cdots\cdots\cdots (10.19)$$

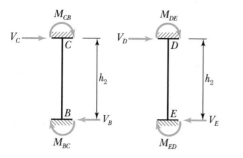

(a) 제1층 층방정식

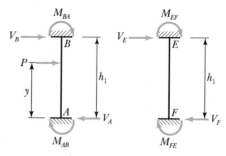

(b) 제2층 층방정식

┃ 그림 10.10 **각 층의 층방정식** ┃

(4) 미지수와 방정식

처짐각 θ(또는 ϕ) $\rightarrow$ 절점의 수와 같은 수의 절점방정식
부재각 R(또는 ψ) $\rightarrow$ 층의 수와 같은 수의 층방정식

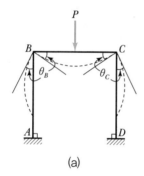

(a)

홀수 대칭인 경우, $\theta_B = -\theta_C$, $R = 0$이므로
$$\phi_B = -\phi_C,\ \psi = 0$$

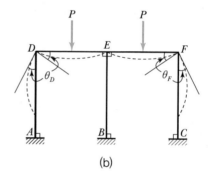

(b)

짝수 대칭인 경우, $\theta_B = -\theta_F$, $\theta_E = 0$, $R = 0$이므로
$$\phi_D = -\phi_F,\ \phi_E = 0,\ \psi = 0$$

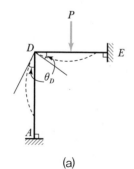

(a)

그림(b)는 그림(c)와 같이 대칭축(EB)의
좌측만을 풀이함

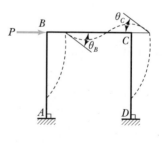

(b)

역대칭인 경우, $\theta_B = \theta_C$이므로
$$\phi_B = \phi_C$$

10.4.4 처짐각법의 해석 순서

미지수 선정 → 절점각(θ 또는 ϕ), 부재각(R 또는 ψ)

하중항 산정 → 각 부재의 고정단모멘트

강도(K)에 의한 강비(k) 산정 → $K = \dfrac{I}{l}$, $k = \dfrac{K}{K_0}$

처짐각방정식 → 각 부재에 대하여 방정식(일반식 또는 실용식) 세우기

절점방정식/층방정식 →
- 절점방정식 : 각 절점마다 1개의 식
- 층방정식 : 각 층마다 1개의 식

미지수 산정 → (θ 또는 ϕ, R 또는 ψ)

재단모멘트 산정 → 미지수(절점각 및 부재각)를 처짐각방정식에 대입

단면력도 작성 → 전체 구조물의 S.F.D 및 B.M.D 작성

예제 10-6 그림과 같은 부정정보의 재단모멘트와 반력을 처짐각법으로 구하고 단면력도를 그리시오.(단, 부재의 EI는 일정하다.)

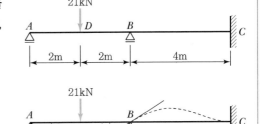

(a) 변형도

풀이 ① 미지수

지점 A : 회전하므로 $\phi_A = ?$(미지수)

지점 B : 회전하므로 $\phi_B = ?$(미지수)

지점 C : 회전하지 않으므로 $\phi_C = 0$

모든 지점 : 이동이 없으므로 $\psi = 0$

② 고정단모멘트

$$H_{BA} = \frac{3Pl}{16} = \frac{3 \times 21 \times 4}{16} = 15.75\,\text{kN} \cdot \text{m}$$

③ 처짐각방정식

단면2차모멘트 I와 부재의 길이가 같아 강비는 모두 1.0이므로 부재각 $\psi = 0$을 적용하여 실용식을 사용하면

$$M_{AB} = k_{AB}(2\phi_A + \phi_B) = 1.0(2\phi_A + \phi_B) = 2\phi_A + \phi_B$$

$$M_{BA} = k_{BA}(2\phi_B + \phi_A) + H_{BA} = 1.0(2\phi_B + \phi_A) + 15.75 = 2\phi_B + \phi_A + 15.75$$

$$M_{BC} = k_{BC}(2\phi_B + \phi_C) = 1.0(2\phi_B + 0) = 2\phi_B$$

$$M_{CB} = k_{CB}(2\phi_C + \phi_B) = 1.0(0 + \phi_B) = \phi_B$$

④ 절점방정식(절점 B에서)

$$M_{BA} + M_{BC} = 2\phi_B + \phi_A + 15.75 + 2\phi_B$$
$$= 4\phi_B + \phi_A + 15.75 = 0 \quad \text{···} (1)$$

지점 A에서의 재단모멘트 $M_{AB} = 0$이므로

$$M_{AB} = 2\phi_A + \phi_B = 0 \quad \text{···} (2)$$

식(1), (2)를 연립하여 풀면

$$\phi_B = -4.5 \text{kN} \cdot \text{m}, \ \phi_A = 2.25 \text{kN} \cdot \text{m}$$

⑤ 재단모멘트

ϕ_A, ϕ_B 값을 처짐각방정식에 대입하여 재단모멘트를 구하면

$$M_{AB} = 2\phi_A + \phi_B = 2 \times 2.25 - 4.5 = 0$$
$$M_{BA} = 2\phi_B + \phi_A + 15.75 = 2 \times (-4.5) + 2.25 + 15.75 = 9 \text{kN} \cdot \text{m}$$
$$M_{BC} = 2\phi_B = 2 \times (-4.5) = -9 \text{kN} \cdot \text{m}$$
$$M_{CB} = \phi_B = -4.5 \text{kN} \cdot \text{m}$$

하중작용점 D의 휨모멘트 M_D는

$$M_D = \frac{Pl}{4} - \frac{M_{BA}}{2} = \frac{21 \times 4}{4} - \frac{9}{2} = 21 - 4.5 = 16.5 \text{kN} \cdot \text{m}$$

⑥ 반력 및 단면력도

i) 부재 AB

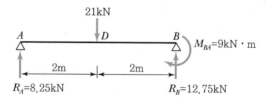

$$\sum M_B = 0 : R_A \times 4 - 21 \times 2 + 9 = 0 \quad \therefore \ R_A = 8.25 \text{kN}(\uparrow)$$
$$\sum V = 0 : R_A + R_B - 21 = 0 \quad \therefore \ R_B = 12.75(\uparrow)$$

ii) 부재 BC

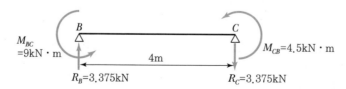

$$\sum M_B = 0 : R_B \times 4 - 9 - 4.5 = 0 \quad \therefore \ R_B = 3.375(\uparrow)$$
$$\sum V = 0 : R_B - R_C = 0 \quad \therefore \ R_C = R_B = 3.375(\downarrow)$$

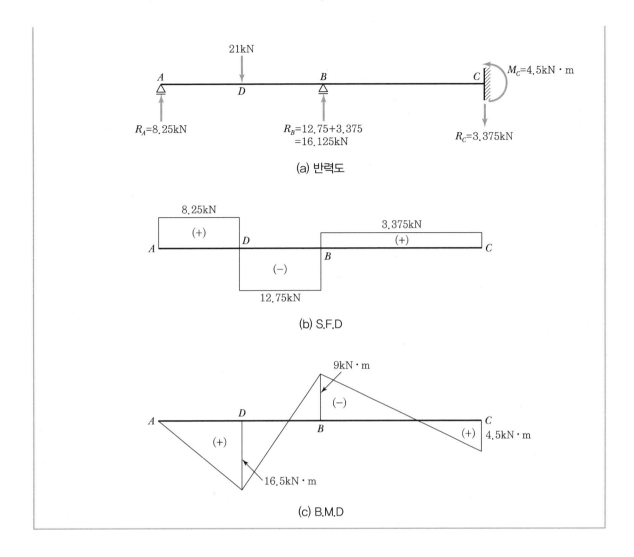

21kN

A D B C $M_C=4.5\text{kN}\cdot\text{m}$

$R_A=8.25\text{kN}$ $R_B=12.75+3.375$
$=16.125\text{kN}$ $R_C=3.375\text{kN}$

(a) 반력도

8.25kN   3.375kN

(+)   (+)

A D B C

(−)

12.75kN

(b) S.F.D

9kN·m

(−)

A D B C

(+)   (+)

4.5kN·m

16.5kN·m

(c) B.M.D

예제 10-7 그림과 같은 부정정보의 재단모멘트와 반력을 처짐각법으로 구하고 단면력도를 그리시오.

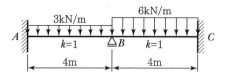

풀이　① 미지수

지점 A, C는 회전하지 않으므로 $\phi_A = \phi_C = 0$

모든 지점은 이동이 없으므로 $\psi = 0$

지점 B만 회전하므로 $\phi_B = ?$ (미지수 1개)

② 고정단모멘트

$$C_{AB} = C_{BA} = \frac{\omega l^2}{12} = \frac{3 \times 4^2}{12} = 4\text{kN} \cdot \text{m}$$

$$C_{BC} = C_{CB} = \frac{\omega l^2}{12} = \frac{6 \times 4^2}{12} = 8\text{kN} \cdot \text{m}$$

③ 처짐각방정식 < 부재각 $\psi = 0$이므로 실용식을 사용하면

$$M_{AB} = k_{AB}(2\phi_A + \phi_B) + C_{AB} = \phi_B - 4$$

$$M_{BA} = k_{BA}(2\phi_B + \phi_A) + C_{BA} = 2\phi_B + 4$$

$$M_{BC} = k_{BC}(2\phi_B + \phi_C) + C_{BC} = 2\phi_B - 8$$

$$M_{CB} = k_{CB}(2\phi_C + \phi_B) + C_{CB} = \phi_B + 8$$

④ 절점방정식

절점 B에서 $M_{BA} + M_{BC} = 0$

$2\phi_B + 4 + 2\phi_B - 8 = 0$　∴ $\phi_B = 1\text{kN} \cdot \text{m}$

⑤ 재단모멘트

ϕ_B 값을 처짐각방정식에 대입하여 재단모멘트를 구하면

$$M_{AB} = 1 - 4 = -3\text{kN} \cdot \text{m}$$

$$M_{BA} = 2 \times 1 + 4 = 6\text{kN} \cdot \text{m}$$

$$M_{BC} = 2 \times 1 - 8 = -6\text{kN} \cdot \text{m}$$

$$M_{CB} = 1 + 8 = 9\text{kN} \cdot \text{m}$$

부재 AB와 부재 BC의 중앙부 휨모멘트를 M_D, M_E라 하면

$$M_D = \frac{\omega l^2}{8} - \frac{|M_{AB}| + |M_{BA}|}{2}$$

$$= \frac{3 \times 4^2}{8} - \frac{3 + 6}{2} = 6 - 4.5 = 1.5\text{kN} \cdot \text{m}$$

$$M_E = \frac{\omega l^2}{8} - \frac{|M_{BC}| + |M_{CB}|}{2}$$

$$= \frac{6 \times 4^2}{8} - \frac{6 + 9}{2} = 12 - 7.5 = 4.5\text{kN} \cdot \text{m}$$

⑥ 반력 및 단면력도

i) 부재 AB

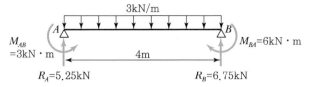

$$\sum M_B = 0 : R_A \times 4 - 3 \times 4 \times 2 - 3 + 6 = 0 \quad \therefore \ R_A = 5.25\text{kN}(\uparrow)$$

$$\sum V = 0 : R_A + R_B - 3 \times 4 = 0 \qquad\qquad \therefore \ R_B = 6.75\text{kN}(\uparrow)$$

ii) 부재 BC

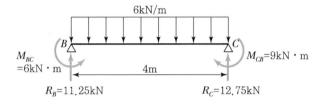

$$\sum M_B = 0 : R_B \times 4 - 6 \times 4 \times 2 - 6 + 9 = 0 \quad \therefore \ R_B = 11.25\text{kN}(\uparrow)$$

$$\sum V = 0 : R_B + R_C - 6 \times 4 = 0 \qquad\qquad \therefore \ R_C = 12.75\text{kN}(\uparrow)$$

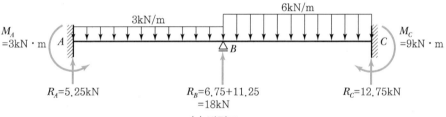

(a) 반력도

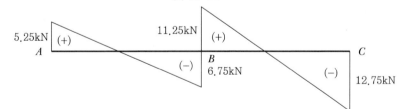

(b) S. F. D

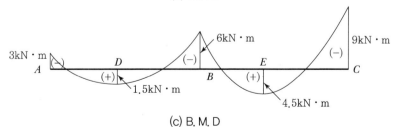

(c) B. M. D

예제 **10-8** 그림과 같은 라멘의 재단모멘트를 처짐각법으로 구하고 휨모멘트를 그리시오.

풀이 ① 미지수

지점 A, C는 회전하지 않으므로

$\phi_A = \phi_C = 0$, $\psi = 0$

절점 B는 이동이 없으므로 $\psi = 0$

절점 B는 회전하므로 $\theta_B = ?$(미지수 1개)

② 고정단모멘트

i) 부재 AB에는 하중이 작용하지 않으므로

$C_{AB} = C_{BA} = 0$

ii) 부재 BC에는 등분포하중이 작용하므로

$$C_{BC} = -\frac{\omega l^2}{12} = -\frac{2 \times 6^2}{12} = -6 \text{kN} \cdot \text{m}$$

$$C_{CB} = \frac{\omega l^2}{12} = \frac{2 \times 6^2}{12} = 6 \text{kN} \cdot \text{m}$$

③ 처짐각방정식

부재각 $\psi = 0$이므로 실용식을 사용하면

$M_{AB} = k_{AB}(2\phi_A + \phi_B) + C_{AB} = \phi_B$

$M_{BA} = k_{BA}(2\phi_B + \phi_A) + C_{BA} = 2\phi_B$

$M_{BC} = k_{BC}(2\phi_B + \phi_C) + C_{BC} = 4\phi_B - 6$

$M_{CB} = k_{CB}(2\phi_C + \phi_B) + C_{CB} = 2\phi_B + 6$

④ 절점방정식

절점 B에서 $M_{BA} + M_{BC} = 0$

$2\phi_B + 4\phi_B - 6 = 0$ ∴ $\phi_B = 1 \text{kN} \cdot \text{m}$

⑤ 재단모멘트

$\phi_B = 1 \text{kN} \cdot \text{m}$를 처짐각방정식에 대입하면

$M_{AB} = \phi_B = 1 \text{kN} \cdot \text{m}$

$M_{BA} = 2\phi_B = 2 \text{kN} \cdot \text{m}$

$M_{BC} = 4\phi_B - 6 = 4 \times 1 - 6 = -2 \text{kN} \cdot \text{m}$

$M_{CB} = 2\phi_B + 6 = 2 \times 1 + 6 = 8 \text{kN} \cdot \text{m}$

부재 BC의 중앙부 D점의 휨모멘트 M_D는

$$M_D = \frac{\omega l^2}{8} - \frac{|M_{BC}| + |M_{CB}|}{2} = \frac{2 \times 6^2}{8} - \frac{2 + 8}{2} = 4 \text{kN} \cdot \text{m}$$

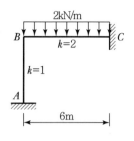

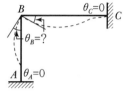

(a) 변형도

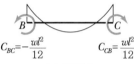

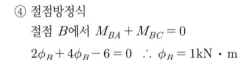

(b) 하중항

⑥ 휨모멘트도

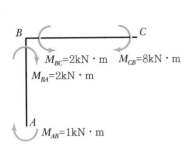

(a) 재단모멘트

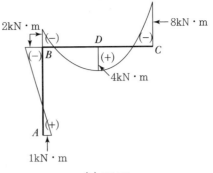

(b) B.M.D

예제 10-9 그림과 같은 라멘의 재단모멘트를 처짐각법에 의해 구하고 휨모멘트를 그리시오.

풀이 ① 미지수

지점 A, D는 회전하지 않으므로

$\phi_A = \phi_B = 0$

모든 절점은 이동이 없으므로 $\psi = 0$

지점 B, C는 회전하므로 $\phi_B = ?$, $\phi_C = ?$

(미지수 2개)

대칭 라멘이므로 $\phi_B = -\phi_C$

② 고정단모멘트

$$C_{BC} = -\frac{Pl}{8} = -\frac{16 \times 6}{8} = -12\text{kN} \cdot \text{m}$$

$$C_{CB} = \frac{Pl}{8} = \frac{16 \times 6}{8} = 12\text{kN} \cdot \text{m}$$

③ 처짐각방정식

대칭축의 좌측 반분만을 계산하면

$M_{AB} = k_{AB}(2\phi_A + \phi_B + \psi) + C_{AB} = \phi_B$

$M_{BA} = k_{BA}(2\phi_B + \phi_A + \psi) + C_{BA} = 2\phi_B$

$M_{BC} = k_{BC}(2\phi_B + \phi_C + \psi) + C_{BC}$

$\qquad = 2 \times (2\phi_B - \phi_B) - 12 = 2\phi_B - 12$

④ 절점방정식

절점 B에서 $M_{BA} + M_{BC} = 0$

$2\phi_B + 2\phi_B - 12 = 0$ ∴ $\phi_B = 3\text{kN} \cdot \text{m}$

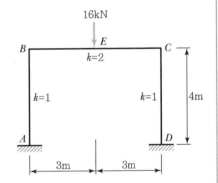

(a) 변형도

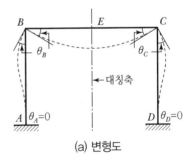

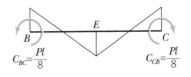

(b) 하중항

⑤ 재단모멘트

$\phi = 3\text{kN} \cdot \text{m}$를 처짐각방정식에 대입하면

i) 좌측 반분

$$M_{AB} = \phi_B = 3\text{kN} \cdot \text{m}$$

$$M_{BA} = 2\phi_B = 6\text{kN} \cdot \text{m}$$

$$M_{BC} = 2\phi_B - 12 = 2 \times 3 - 12 = -6\text{kN} \cdot \text{m}$$

ii) 우측 반분

$$M_{DC} = -M_{AB} = -3\text{kN} \cdot \text{m}$$

$$M_{CD} = -M_{BA} = -6\text{kN} \cdot \text{m}$$

$$M_{CB} = -M_{BC} = 6\text{kN} \cdot \text{m}$$

하중작용점 E의 휨모멘트 M_E는

$$M_E = \frac{Pl}{4} - \frac{|M_{BC}| + |M_{CB}|}{2} = \frac{16 \times 6}{4} - \frac{6 + 6}{2} = 18\text{kN} \cdot \text{m}$$

⑥ 휨모멘트도

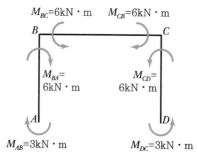

(a) 재단모멘트

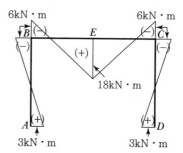

(b) B.M.D

예제 10-10 그림과 같은 라멘의 재단모멘트를 처짐각법에 의해 구하고 휨모멘트도를 그리시오.(단, 각 부재의 단면2차모멘트 I는 모두 같다.)

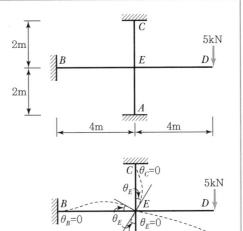

(a) 변형도

풀이 ① 미지수

지점 A, B, C는 모두 회전하지 않으므로

$\phi_A = \phi_B = \phi_C = 0$, $\psi = 0$

절점 E는 이동하지 않으므로 $\psi = 0$, 회전으로 인한 $\phi E = ?$(미지수 1개)

② 하중항

부재 중간에 하중이 작용하지 않으므로 모두 0이다.

③ 강도 및 강비

$$K_{EA} = \frac{I}{l} = \frac{I}{2} \qquad\qquad k_{EA} = \frac{K_{EA}}{K_0} = \frac{I}{2} \times \frac{4}{I} = 2.0$$

$$K_{EB} = \frac{I}{4} = K_0 \qquad\qquad k_{EB} = \frac{I}{4} \times \frac{4}{I} = 1.0$$

$$K_{EC} = \frac{I}{2} \qquad\qquad k_{EC} = \frac{I}{2} \times \frac{4}{I} = 2.0$$

$$K_{ED} = 0 \qquad\qquad k_{ED} = 0 (\because \text{D단 자유단})$$

④ 처짐각방정식

부재각 $\psi = 0$, 하중항 $C = 0$을 적용하여 실용식을 세우면

$$\left.\begin{array}{l} M_{EA} = k_{EA}(2\phi_E + \phi_A) = 2.0 \times 2\phi_E = 4\phi_E \\ M_{EB} = k_{EB}(2\phi_E + \phi_B) = 1.0 \times 2\phi_E = 2\phi_E \\ M_{EC} = k_{EC}(2\phi_E + \phi_C) = 2.0 \times 2\phi_E = 4\phi_E \\ M_{ED} = -4 \times 5 = -20\text{kN} \cdot \text{m} \end{array}\right\} \text{(절점 E)}$$

$$M_{AE} = k_{AE}(2\phi_A + \phi_E) = 1.0 \times \phi_E = \phi_E$$

$$M_{CE} = k_{CE}(2\phi_C + \phi_E) = 2.0 \times \phi_E = 2\phi_E$$

$$M_{DE} = 0 (\because \text{자유단})$$

⑤ 절점방정식

절점 E에서

$$M_{EA} + M_{EB} + M_{EC} + M_{ED} = 0$$

$$4\phi_E + 2\phi_E + 4\phi_E - 20 = 0 \quad \therefore \phi_E = 2\text{kN} \cdot \text{m}$$

⑥ 재단모멘트

$\phi_E = 2\mathrm{kN} \cdot \mathrm{m}$를 처짐각방정식에 대입하면

$M_{EA} = 4\phi_E = 8\mathrm{kN} \cdot \mathrm{m}$

$M_{EB} = 2\phi_E = 4\mathrm{kN} \cdot \mathrm{m}$

$M_{EC} = 4\phi_E = 8\mathrm{kN} \cdot \mathrm{m}$

$M_{ED} = -20\mathrm{kN} \cdot \mathrm{m}$

$M_{AE} = 2\phi_E = 4\mathrm{kN} \cdot \mathrm{m}$

$M_{BE} = \phi_E = 2\mathrm{kN} \cdot \mathrm{m}$

$M_{CE} = 2\phi_E = 4\mathrm{kN} \cdot \mathrm{m}$

$M_{DE} = 0$

⑦ 휨모멘트도

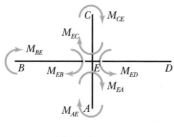

(a) 재단모멘트

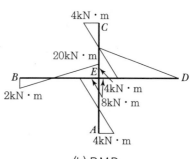

(b) B.M.D

예제 10-11 그림과 같은 라멘의 재단모멘트를 처짐각법으로 구하고 단면력도를 그리시오.

풀이 ① 미지수

지점 A, D는 고정단이므로 $\phi_A = \phi_D = 0$

부재 BC는 역대칭 변형을 하므로

$\phi_B = \phi_C = ?$ (미지수)

부재 AB, CD의 절점이 이동하므로

부재각 $\psi = ?$ (미지수)

부재 BC는 회전하지 않으므로 $\psi = 0$

② 모든 부재에 중간하중이 없으므로 고정단모멘트는 0이다.

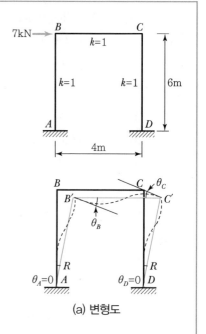

(a) 변형도

③ 처짐각방정식

실용식을 세우면

$$M_{AB} = k_{AB}(2\phi_A + \phi_B + \psi) + C_{AB}$$
$$= \phi_B + \psi$$

$$M_{BA} = k_{BA}(2\phi_B + \phi_A + \psi) + C_{BA}$$
$$= 2\phi_B + \psi$$

$$M_{BC} = k_{BC}(2\phi_B + \phi_C + \psi) + C_{BC}$$
$$= 2\phi_B + \phi_B(\because \ \phi_B = \phi_C)$$
$$= 3\phi_B$$

④ 절점방정식 및 층방정식

i) 절점방정식 : $\sum M_B = 0$에서

$$M_{BA} + M_{BC} = 2\phi_B + \psi + 3\phi_B = 0$$
$$\therefore \ 5\phi_B + \psi = 0 \ \cdots\cdots\cdots\cdots\cdots\cdots\cdots\cdots\cdots\cdots\cdots\cdots\cdots\cdots (1)$$

ii) 층방정식 : $\sum(M_\text{상} + M_\text{하}) + V_\text{주} h = 0$에서

$$M_{AB} + M_{BA} + M_{CD} + M_{DC} + 7 \times 6 = 0 \ \cdots\cdots\cdots\cdots (2)$$

역대칭이므로 $M_{AB} = M_{DC}$, $M_{BA} = M_{CD}$이고 부호도 같으므로 식(2)는

$$2(M_{AB} + M_{BA}) + 42 = 0$$
$$2(\phi_B + \psi + 2\phi_B + \psi) + 42 = 0$$
$$6\phi_B + 4\psi + 42 = 0 \ \cdots\cdots\cdots\cdots\cdots\cdots\cdots\cdots\cdots\cdots\cdots\cdots (3)$$

식(1), (3)을 연립시켜 미지수를 구하면

$$14\phi_B - 42 = 0$$
$$\therefore \ \phi_B = 3\text{kN} \cdot \text{m}, \ \psi = -15\text{kN} \cdot \text{m}$$

⑤ 재단모멘트

$\phi_B = 3\text{kN} \cdot \text{m}$, $\psi = -15\text{kN} \cdot \text{m}$를 처짐각방정식에 대입하면

$$M_{AB} = \phi_B + \psi = 3 - 15 = -12\text{kN} \cdot \text{m} = M_{DC}$$
$$M_{BA} = 2\phi_B + \psi = 2 \times 3 - 15 = -9\text{kN} \cdot \text{m} = M_{CD}$$
$$M_{BC} = 3\phi_B = 3 \times 3 = 9\text{kN} \cdot \text{m} = M_{CB}$$

* 역대칭 변형을 하므로 우측 반분의 재단모멘트도 같은 값이 된다.

⑥ 전단력

$$V_{AB} = -\frac{M_{AB} + M_{BA}}{h} = -\frac{-12 - 9}{6} = +3.5\text{kN}$$

$$V_{CD} = -\frac{M_{DC} + M_{CD}}{h} = -\frac{-12 - 9}{6} = +3.5\text{kN}$$

$$V_{BC} = -\frac{M_{BC} + M_{CB}}{l} = -\frac{9 + 9}{4} = -4.5\text{kN}$$

⑦ 단면력도

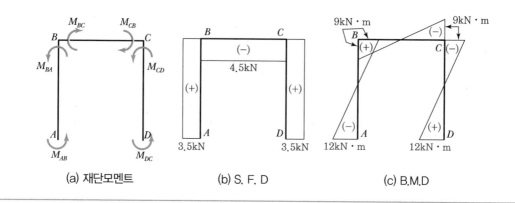

(a) 재단모멘트 (b) S. F. D (c) B.M.D

10.5 모멘트 분배법(moment distribution method)

여러 개의 부재가 모인 절점에 모멘트가 작용하면 그 모멘트는 각 부재의 강도에
비례하여 모멘트를 분담시킨다.

↓

고정단모멘트, 분배율, 도달률 등을 사용하여 반복적인 계산으로 연속보와 라멘의
재단모멘트를 구할 수 있는 근사해석법

↓

*재단모멘트 ① 부재 양단을 고정단으로 가정하여 작용하중으로 인한 고정단모멘트
② 절점의 실제 회전으로 인해 생기는 모멘트
③ 부재 양단의 상대적인 처짐 차이로 인한 모멘트

↓

부재의 모든 절점을 고정이라 가정→작용하중에 의한 고정단모멘트 발생→
고정단으로 가정한 절점이 한 번에 한 절점씩 차례로 회전하도록 허용→마지막으로
이동할 수 있는 절점은 이동하도록 허용→고정단모멘트에 수정값(분배모멘트,
도달모멘트)을 합하여 최종 재단모멘트 산정

|

부재의 변형을 다루지 않고서도 재단에 생기는 모멘트만을 사용하여 해석하는
방법으로 고정모멘트법(fixing moment method) 또는 크로스(Cross)법이라고도 함.

▼ 해법의 장점

① 선형 부정정구조물이면 모두 해석이 가능하다.
② 해법의 대부분이 단순 연산을 사용한다.
③ 고층 다스팬 라멘에서는 다른 해법에 비하여 시간과 노력이 현저히 적게 든다.
④ 계산 도중 오류를 수시로 확인할 수 있다.
⑤ 복잡한 라멘에서도 원하는 부재의 부재력만 부분적으로 구할 수 있다.
⑥ 부재의 휨변형만을 고려하므로 부정정트러스에는 적용할 수 없다.

10.5.1 모멘트 분배법의 용어

(1) 유효강비(등가강비 : k_e)

부재의 일단이 힌지(hinge)인 경우, 대칭변형 부재 또는 역대칭변형 부재인 경우에는 양단 고정인 강비를
기준으로 강비를 수정한다.

부재조건	휨모멘트 분포	유효강비(k_e)	도달률(CF)
타단 고정		k	$\dfrac{1}{2}$
타단 힌지		$\dfrac{3}{4}k = 0.75k$	0
타단 자유		0	0
대칭 변형		$\dfrac{1}{2}k = 0.5k$	-1
역대칭 변형		$\dfrac{3}{2}k = 1.5k$	1

(2) 고정단모멘트(Fixed − End Moment : FEM)

- 부재의 하중조건과 절점조건에 따라 절점을 고정(구속)시키기 위해 가해진 모멘트로, 절점회전구속모멘트(locking moment)라고도 한다.
- 그림 10.11(b)와 같이 절점 B의 회전을 구속시킴으로써 생기는 모멘트를 고정단모멘트라 하며 C로 표기한다.

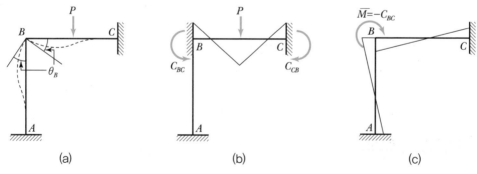

(a) (b) (c)

┃ 그림 10.11 **고정단모멘트와 해제모멘트** ┃

(3) 불균형모멘트(unbalanced moment : Mu)

하중 재하 시 절점을 구속함으로써 $\sum M = 0$를 만족하지 않고 남은 모멘트로, 절점에서의 고정단모멘트의 합이다.

$$Mu = \sum C$$ ································· (10.20)

여기서, C : 고정단모멘트

(4) 해제모멘트(releasing moment : RM, $\overline{M}$로 표기)

고정상태로 구속된 절점을 원래의 상태로 해제하기 위하여 불균형모멘트와 크기가 같고 방향이 반대인 모멘트

$$\overline{M} = -Mu = -\sum C$$ ···················· (10.21)

(5) 분배율과 분배모멘트

① 분배율(distribution factor : DF, μ로 표기)
   여러 부재가 강접합된 한 절점에 모멘트가 작용할 경우 그 절점을 중심으로 각 재단에 부재의 유효강비에 비례하여 모멘트(해제모멘트)가 분배되는 비율

$$\mu = \frac{k}{\sum k}$$ ································· (10.22)

② 분배모멘트(distributed moment : DM, M'로 표기)
   각 재단의 분배율에 의해 분배된 모멘트

$$M' = \mu \times \overline{M} = \frac{k}{\sum k} \times \overline{M}$$ ···················· (10.23)

(6) 도달률과 도달모멘트

① 도달률(carry-over factor : CF)
   부재의 한 재단에 분배된 모멘트가 타단에 도달하게 되는 비율로, 타단이 고정일 경우는 분배모멘트의 1/2이 타단에 도달하게 되고 타단이 힌지(hinge)이거나 자유단이면 모멘트는 도달하지 않고 도달률은 0이 된다.

② 도달모멘트(carry-over moment : CM, M''로 표기)

$$M'' = \frac{1}{2} \times M'$$ .... (10.24)

10.5.2 모멘트 분배법의 해석 순서

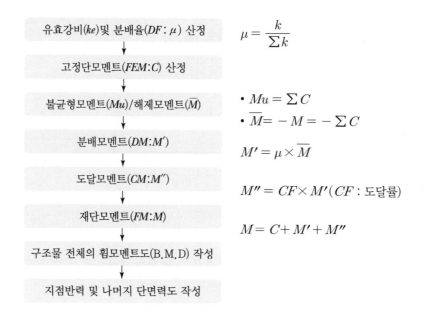

유효강비(ke)및 분배율($DF:\mu$) 산정 $\mu = \dfrac{k}{\sum k}$

고정단모멘트($FEM:C$) 산정

불균형모멘트(Mu)/해제모멘트($\overline{M}$)

- $Mu = \sum C$
- $\overline{M} = -M = -\sum C$

분배모멘트($DM:M'$) $M' = \mu \times \overline{M}$

도달모멘트($CM:M''$) $M'' = CF \times M'$ (CF : 도달률)

재단모멘트($FM:M$) $M = C + M' + M''$

구조물 전체의 휨모멘트도(B.M.D) 작성

지점반력 및 나머지 단면력도 작성

10.5.3 대칭 부재의 해석

(1) 대칭라멘에 대칭 수직하중이 작용할 때

- 그림 10.12(a)에서 대칭축상의 절점 E는 변위하지 않으므로 고정단으로 생각할 수 있으며 부재 BE의 유효강비 $k_e = 0$이므로 라멘의 좌측 반분만 계산하면 된다.
- 그림 10.2(b)에서 대칭축상의 부재 FG는 대칭변형하므로 유효강비 $k_e = 0.5k$로 하여 라멘의 좌측 반분만 계산하면 된다.

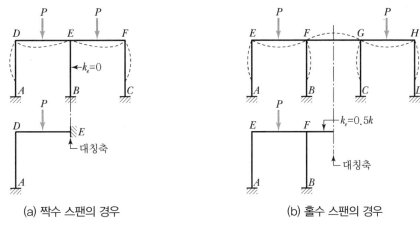

(a) 짝수 스팬의 경우   (b) 홀수 스팬의 경우

┃ 그림 10.12 **수직하중을 받는 대칭라멘** ┃

(2) 대칭라멘에 수평하중이 작용할 때

그림 10.3(a)의 라멘은 수평하중 P를 $\dfrac{P}{2}$로 하고 대칭축상의 부재 BE의 유효강비 $k_e = 0.5k$로 하여 풀이한 다음, 부재 CF의 휨모멘트는 부재 AD와 같게 하면 된다.

그림 10.3(b)의 라멘은 수평하중 P를 $\dfrac{P}{2}$로 하고 대칭축상의 부재 FG는 유효강비를 $k_e = 1.5k$로 하여 한쪽 절반만 계산하면 된다.

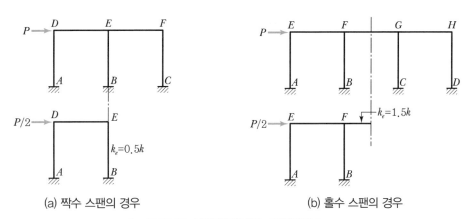

(a) 짝수 스팬의 경우   (b) 홀수 스팬의 경우

┃ 그림 10.13 **수평하중을 받는 대칭라멘** ┃

예제 10-12 그림과 같은 라멘의 재단모멘트를 모멘트분배법으로 구하고 휨모멘트도를 그리시오.

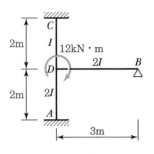

풀이 ① 부재 강도

$$K_{AD} = \frac{2I}{2} = I, \ K_{BD} = \frac{2I}{3}, \ K_{CD} = \frac{I}{2}$$

② 표준강도

$$K_0 = \frac{I}{2} \text{로 한다.}$$

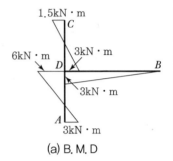

(a) B. M. D

③ 강비

$$k_{AD} = \frac{K_{AD}}{K_0} = I \times \frac{2}{I} = 2$$

$$k_{BD} = \frac{K_{BD}}{K_0} = \frac{2I}{3} \times \frac{2}{I} \times \left(\frac{3}{4}\right) = 1$$

(부재 BD의 B단은 힌지이므로 유효강비 $k_e = \frac{3}{4}k$)

$$k_{CD} = \frac{K_{CD}}{K_0} = \frac{I}{2} \times \frac{2}{I} = 1$$

④ 분배율(DF)

$$\mu_{DA} = \frac{k_{AD}}{\sum k} = \frac{2}{4} = 0.5$$

$$\mu_{DB} = \mu_{DC} = \frac{k_{BD}}{\sum k}\left(= \frac{k_{CD}}{\sum k}\right) = \frac{1}{4} = 0.25$$

⑤ 분배모멘트(DM)

$$M'_{DA} = \mu_{DA} \times M = 0.5 \times 12 = 6\text{kN} \cdot \text{m}$$

$$M'_{DB} = \mu_{DB} \times M = 0.25 \times 12 = 3\text{kN} \cdot \text{m}$$

$$M'_{DC} = \mu_{DC} \times M = 0.25 \times 12 = 3\text{kN} \cdot \text{m}$$

⑥ 도달모멘트(CM)

$$M''_{AD} = \frac{1}{2}M'_{DA} = \frac{1}{2} \times 6 = 3\text{kN} \cdot \text{m}$$

$$M''_{BD} = 0 \times M'_{DB} = 0$$

(B단은 힌지이므로 도달률 $CF = 0$)

$$M''_{CD} = \frac{1}{2}M'_{DC} = \frac{1}{2} \times 3 = 1.5\text{kN} \cdot \text{m}$$

예제 10-13 그림과 같은 라멘의 재단모멘트를 모멘트분배법으로 구하고 휨모멘트도를 그리시오.

풀이 ① 분배율(DF)

$$\mu_{BA} = \frac{k_1}{\sum k} = \frac{k_1}{k_1 + k_2} = \frac{2}{3}$$

$$\mu_{BC} = \frac{k_2}{\sum k} = \frac{k_2}{k_1 + k_2} = \frac{1}{3}$$

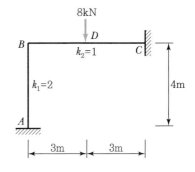

② 고정단모멘트(FEM)

$$C_{AB} = C_{BA} = 0$$

$$C_{BC} = -\frac{Pl}{8} = -\frac{8 \times 6}{8} = -6\text{kN} \cdot \text{m}$$

$$C_{CB} = \frac{Pl}{8} = \frac{8 \times 6}{8} = 6\text{kN} \cdot \text{m}$$

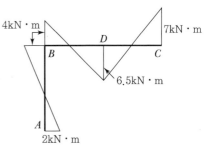

(a) B. M. D

③ 해제모멘트(절점 B)

$$\overline{M} = -C_{BC} = -(-6) = 6\text{kN} \cdot \text{m}$$

④ 분배모멘트(절점 B)

$$M'_{BA} = \mu_{BA} \times \overline{M} = \frac{2}{3} \times 6 = 4\text{kN} \cdot \text{m}$$

$$M'_{BC} = \mu_{BC} \times \overline{M} = \frac{1}{3} \times 6 = 2\text{kN} \cdot \text{m}$$

⑤ 도달모멘트(A단)

$$M''_{AB} = \frac{1}{2} M'_{BA} = \frac{1}{2} \times 4 = 2\text{kN} \cdot \text{m}$$

$$M''_{CB} = \frac{1}{2} M'_{BC} = \frac{1}{2} \times 2 = 1\text{kN} \cdot \text{m}$$

⑥ 재단모멘트

$$M_{AB} = M''_{AB} = 2\text{kN} \cdot \text{m}$$

$$M_{BA} = M'_{BA} = 4\text{kN} \cdot \text{m}$$

$$M_{BC} = C_{BC} + M'_{BC} = -6 + 2 = -4\text{kN} \cdot \text{m}$$

$$M_{CB} = C_{CB} + M''_{CB} = 6 + 1 = 7\text{kN} \cdot \text{m}$$

하중작용점 D의 휨모멘트 M_D

$$M_D = \frac{Pl}{4} - \frac{|M_{BC}| + |M_{CB}|}{2} = \frac{8 \times 6}{4} - \frac{4 + 7}{2}$$

$$= 6.5\text{kN} \cdot \text{m}$$

그림과 같은 연속보의 재단모멘트와 반력을 모멘트분배법으로 구하고 단면력도를 그리시오.

풀이 ① 분배율(DF)

$$\mu_{BA} = \frac{k_{BA}}{k_{BA}+k_{BC}} = \frac{1}{1+2} = \frac{1}{3}$$

$$\mu_{BC} = \frac{k_{BC}}{k_{BA}+k_{BC}} = \frac{2}{1+2} = \frac{2}{3}$$

② 고정단모멘트(FEM)

$$C_{AB} = -\frac{\omega l^2}{12} = -\frac{3\times 6^2}{12} = -9\text{kN}\cdot\text{m}$$

$$C_{BA} = \frac{\omega l^2}{12} = 9\text{kN}\cdot\text{m}$$

$$C_{BC} = -\frac{Pl}{8} = -\frac{4\times 6}{8} = -3\text{kN}\cdot\text{m}$$

$$C_{CB} = \frac{Pl}{8} = 3\text{kN}\cdot\text{m}$$

③ 재단모멘트(FM)

재단	AB	BA	$Mu/\overline{M}$	BC	CB	비고
DF		$\frac{1}{3}$		$\frac{2}{3}$		
CF	$\frac{1}{2}$				$\frac{1}{2}$	
FEM	-9	9	$6(Mu)$	-3	3	$Mu = 9-3 = 6$
DM		-2	$-6(\overline{M})$	-4		$\overline{M} = -Mu$ $DM = DF\times\overline{M}$
CM	-1				-2	$CM = CF\times DM$
$\sum FM$	-10	7		-7	1	$M_{BA}+M_{BC} = 0$

④ 반력

i) 부재 AB

$\sum M_B = 0 : R_A\times 6 - 10 - 3\times 6\times 3 + 7 = 0$ $\quad \therefore R_A = 9.5\text{kN}$

$\sum V = 0 : R_A + R_B - 3\times 6 = 0$ $\quad\quad\quad \therefore R_B = 8.5\text{kN}$

ii) 부재 BC

$\sum M_C = 0 : R_B\times 6 - 7 - 4\times 3 + 1 = 0$ $\quad\quad \therefore R_B = 3\text{kN}$

$\sum V = 0 : R_B + R_C - 4 = 0$ $\quad\quad\quad\quad\quad \therefore R_C = 1\text{kN}$

⑤ 단면력도

AB 구간에서의 최대 휨모멘트 $M_{\max}$ 산정을 위해 전단력이 0인 위치를 구하면

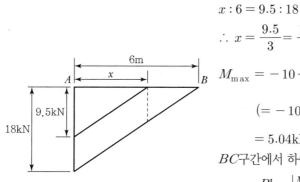

$$x : 6 = 9.5 : 18$$

$$\therefore \ x = \frac{9.5}{3} = \frac{19}{6} \text{m}$$

$$M_{\max} = -10 + 9.5 \times \frac{19}{6} - 3 \times \frac{19}{6} \times \frac{19}{12}$$

$$\left(= -10 + \frac{1}{2} \times 9.5 \times \frac{19}{6} \right)$$

$$= 5.04 \text{kN} \cdot \text{m}$$

BC구간에서 하중작용점의 휨모멘트 M_D

$$M_D = \frac{Pl}{4} - \frac{|M_{BC}| + |M_{CB}|}{2} = \frac{3 \times 6}{4} - \frac{7+1}{2}$$

$$= 0.5 \text{kN} \cdot \text{m}$$

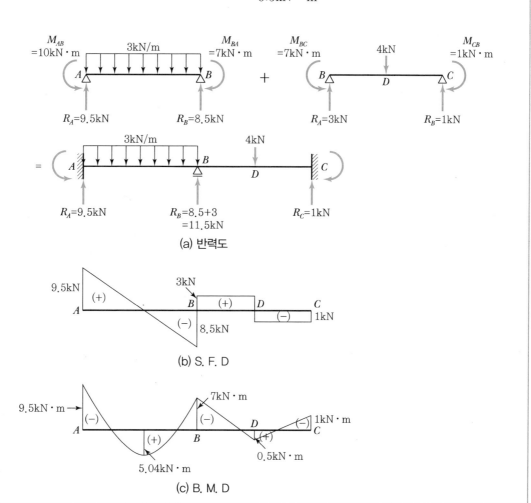

(a) 반력도

(b) S. F. D

(c) B. M. D

예제 10-15   그림과 같은 연속보의 재단모멘트와 반력을 모멘트분배법으로 구하고 단면력도를 그리시오. (단, 부재의 EI는 일정하다.)

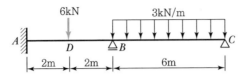

풀이 ① 강도

$$K_{BA} = \frac{I}{l} = \frac{I}{4}, \; K_{BC} = \frac{3}{4} \times \frac{I}{l} = \frac{3}{4} \times \frac{I}{6} = \frac{I}{8}$$

② 분배율(DF)

$$\mu_{BA} = \frac{K_{BA}}{K_{BA} + K_{BC}} = \frac{I/4}{I/4 + I/8} = \frac{2}{3}$$

$$\mu_{BC} = \frac{K_{BC}}{K_{BA} + K_{BC}} = \frac{I/8}{I/4 + I/8} = \frac{1}{3}$$

③ 고정단모멘트(FEM)

$$C_{AB} = -\frac{Pl}{8} = -\frac{6 \times 4}{8} = -3 \text{kN} \cdot \text{m}$$

$$C_{BA} = \frac{Pl}{8} = 3 \text{kN} \cdot \text{m}$$

$$C_{BC} = -\frac{\omega l^2}{12} = -\frac{3 \times 6^2}{12} = -9 \text{kN} \cdot \text{m}$$

$$C_{CB} = \frac{\omega l^2}{12} = 9 \text{kN} \cdot \text{m}$$

④ 재단모멘트(FM)

재단	AB	BA	$Mu/\overline{M}$	BC	CB	$Mu/\overline{M}$	비고
DF		$\frac{2}{3}$		$\frac{1}{3}$	1		
CF	$\frac{1}{2}$			$\frac{1}{2}$	0		
FEM	-3	3	$-6(Mu)$	-9	9	$9(Mu)$	$Mu = 3 - 9 = -6$
DM_1		4	$6(\overline{M})$	2	-9	$-9(\overline{M})$	
CM_1	2			$-\frac{9}{2}$	0		$CM = CF \times DM$
FM (FEM)	-1	7	$-\frac{9}{2}(Mu)$	$-\frac{23}{2}$	0	$0(Mu)$	$Mu = 7 - \frac{23}{2} = -\frac{9}{2}$
DM_2		3	$\frac{9}{2}(\overline{M})$	$\frac{3}{2}$	0	$0(\overline{M})$	
CM_2	$\frac{3}{2}$			0	0		
$\sum FM$	$\frac{1}{2}$	10		-10	0		$M_{BA} + M_{BC} = 0$

⑤ 반력

   i) 부재 AB

$$\sum M_B = 0 : R_A \times 4 + \frac{1}{2} - 6 \times 2 + 10 = 0 \qquad \therefore R_A = \frac{3}{8}\text{kN}(\uparrow)$$

$$\sum V = 0 : R_A + R_B - 6 = 0 \qquad\qquad \therefore R_B = \frac{45}{8}(\uparrow)$$

   ii) 부재 BC

$$\sum M_C = 0 : R_B \times 6 - 10 + 3 \times 6 \times 3 + 0 = 0 \quad \therefore R_B = \frac{32}{3}\text{kN}(\uparrow)$$

$$\sum V = 0 : R_B + R_C - 3 \times 6 = 0 \qquad\qquad \therefore R_C = \frac{22}{3}\text{kN}(\uparrow)$$

BC 구간에서의 최대 휨모멘트 $M_{\max}$ 산정을 위해 전단력이 0인 위치를 구하면

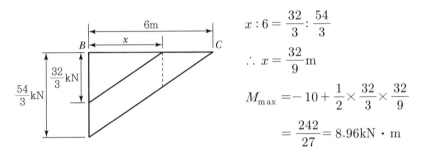

$$x : 6 = \frac{32}{3} : \frac{54}{3}$$

$$\therefore x = \frac{32}{9}\text{m}$$

$$M_{\max} = -10 + \frac{1}{2} \times \frac{32}{3} \times \frac{32}{9}$$

$$= \frac{242}{27} = 8.96\text{kN} \cdot \text{m}$$

AB 구간에서 하중작용점의 휨모멘트 M_D는

$$M_D = \frac{Pl}{4} - \frac{|M_{AB}| + |M_{BA}|}{2} = \frac{6 \times 4}{4} - \frac{\frac{1}{2} + 10}{2} = 0.75\text{kN} \cdot \text{m}$$

⑥ 단면력도

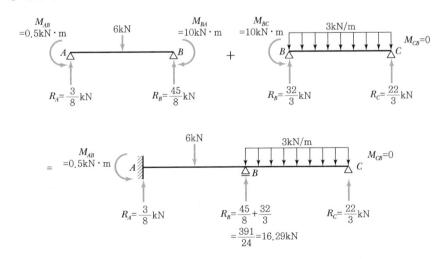

(a) 반력도

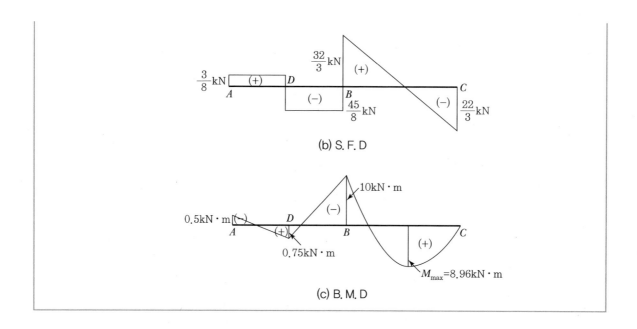

(b) S. F. D

(c) B. M. D

예제 10-16 그림과 같은 라멘의 재단모멘트를 모멘트분배법의 수식해법과 도상해법으로 구하시오.

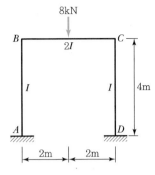

풀이 (1) 수식해법

① 강도

$$K_{AB} = \frac{I}{4}, \ K_{BC} = \frac{2I}{4} = \frac{I}{2}, \ K_{CD} = \frac{I}{4}$$

② 강비

$K_0 = \dfrac{I}{4}$로 하고, 부재 BC는 대칭 변형하므로 유효 강비

$k_e = \dfrac{1}{2}k$로 하여 각 부재의 강비를 구하면

$$k_{AB} = \frac{K_{AB}}{K_0} = \frac{I}{4} \times \frac{4}{I} = 1.0$$

$$k_{BC} = \frac{K_{BC}}{K_0} = \frac{I}{2} \times \frac{4}{I} \times \frac{1}{2} = 1.0$$

$$k_{CD} = \frac{K_{CD}}{K_0} = \frac{I}{4} \times \frac{4}{I} = 1.0$$

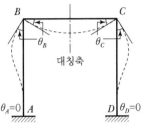

(a) 변형도

③ 대칭라멘이므로 대칭축의 좌측 반분을 계산하고 우측 반분은 대응관계에 있는 재단모멘트의 부호만 바꾸면 된다.

④ 분배율(DF)

$$\mu_{BA} = \mu_{BC} = \frac{k}{\sum k} = \frac{1}{1+1} = 0.5$$

⑤ 고정단모멘트(FEM)

$$C_{BC} = -\frac{Pl}{8} = -\frac{8 \times 4}{8} = -4\text{kN} \cdot \text{m}$$

$$C_{CB} = \frac{Pl}{8} = 4\text{kN} \cdot \text{m}$$

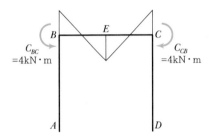

(b) 고정단모멘트

⑥ 해제모멘트(절점 B)

$$\overline{M} = -C_{BC} = -(-4) = 4\text{kN} \cdot \text{m}$$

⑦ 분배모멘트(절점 B)

$$M'_{BA} = \mu_{BA} \times \overline{M} = 0.5 \times 4 = 2\text{kN} \cdot \text{m}$$

$$M'_{BC} = \mu_{BC} \times \overline{M} = 0.5 \times 4 = 2\text{kN} \cdot \text{m}$$

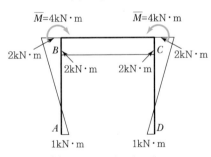

(c) 해제/분배/도달모멘트

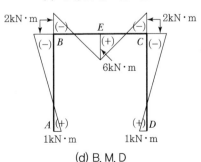

(d) B. M. D

⑧ 도달모멘트(A단)

$$M''_{AB} = \frac{1}{2}M'_{BA} = \frac{1}{2} \times 2 = 1\text{kN} \cdot \text{m}$$

⑨ 재단모멘트

$$M_{AB} = M''_{AB} = 1\text{kN} \cdot \text{m}$$

$$M_{BA} = M'_{BA} = 2\text{kN} \cdot \text{m}$$

$$M_{BC} = C_{BC} + M'_{BC} = -4 + 2 = -2\text{kN} \cdot \text{m}$$

대칭축 우측 반분의 재단모멘트는 대응점에 있는 좌측 재단모멘트와 크기는 같고 부호만 반대로 하면 된다.

⑩ 휨모멘트도

하중작용점 E의 휨모멘트 M_E는

$$M_E = \frac{Pl}{4} - \frac{|M_{BC}| + |M_{CB}|}{2} = \frac{8 \times 4}{4} - \frac{|2| + |2|}{2} = 6\text{kN} \cdot \text{m}$$

(2) 도상해법

①~⑤의 풀이는 수식해법과 동일

⑥ 재단모멘트

재단	AB	BA	$Mu/\overline{M}$	BC
DF		$\frac{1}{2}$		$\frac{1}{2}$
CF	$\frac{1}{2}$			$\frac{1}{2}$
FEM	0	0	$-4(Mu)$	-4
DM		2	$4(\overline{M})$	2
CM	1			-1
FM (FEM)	1	2	$-1(Mu)$	-3
DM		$\frac{1}{2}$	$1(\overline{M})$	$\frac{1}{2}$
CM	$\frac{1}{4}$			$-\frac{1}{4}$
FM (FEM)	$\frac{5}{4}$	$\frac{5}{2}$	$-\frac{1}{4}(Mu)$	$-\frac{11}{4}$
DM		$\frac{1}{8}$	$\frac{1}{4}(\overline{M})$	$\frac{1}{8}$
CM	$\frac{1}{16}$			$-\frac{1}{16}$

예제 10-17 그림과 같은 라멘의 재단모멘트를 모멘트 분배법의 도상해법으로 구하시오.

풀이 도상해법

① 분배율(DF)

$$\mu_{BA} = \frac{k_1}{k_1 + k_2} = \frac{1}{1+2} = \frac{1}{3}$$

$$\mu_{BC} = \frac{k_2}{k_1 + k_2} = \frac{2}{1+2} = \frac{2}{3}$$

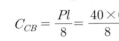

② 고정단모멘트(FEM)

$$C_{BC} = -\frac{Pl}{8} = -\frac{40 \times 6}{8} = -30\text{kN} \cdot \text{m}$$

$$C_{CB} = \frac{Pl}{8} = \frac{40 \times 6}{8} = 30\text{kN} \cdot \text{m}$$

③ 재단모멘트(FM)

재단	AB	BA	$Mu/\overline{M}$	BC	CB	비고
DF		$\frac{1}{3}$		$\frac{2}{3}$		
CF	$\frac{1}{2}$				$\frac{1}{2}$	
FEM	0	0	$-30(Mu)$	-30	30	$Mu = 0 - 30 = -30$
DM		10	$30(\overline{M})$	20		$\overline{M} = -Mu$
CM	5				10	
$\sum FM$	5	10		-10	40	$M_{BA} + M_{BC} = 0$

BC구간에서 하중작용점의 휨모멘트 M_D는

$$M_D = \frac{Pl}{4} - \frac{|M_{BC}| + |M_{CB}|}{2}$$

$$= \frac{40 \times 6}{4} - \frac{10 + 40}{2}$$

$$= 60 - 25 = 35\text{kN} \cdot \text{m}$$

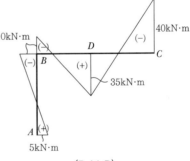

(B. M. D)

예제 10-18 그림과 같은 라멘의 재단모멘트를 모멘트분배법의 도상해법으로 구하시오.

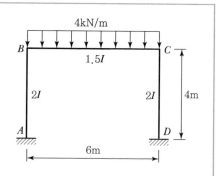

풀이 ① 강도

$$K_{BA} = \frac{2I}{4} = \frac{I}{2}, \; K_{BC} = \frac{1.5I}{6} = \frac{I}{4}$$

$$K_{CD} = \frac{2I}{4} = \frac{I}{2}$$

② 분배율(DF)

$$\mu_{BA} = \frac{K_{BA}}{K_{BA} + K_{BC}} = \frac{I/2}{I/2 + I/4} = \frac{2}{3} \qquad \mu_{BC} = \frac{K_{BC}}{K_{BA} + K_{BC}} = \frac{I/4}{I/2 + I/4} = \frac{1}{3}$$

$$\mu_{CB} = \frac{K_{CB}}{K_{CB} + K_{CD}} = \frac{I/4}{I/4 + I/2} = \frac{1}{3} \qquad \mu_{CD} = \frac{K_{CD}}{K_{CB} + K_{CD}} = \frac{I/2}{I/4 + I/2} = \frac{2}{3}$$

③ 고정단모멘트(FEM)

$$C_{BC} = -\frac{\omega l^2}{12} = -\frac{4 \times 6^2}{12} = -12 \text{kN} \cdot \text{m}$$

$$C_{CB} = \frac{\omega l^2}{12} = \frac{4 \times 6^2}{12} = 12 \text{kN} \cdot \text{m}$$

④ 재단모멘트

재단	AB	BA	$Mu/\overline{M}$	BC	CB	$Mu/\overline{M}$	CD	DC
DF		$\frac{2}{3}$		$\frac{1}{3}$	$\frac{1}{3}$		$\frac{2}{3}$	
CF	$\frac{1}{2}$			$\frac{1}{2}$	$\frac{1}{2}$			$\frac{1}{2}$
FEM	0	0	$-12(Mu)$	-12	12	$12(Mu)$	0	0
DM_1		8	$12(\overline{M})$	4	-4	$-12(\overline{M})$	-8	
CM_1	4			-2	2			-4
$FM(FEM)$	4	8	$-2(Mu)$	-10	10	$2(Mu)$	-8	-4
DM_2		$\frac{4}{3}$	$2(\overline{M})$	$\frac{2}{3}$	$-\frac{2}{3}$	$-2(\overline{M})$	$-\frac{4}{3}$	
CM_2	$\frac{2}{3}$			$-\frac{1}{3}$	$\frac{1}{3}$			$-\frac{2}{3}$
$FM(FEM)$	$\frac{14}{3}$	$\frac{28}{3}$	$-\frac{1}{3}(Mu)$	$-\frac{29}{3}$	$\frac{29}{3}$	$\frac{1}{3}(Mu)$	$-\frac{28}{3}$	$-\frac{14}{3}$
DM_3		$\frac{2}{9}$	$\frac{1}{3}(\overline{M})$	$\frac{1}{9}$	$-\frac{1}{9}$	$-\frac{1}{3}(\overline{M})$	$-\frac{2}{9}$	
CM_3	$\frac{1}{9}$			$-\frac{1}{18}$	$\frac{1}{18}$			$-\frac{1}{9}$
$FM(FEM)$	$\frac{43}{9}$	$\frac{86}{9}$	$-\frac{1}{18}(Mu)$	$-\frac{173}{18}$	$\frac{173}{18}$	$\frac{1}{18}(Mu)$	$-\frac{86}{9}$	$-\frac{43}{9}$
DM_4		$\frac{1}{27}$	$\frac{1}{18}(\overline{M})$	$\frac{1}{54}$	$-\frac{1}{54}$	$-\frac{1}{18}(\overline{M})$	$-\frac{1}{27}$	
CM_4	$\frac{1}{54}$			$-\frac{1}{108}$	$\frac{1}{108}$			$-\frac{1}{54}$
$\sum FM$	4.796	9.593		-9.602	9.602		-9.593	-4.796

BC 부재의 중앙부에서의 최대 휨모멘트

$$M_{\max} = \frac{\omega l^2}{8} - \frac{|M_{BC}| + |M_{CB}|}{2}$$

$$= \frac{4 \times 6^2}{8} - \frac{9.60 + 9.60}{2} = 18 - 9.60 = 8.40 \text{kN} \cdot \text{m}$$

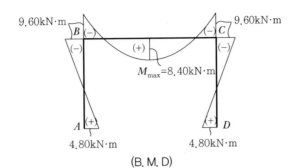

(B. M. D)

01 그림과 같은 부정정보의 B점에서의 수직반력은?

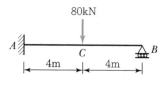

① 25kN

② 35kN

③ 40kN

④ 45kN

02 그림과 같은 부정정보에서 보 중앙의 휨모멘트는?(단, 보의 휨강도 EI는 일정하다.)

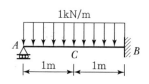

① 0.10kN · m

② 0.15kN · m

③ 0.20kN · m

④ 0.25kN · m

03 그림과 같은 부정정보에서 전단력이 0이 되는 위치 x는?

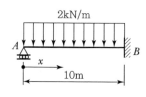

① 2.75m

② 3.75m

③ 4.75m

④ 5.75m

04 그림과 같은 보의 A단에 모멘트 $M = 80$kN · m가 작용할 때 B단에 발생하는 고정단 모멘트의 크기는?

① 20kN · m

② 40kN · m

③ 60kN · m

④ 80kN · m

정답 **01** ① **02** ④ **03** ② **04** ②

05 양단 고정보에서 C점의 휨모멘트는?(단, 보의 휨강도 EI는 일정하다.)

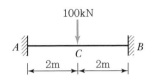

① 35kN · m

② 40kN · m

③ 45kN · m

④ 50kN · m

06 그림과 같은 양단 고정보에서 A지점의 반력모멘트 M_A는?(단, 보의 휨강도 EI는 일정하다.)

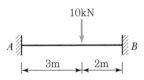

① 2.6kN · m

② 3.2kN · m

③ 4.8kN · m

④ 5.4kN · m

07 그림과 같은 양단 고정보에서 A지점의 반력 모멘트는?(단, 이 보의 휨강도 EI는 일정하다.)

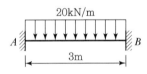

① 10kN · m

② 15kN · m

③ 20kN · m

④ 25kN · m

08 그림과 같은 부정정보의 중앙부와 단부의 휨모멘트 비율 $M_C : M_A$는?

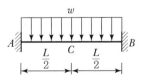

① 1 : 1

② 1 : 2

③ 1 : 3

④ 1 : 4

정답　05 ④　06 ③　07 ②　08 ②

09 그림에서 C점의 휨모멘트 M_C는?

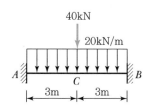

① 80kN · m   ② 60kN · m

③ 40kN · m   ④ 20kN · m

10 그림과 같은 휨모멘트가 생길 경우 보의 양단 지점조건으로 옳은 것은?

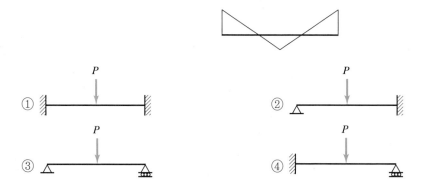

11 그림과 같은 힘 P가 작용하는 라멘에서 휨모멘트가 0이 되는 곳은 몇 개인가?

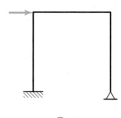

① 2   ② 3

③ 4   ④ 5

12 그림과 같은 구조물에서 휨모멘트가 0이 되는 점(변곡점, 變曲点)은 몇 개 있는가?

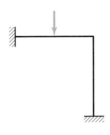

① 1개   ② 2개

③ 3개   ④ 4개

13 그림과 같은 구조물의 O절점에 $6\text{kN} \cdot \text{m}$의 모멘트가 작용한다면 M_{OB}의 크기는?

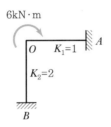

① $1\text{kN} \cdot \text{m}$ ② $2\text{kN} \cdot \text{m}$

③ $3\text{kN} \cdot \text{m}$ ④ $4\text{kN} \cdot \text{m}$

14 그림과 같은 라멘구조에서 기둥 AB 부재에 휨모멘트가 발생하지 않게 하기 위한 집중하중 P의 값은?

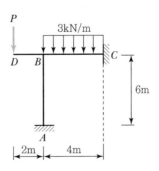

① 0.5kN ② 1.0kN

③ 1.5kN ④ 2.0kN

정답   12 ③   13 ④   14 ④

15 그림과 같은 완전대칭 라멘구조에서 BE 부재에 발생되는 M_{BE}의 크기는?

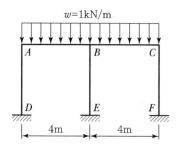

① 0

② 1.5kN · m

③ 2kN · m

④ 4kN · m

16 다음 중 전달률을 이용하여 부정정 구조물을 해석하는 방법은?

① 처짐각법

② 모멘트 분배법

③ 변형일치법

④ 3연 모멘트법

17 그림과 같은 부정정 구조의 BA 부재에 대한 분배율 DF_{BA}는?

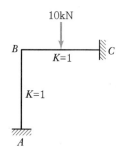

① 0

② 0.5

③ 0.75

④ 1.0

18 그림과 같은 라멘 구조물의 AO, BO, CO, DO 부재의 강비는?(단, 각 부재의 단면2차모멘트는 동일함)

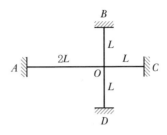

① 1 : 2 : 2 : 2   ② 3 : 1 : 1 : 1

③ 2 : 1 : 1 : 1   ④ 3 : 2 : 2 : 2

19 그림과 같은 부정정 구조물을 해석하기 위해 모멘트분배법을 사용할 때 B점 왼쪽단에 걸리는 분배율(DF)은?(단, 구조물의 EI는 일정하다.)

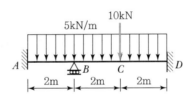

① 0.33   ② 0.44

③ 0.55   ④ 0.67

20 그림과 같은 부정정 구조물에서 C점의 휨모멘트는 얼마인가?

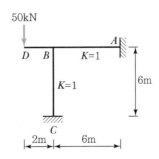

① 0kN · m   ② 25kN · m

③ 50kN · m   ④ 100kN · m

10장 연습문제

21 그림과 같은 구조에서 A단에 생기는 휨모멘트는?

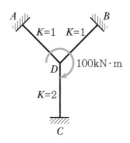

① 12.5kN · m   ② 25kN · m

③ 33kN · m   ④ 50kN · m

22 그림과 같은 구조물에서 B단에 발생하는 휨모멘트는?

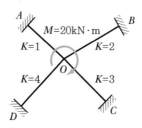

① 2kN · m   ② 3kN · m

③ 4kN · m   ④ 6kN · m

23 그림과 같은 구조물에서 AB 부재의 재단모멘트 M_{AB}는?

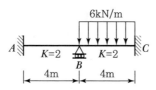

① 0.5kN · m   ② 1kN · m

③ 1.5kN · m   ④ 2kN · m

10장   풀이 및 해설

01 $R_B = \dfrac{5P}{16} = \dfrac{5 \times 80}{16} = 25\text{kN}\,(\uparrow)$

02 $R_A = \dfrac{3\omega l}{8} = \dfrac{3 \times 1 \times 2}{8} = 0.75\text{kN}\,(\uparrow)$

      $M_C = 0.75 \times 1 - 1 \times 1 \times 0.5 = 0.25\text{kN} \cdot \text{m}$

03 $R_A = \dfrac{3\omega L}{8} = \dfrac{3 \times 2 \times 10}{8} = 7.5\text{kN}\,(\uparrow)$

      $V_x = R_A - \omega x = 7.5 - 2x = 0 \;\; \therefore \; x = 3.75\text{m}$

04   도달률이 $\dfrac{1}{2}$ 이므로 $M_B = \dfrac{80}{2} = 40\text{kN} \cdot \text{m}$

05 $R_A = \dfrac{100}{2} = 50\text{kN}\,(\uparrow)$

      $M_A = -\dfrac{Pl}{8} = -\dfrac{100 \times 4}{8} = -50\text{kN} \cdot \text{m}$

      $M_C = 50 \times 2 - 50 = 50\text{kN} \cdot \text{m}$

06 $M_A = -\dfrac{P \cdot a \cdot b^2}{l^2}$

      $= -\dfrac{10 \times 3 \times 2^2}{5^2} = -4.8\text{kN} \cdot \text{m}$

07 $M_A = -\dfrac{\omega l^2}{12} = -\dfrac{20 \times 3^2}{12} = -15\text{kN} \cdot \text{m}$

08   중앙부 : $M_C = \dfrac{\omega L^2}{24}$

      양단부 : $M_A = M_B = -\dfrac{\omega L^2}{12}$

      $\therefore \; M_C : M_A = 1 : 2$

09 $R_A = \dfrac{P}{2} + \dfrac{\omega l}{2} = \dfrac{40}{2} + \dfrac{20 \times 6}{2} = 80 \text{kN}\,(\uparrow)$

$M_A = -\dfrac{Pl}{8} - \dfrac{\omega l^2}{12} = -\dfrac{40 \times 6}{8} - \dfrac{20 \times 6^2}{12} = -90 \text{kN} \cdot \text{m}$

$M_C = 80 \times 3 - 20 \times 3 \times \dfrac{3}{2} - 90 = 60 \text{kN} \cdot \text{m}$

10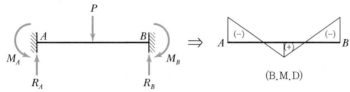

양단 지점이 고정단일 때 부$(-)$ 휨모멘트가 발생한다.

11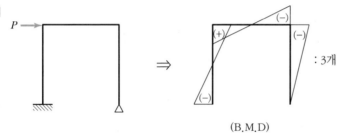

12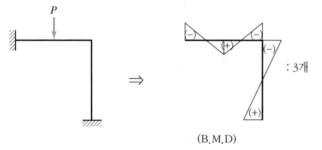

13 분배율 : $\mu_{OB} = \dfrac{K_2}{K_1 + K_2} = \dfrac{2}{3}$

분배모멘트 : $M_{OB} = \mu_{OB} \times M_O = \dfrac{2}{3} \times 6 = 4 \text{kN} \cdot \text{m}$

14 B점에서의 절점방정식 : $\sum M_B = M_{BD} + M_{BA} + M_{BC} = 0$에서

$-P \times 2 + \dfrac{3 \times 4^2}{12} = 0 \quad \therefore\ P = 2 \text{kN}$

15 고정단모멘트 : $C_{BA} = \dfrac{\omega l^2}{12}$, $C_{BC} = -\dfrac{\omega l^2}{12}$

B점에서의 절점방정식 : $\sum M_B = C_{BA} + C_{BE} + C_{BC} = 0$

$\therefore M_{BE} = C_{BE} = -C_{BA} - C_{BC} = -\dfrac{\omega l^2}{12} + \dfrac{\omega l^2}{12} = 0$

16 전달률은 분배율(distributed factor)이라고도 하며 모멘트 분배법에서 절점에 생기는 모멘트를 부재의 강도에 따라 각 부재에 전달하는 비율을 말한다.

17 분배율 $DF_{BA} = \dfrac{K_{BA}}{K_{BA} + K_{BC}} = \dfrac{1}{1+1} = 0.5$

18 한 절점을 중심으로 한 부재의 강비는 각 부재 강도의 비교와 같으므로

$K_{AO} = \dfrac{I}{2L}$, $K_{BO} = \dfrac{I}{L}$, $K_{CO} = \dfrac{I}{L}$, $K_{DO} = \dfrac{I}{L}$

부재의 강비 비교 $k_{AO} : k_{BO} : k_{CO} : k_{DO} = K_{AO} : K_{BO} : K_{CO} : K_{DO}$
$$= 1 : 2 : 2 : 2$$

19 부재의 강도 : $K_{BA} = \dfrac{I}{2}$, $K_{BD} = \dfrac{I}{4}$

$K_{BD} = K_O$라 하면 강비는 $k_{BA} = \dfrac{K_{BA}}{K_O} = 2$, $k_{BD} = \dfrac{K_{BD}}{K_O} = 1$

분배율 $\mu_{BA} = \dfrac{2}{2+1} = \dfrac{2}{3}$

20 ① 고정단모멘트 : $C_B = -50 \times 2 = -100 \text{kN} \cdot \text{m}$

② 해제모멘트 : $\overline{M_B} = -C_B = 100 \text{kN} \cdot \text{m}$

③ 분배율 : $\mu_{BC} = \dfrac{1}{1+1} = \dfrac{1}{2}$

④ 분배모멘트 : $M_{BC} = \mu_{BC} \times \overline{M_B} = 50 \text{kN} \cdot \text{m}$

⑤ 도달모멘트 : $M_{CB} = \dfrac{1}{2} M_{BC} = 25 \text{kN} \cdot \text{m}$

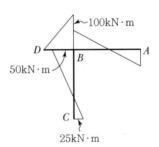

21 ① 분배율 : $\mu_{DA} = \dfrac{1}{1+1+2} = \dfrac{1}{4}$

② 분배모멘트 : $M_{DA} = \mu_{DA} \times M_D = \dfrac{1}{4} \times 100 = 25 \text{kN} \cdot \text{m}$

③ 도달모멘트 : $M_{AD} = \dfrac{1}{2} M_{DA} = \dfrac{1}{2} \times 25 = 12.5 \text{kN} \cdot \text{m}$

22 ① 분배율 : $\mu_{OB} = \dfrac{2}{1+2+3+4} = \dfrac{1}{5}$

② 분배모멘트 : $M_{OB} = \mu_{OB} \times M_O = \dfrac{1}{5} \times 20 = 4\text{kN} \cdot \text{m}$

③ 도달모멘트 : $M_{BO} = \dfrac{1}{2} M_{OB} = 2\text{kN} \cdot \text{m}$

23 ① 절점 B의 고정단모멘트 : $C_{BC} = -\dfrac{\omega l^2}{12} = -\dfrac{6 \times 4^2}{12} = -8\text{kN} \cdot \text{m}$

② 해제모멘트 : $\overline{M_B} = -C_{BC} = 8\text{kN} \cdot \text{m}$

③ 분배율 : $\mu_{BA} = \dfrac{K_{BA}}{K_{BA} + K_{BC}} = \dfrac{2}{2+2} = \dfrac{1}{2}$

④ 분배모멘트 : $M_{BA} = \mu_{BA} \times \overline{M_B} = \dfrac{1}{2} \times 8 = 4\text{kN} \cdot \text{m}$

⑤ 도달모멘트 : $M_{AB} = \dfrac{1}{2} M_{BA} = 2\text{kN} \cdot \text{m}$

APPENDIX 부록

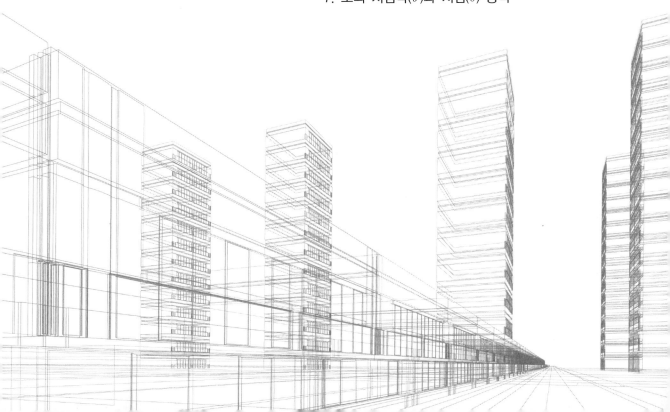

1. 그리스 문자

소문자	대문자	명칭	소문자	대문자	명칭
α	A	alpha(알파)	ν	N	nu(뉴)
β	B	beta(베타)	ξ	Ξ	ksi(크사이)
γ	Γ	gamma(감마)	o	O	omicron(오미크론)
δ	Δ	delta(델타)	π	Π	pi(파이)
ϵ	E	epsilon(입실론)	ρ	P	rho(로우)
ζ	Z	zeta(제타)	σ	Σ	sigma(시그마)
η	H	eta(에타)	τ	T	tau(타우)
θ	Θ	theta(쎄타)	υ	Y	upsilon(업실론)
ι	I	iota(이오타)	ϕ	Φ	phi(파이)
κ	K	kappa(카파)	χ	X	chi(카이)
λ	Λ	lambda(람다)	ψ	Ψ	psi(프사이)
μ	M	mu(뮤)	ω	Ω	omega(오메가)

2. SI단위 접두어

접두어	기호	승수
tera	T	$10^{12} = 1\ 000\ 000\ 000\ 000$
giga	G	$10^{9} = 1\ 000\ 000\ 000$
mega	M	$10^{6} = 1\ 000\ 000$
kilo	k	$10^{3} = 1\ 000$
hecto	h	$10^{2} = 100$
deka	da	$10^{1} = 10$
deci	d	$10^{-1} = 0.1$
centi	c	$10^{-2} = 0.01$
milli	m	$10^{-3} = 0.001$
micro	μ	$10^{-6} = 0.000\ 001$
nano	n	$10^{-9} = 0.000\ 000\ 001$
pico	p	$10^{-12} = 0.000\ 000\ 000\ 001$

3. 단위환산표

(a) 길이의 단위

환산 기준	mm (Millieter)	cm (Centimeter)	m (Meter)	in (Inch)	ft (Foot)	yd (Yard)
mm	1	0.1	0.001	0.03937	0.0032808	0.0010936
cm	10	1	0.01	0.3937	0.032808	0.010936
m	1000	100	1	39.37	3.28083	1.0936
in	25.4	2.54	0.0254	1	0.0833	0.02778
ft	304.8	30.48	0.3048	12	1	0.333
yd	914.4	91.44	0.9144	36	3	1

※ 기준 단위를 환산 단위로 바꾸려면 기준 단위에 해당 칸의 숫자를 곱한다.

(b) 힘의 단위

환산 기준	N	dyn	tf	kgf	lbf
N	1	1×10^{5}	1.02×10^{-4}	1.02×10^{-1}	2.248×10^{-1}
dyn	1×10^{-5}	1	1.02×10^{-9}	1.02×10^{-6}	2.248×10^{-6}
tf	9.807×10^{3}	9.807×10^{8}	1	1×10^{3}	2.205×10^{3}
kgf	9.807	9.807×10^{5}	1×10^{-3}	1	2.205
lbf	4.448	4.448×10^{5}	4.536×10^{-4}	4.536×10^{-1}	1

※ 기준 단위를 환산 단위로 바꾸려면 기준 단위에 해당 칸의 숫자를 곱한다.

(c) 응력의 단위

환산 기준	kPa ($=10^{3}$Pa)	MPa ($=$N/mm^2)	kgf/mm^2	kgf/cm^2	psi ($=$lbf/in^2)
kPa	1	1×10^{-3}	1.01972×10^{-4}	1.01972×10^{-2}	1.4504×10^{-1}
MPa	1×10^{3}	1	1.01972×10^{-1}	1.01972×10^{1}	1.4504×10^{2}
kgf/mm^2	9.80665×10^{3}	9.80665	1	1×10^{2}	$1.4223 \cdot 10^{3}$
kgf/cm^2	9.80665×10^{1}	9.80665×10^{-2}	1×10^{-2}	1	1.4223×10^{1}
psi	6.89476	6.89476×10^{-3}	7.031×10^{-4}	7.031×10^{-2}	1

※ 기준 단위를 환산 단위로 바꾸려면 기준 단위에 해당 칸의 숫자를 곱한다.

4. 삼각함수 관련 공식

(a) 기본 공식

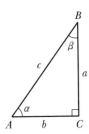

① $\sin\alpha = \dfrac{a}{c}$

② $\mathrm{cosec}\,\alpha = \dfrac{1}{\sin\alpha} = \dfrac{c}{a}$

③ $\cos\alpha = \dfrac{b}{c}$

④ $\sec\alpha = \dfrac{1}{\cos\alpha} = \dfrac{c}{b}$

⑤ $\tan\alpha = \dfrac{\sin\alpha}{\cos\alpha} = \dfrac{a}{b}$

⑥ $\cot\alpha = \dfrac{\cos\alpha}{\sin\alpha} = \dfrac{1}{\tan\alpha} = \dfrac{b}{a}$

(b) 직각삼각형의 삼각함수값

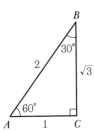

$\sin 60° = \dfrac{\sqrt{3}}{2} \qquad \sin 30° = \dfrac{1}{2}$

$\cos 60° = \dfrac{1}{2} \qquad \cos 30° = \dfrac{\sqrt{3}}{2}$

$\tan 60° = \sqrt{3} \qquad \tan 30° = \dfrac{1}{\sqrt{3}}$

(c) 제곱, 배각공식

① $\sin^2\alpha + \cos^2\alpha = 1$

② $\tan^2\alpha + 1 = \sec^2\alpha$

③ $\sin 2\alpha = 2\sin\alpha\cos\alpha$

④ $\cos 2\alpha = \cos^2\alpha - \sin^2\alpha = 2\cos^2\alpha - 1 = 1 - 2\sin^2\alpha$

⑤ $\tan 2\alpha = \dfrac{2\tan\alpha}{1 - \tan^2\alpha}$

(d) 반각의 공식

① $\sin^2\dfrac{\alpha}{2} = \dfrac{1 - \cos\alpha}{2}$

② $\cos^2\dfrac{\alpha}{2} = \dfrac{1 + \cos\alpha}{2}$

③ $\tan^2\dfrac{\alpha}{2} = \dfrac{1 - \cos\alpha}{1 + \cos\alpha}$

5. 수학의 기본 공식

(a) 수학에서의 상수

① $\pi = 3.14159\cdots\cdots$

② $e = 2.71828\cdots\cdots$

③ $2\pi \ \text{radians} = 360°$

④ $1 \ \text{radian} = \left(\dfrac{180}{\pi}\right)° = 57.2958°$

⑤ $1° = \dfrac{\pi}{180} \ \text{rad} = 0.0174533 \ \text{rad}$

(b) 지수관련 공식

① $A^x A^y = A^{x+y}$

② $\dfrac{A^x}{A^y} = A^{x-y}$

③ $(A^x)^y = A^{xy}$

④ $A^{-x} = \dfrac{1}{A^x}$

⑤ $(AB)^x = A^x B^x$

⑥ $\left(\dfrac{A}{B}\right)^x = \dfrac{A^x}{B^x}$

⑦ $A^{x/y} = \sqrt[y]{A^x}$

⑧ $A^0 = 1 \ (A \neq 0)$

(c) 근의 공식(이차방정식의 해)

$ax^2 + bx + c = 0 \, (a \neq 0)$

$x_{1,2} = \dfrac{-b \pm \sqrt{b^2 - 4ac}}{2a}$

(d) 인수분해

$(a \pm b)^2 = a^2 \pm 2ab + b^2$

$(a \pm b)^3 = a^3 \pm 3a^2 b + 3ab^2 \pm b^3$

$(a^3 \pm b^3) = (a \pm b)(a^2 + ab + b^2)$

(e) 미분

① $f(x) = c \rightarrow f'(x) = 0$

② $f(x) = x^n \rightarrow f'(x) = nx^{n-1}$

③ $[cf(x)]' = cf'(x)$

④ $[f(x)g(x)]' = f'(x)g(x) + f(x)g'(x)$

⑤ $\left[\dfrac{f(x)}{g(x)}\right]' = \dfrac{f'(x)g(x) - f(x)g'(x)}{[g(x)]^2}$

⑥ $(\sin x)' = \cos x$

⑦ $(\cos x)' = -\sin x$

⑧ $(\tan x)' = \sec^2 x$

⑨ $(\cot x)' = -\csc^2 x$

⑩ $(\sec x)' = \sec x \tan x$

⑪ $(\csc x)' = -\csc x \cot x$

⑫ $(\log x)' = \dfrac{1}{x} \ (x > 0)$

⑬ $(\log(x))' = \dfrac{f'(x)}{f(x)}$

⑭ $(\sqrt{f(x)})' = \dfrac{f'(x)}{2\sqrt{f(x)}}$

⑮ $(e^x)' = e^x$

⑯ $(a^x)' = a^x \log a$

(f) 적분법

① $\displaystyle\int cdx = c\int dx = cx\,(c는\ 상수)$

$\displaystyle f x^n dx = \frac{x^{n+1}}{n+1}$

② $\displaystyle\int \sin x dx = -\cos x$

$\displaystyle\int \cos x dx = \sin x$

$\displaystyle\int \tan x dx = \log\sec x$

$\displaystyle\int \sin^2 x dx = \frac{1}{2}\left(x - \frac{\sin 2x}{2}\right)$

$\displaystyle\int \cos^2 x dx = \frac{1}{2}\left(x = \frac{\sin 2x}{2}\right)$

③ $\displaystyle\int \frac{1}{x}dx = \log x$

④ 정적분

$\displaystyle\int_a^b f(x)dx = -\int_b^a f(x)dx$

$\displaystyle\int_a^b f(x)dx = \int_a^c f(x)dx + \int_c^b f(x)dx$

$\displaystyle\int_a^b f[C(x)]dx = C\int_a^c f(x)dx$

$\displaystyle\int_a^b [f_1(x) \pm f_2(x)]dx = \int_a^b f_1(x)dx \pm \int_a^b f_2(x)dx$

(g) 미분방정식

$\displaystyle\frac{dy}{dx} = f(x) \rightarrow y = \int f(x)dx + C\,(C는\ 상수)$

$\displaystyle\frac{d^2 y}{dx^2} = f(x) \rightarrow \begin{cases} y' = \displaystyle\int f(x)dx + C_1 \\ y = \displaystyle\int\int f(x)dx + C_1 x + C_2\,(C_1,\ C_2는\ 상수) \end{cases}$

6. 단면의 제계수

단면	단면적 A[cm²]	도심의 위치 y_0[cm]	단면2차 모멘트 I[cm⁴]	단면 계수 z[cm³]	단면2차반경 i[cm]
1	bd	$\dfrac{d}{2}$	$\dfrac{bd^3}{12}$	$\dfrac{bd^2}{6}$	$\dfrac{d}{\sqrt{12}}=0.289d$
2	d^2	$\dfrac{d}{\sqrt{2}}=0.707d$	$\dfrac{d^4}{12}$	$\dfrac{d^3}{6\sqrt{2}}=0.118d^3$	$\dfrac{d}{\sqrt{12}}=0.289d$
3	$b(d-d_1)$	$\dfrac{d}{2}$	$\dfrac{b(d^3-d_1^3)}{12}$	$\dfrac{b(d^3-d_1^3)}{6d}$	$\sqrt{\dfrac{d^3-d_1^3}{12(d-d_1)}}$
4	$d^2-d_1^2$	$\dfrac{d}{2}$	$\dfrac{d^4-d_1^4}{12}$	$\dfrac{1}{6d}(d^4-d_1^4)$	$\dfrac{\sqrt{d^2+d_1^2}}{12}$
5	$\dfrac{bd}{2}$	$y_2=\dfrac{2d}{3}$ $y_1=\dfrac{d}{3}$	$\dfrac{bd^3}{36}$	$Z_2=\dfrac{bd^2}{24}$ $Z_1=\dfrac{bd^2}{12}$	$\dfrac{d}{\sqrt{18}}=0.236d$
6	$\dfrac{b_1+b}{2}d$	$y_2=\dfrac{2b+b_1}{b+b_1}\dfrac{d}{3}$ $y_1+\dfrac{b+2b_1}{b+b_1}\dfrac{d}{3}$	$\dfrac{b^2+4bb_1+b_1^2}{36(b+b_1)}d_3$	$Z_2=\dfrac{b^2+4bb_1+b_1^2}{12(2b+b_1)}d^2$	$\dfrac{d\sqrt{2(b^2+4bb_1+b_1^2)}}{6(b+b_1)}$
7	$\dfrac{\pi D^2}{4}$ $=0.785r^2$	$r=\dfrac{D}{2}$	$\dfrac{\pi D^4}{64}=0.0491D^4$	$\dfrac{\pi D^3}{32}=0.098D^3$	$\dfrac{D}{4}$
8	$\dfrac{\pi(D^2-D_1^2)}{4}$ $=0.785$ $(D^2-D_1^2)$	$\dfrac{D}{2}$	$\dfrac{\pi(D^4-D_1^4)}{64}$ $=0.0491(D^4-D_1^4)$	$\dfrac{\pi(D^4-D_1^4)}{32D}$ $=0.0982\dfrac{D^4-D_1^4}{D}$	$\dfrac{\sqrt{D^2+D_1^2}}{4}$
9	$bd-b_1d_1$	$\dfrac{d}{2}$	$\dfrac{1}{12}(bd^3-b_1d_1^3)$	$\dfrac{1}{6d}(bd^3-b_1d_1^3)$	$\sqrt{\dfrac{1}{12}\dfrac{(bd^3-b_1d_1^3)}{(bd-b_1d_1)}}$

7. 보의 처짐각(θ)과 처짐(δ)공식

		하중상태	처짐각(θ)	최대처짐(δ_{max})
캔틸레버보	①		$\theta_A = -\dfrac{Pl^2}{2EI}$ $\theta_B = 0$	$\delta_A = \dfrac{Pl^3}{3EI}$
	②		$\theta_A = \theta_C = -\dfrac{Pl^2}{8EI}$	$\delta_A = \dfrac{5Pl^3}{48EI}$
	③		$\theta_A = \theta_C = -\dfrac{Pb^2}{2EI}$ $\theta_B = 0$	$\delta_A = \dfrac{Pb^2}{6EI}(3l-b)$
	④		$\theta_A = -\dfrac{\omega l^3}{6EI}$ $\theta_B = 0$	$\delta_A = \dfrac{\omega l^4}{8EI}$
	⑤		$\theta_A = \theta_C = -\dfrac{\omega l^3}{48EI}$ $\theta_B = 0$	$\delta_A = \dfrac{7\omega l^4}{384EI}$
	⑥		$\theta_A = -\dfrac{\omega l^3}{24EI}$ $\theta_B = 0$	$\delta_A = \dfrac{\omega l^4}{30EI}$
	⑦		$\theta_A = -\dfrac{Ml}{EI}$ $\theta_B = 0$	$\delta_A = \dfrac{Ml^2}{2EI}$
단순보	⑧		$\theta_A = \dfrac{Pl^2}{16EI}$ $\theta_B = -\dfrac{Pl^2}{16EI}$	$\delta_C = \dfrac{Pl^3}{48EI}$
	⑨		$\theta_A = \dfrac{Pab}{6EI}\left(1+\dfrac{b}{l}\right)$ $\theta_B = -\dfrac{Pab}{6EI}\left(1+\dfrac{a}{l}\right)$	$\delta_C = \dfrac{Pa^2b^2}{3El}$
	⑩		$\theta_A = \dfrac{Pl^2}{9EI}$ $\theta_B = -\dfrac{Pl^2}{9EI}$	$\delta_C = \dfrac{23Pl^3}{648EI}$

		하중상태	처짐각(θ)	최대처짐($\delta_{\max}$)
단순보	⑪		$\theta_A = \dfrac{5Pl^2}{32EI}$ $\theta_B = -\dfrac{5Pl^2}{32EI}$	$\delta_C = \dfrac{19Pl^3}{384EI}$
	⑫		$\theta_A = \dfrac{\omega l^3}{24EI}$ $\theta_B = -\dfrac{\omega l^3}{24EI}$	$\delta_C = \dfrac{5\omega l^4}{384EI}$
	⑬		$\theta_A = \dfrac{5\omega l^4}{192EI}$ $\theta_B = -\dfrac{5\omega l^4}{192EI}$	$\delta_C = \dfrac{\omega l^4}{120EI}$
	⑭		$\theta_A = \dfrac{7\omega l^3}{360EI}$ $\theta_B = -\dfrac{8\omega l^3}{360EI}$	$\delta_{\max} = 0.0062\dfrac{\omega l^4}{EI}$
	⑮		$\theta_A = \dfrac{Ml}{360EI}$ $\theta_B = -\dfrac{Ml}{6EI}$	$\delta_{\max} = 0.064\dfrac{Ml^2}{EI}$
	⑯		$\theta_A = -\dfrac{Ml}{2EI}$ $\theta_B = \dfrac{Ml}{2EI}$	$\delta_C = -\dfrac{Ml^2}{8EI}$
부정정보	⑰		$\theta_A = \dfrac{Pl^2}{32EI}$ $\theta_B = 0$	$\delta_C = \dfrac{7Pl^3}{768EI}$
	⑱		$\theta_A = \dfrac{\omega l^3}{8EI}$ $\theta_B = 0$	$\delta_{\max} = \dfrac{\omega l^4}{185EI}$
	⑲		$\theta_A = 0$ $\theta_B = 0$	$\delta_C = \dfrac{Pl^3}{192EI}$
	⑳		$\theta_A = 0$ $\theta_B = 0$	$\delta_C = \dfrac{\omega l^4}{384EI}$

저자소개

심 종 석(沈 宗 錫)
- 공학박사
- 동서울대학교 건축학과 교수

건축구조역학

발행일 | 2019. 2. 28 초판발행
2022. 3. 1 개정 1판1쇄

저 자 | 심종석
발행인 | 정용수
발행처 | 예문사

주 소 | 경기도 파주시 직지길 460(출판도시) 도서출판 예문사
TEL | 031) 955-0550
FAX | 031) 955-0660
등록번호 | 11-76호

정가 : 23,000원

ISBN 978-89-274-4386-5 13540